2023 年度国家出版基金资助项目
"十四五"时期国家重点出版物出版专项规划项目
中国建材工业智能制造研究与实践丛书

中国防水行业
智能制造研究与实践

主　编　吴士慧

中国建材工业出版社

北　京

图书在版编目（CIP）数据

中国防水行业智能制造研究与实践/吴士慧主编
. --北京：中国建材工业出版社，2024.6
（中国建材工业智能制造研究与实践丛书/江源主编）

ISBN 978-7-5160-3677-8

Ⅰ.①中… Ⅱ.①吴… Ⅲ.①建筑防水－智能制造系统－研究－中国 Ⅳ.①TU57

中国国家版本馆 CIP 数据核字（2023）第 003109 号

中国防水行业智能制造研究与实践
ZHONGGUO FANGSHUI HANGYE ZHINENG ZHIZAO YANJIU YU SHIJIAN
主　编　吴士慧
出版发行：中国建材工业出版社
地　　址：北京市西城区白纸坊东街 2 号院 6 号楼
邮　　编：100054
经　　销：全国各地新华书店
印　　刷：北京印刷集团有限责任公司
开　　本：787mm×1092mm　1/16
印　　张：16.5
字　　数：350 千字
版　　次：2024 年 6 月第 1 版
印　　次：2024 年 6 月第 1 次
定　　价：**86.00 元**

《中国建材工业智能制造研究与实践丛书》

总　策　划：佟令玫（经济日报出版社社长、中国建材工业出版社社长）

顾问委员会

顾　　　问：杜善义（中国工程院院士）

柴天佑（中国工程院院士）

缪昌文（中国工程院院士）

瞿金平（中国工程院院士）

张联盟（中国工程院院士）

彭　寿（中国工程院院士）

董绍明（中国工程院院士）

钟义信（发展中世界工程技术科学院院士）

主任委员会

主任委员：张广沛（中国建筑材料联合会监事长）

孔祥忠（中国水泥协会执行会长）

张佰恒（中国建筑玻璃与工业玻璃协会会长）

齐子刚（中国石材协会常务副会长）

徐熙武（中国建筑卫生陶瓷协会副会长）

胡幼奕（中国砂石协会会长）

李卫国（中国建筑防水协会会长）

王　兵（中国绝热节能材料协会会长）

刘能文（中国木材保护工业协会会长）

副主任委员：曾令荣（中国建筑材料工业规划研究院院长/

建筑材料工业信息中心主任）

王郁涛（中国水泥协会秘书长）

杨晓东（中国砂石协会副秘书长）

胡希宝（中国建筑防水协会副秘书长）

邓惠青（中国石材协会原副秘书长）

何　进（广东省玻璃行业协会会长）

万永宁（广东省玻璃行业协会原会长）

陈　林（广东省玻璃行业协会秘书长）

刘长雷（中国玻璃纤维工业协会秘书长）

韩继先（中国绝热节能材料协会常务副会长兼秘书长）

韩玉杰（中国木材保护工业协会执行秘书长）

丛书编委会

主　　编：江　源（中国建筑材料工业规划研究院副院长/建筑材料工业
　　　　　　　　　信息中心常务副主任）

编　　委：王孝红（济南大学自动化研究所所长）

曾令可（华南理工大学材料科学与工程学院教授）

李如燕（中国物资再生协会墙材革新与再生建材工作委员会主任）

何　成（上海第二工业大学智能制造与控制工程学院教授）

胡立志（中建西部建设股份有限公司副总经理）

刘华东（四川华西绿舍建材有限公司党委书记、董事长）

师海霞（中国混凝土与水泥制品协会副秘书长）

方立波（世邦工业科技集团股份有限公司总经理）

许武毅（中国南玻集团股份有限公司工程玻璃事业部原应用
　　　　　技术总监）

刘起英（中国玻璃控股有限公司总工程师）

陆思远（广东高力威机械科技有限公司总经理）

吴士慧（北京东方雨虹防水技术股份有限公司副总裁）

李　萍（新明珠集团股份有限公司智能制造与能源总监）

韩　文（景德镇陶瓷大学机械电子工程学院院长）

张进生（山东大学日照研究院院长）

张文进（中材科技股份有限公司副总裁）

于亚东（中国巨石股份有限公司信息技术中心主任）

王　屹（南京玻璃纤维研究设计院有限公司院长、党委副书记）

本书编委会

顾　　　问：瞿金平（中国工程院院士）

主 任 委 员：李卫国（中国建筑防水协会会长）

副主任委员：胡希宝（中国建筑防水协会副秘书长）

主　　　编：吴士慧（北京东方雨虹防水技术股份有限公司副总裁）

副　主　编：陈永初（南通金丝楠膜材料有限公司总裁）

毛春景（施耐德电气数字化总设计师）

陈友东（北京航空航天大学机械工程与自动化学院研究员）

刘金景（北京东方雨虹防水技术股份有限公司产品开发与工艺
技术中心总监）

周　园（北京市顺义区东方雨虹职业技能培训学校院长）

参　　　编：方　洋（北京东方雨虹防水技术股份有限公司工艺装备研究
中心总监）

吴士玮（北京东方雨虹防水技术股份有限公司产品开发与工艺
技术中心副总监）

马祖恺（北京东方雨虹防水技术股份有限公司工艺装备研究
中心工艺主任工程师）

单　涛（北京东方雨虹防水技术股份有限公司工艺装备研究
中心电气主任工程师）

吴　过（中国农业银行公司业务部制造业金融处客户经理）

龙志刚（浙江中控技术股份有限公司建材行业解决方案部解决
方案经理）

孙永华（浙江中控技术股份有限公司精细化工解决方案部总经理）

李　江［施耐德电气（中国）有限公司战略发展部数字化
　　　生态圈顾问］

李明婕［施耐德电气（中国）有限公司战略与业务发展部
　　　商业分析经理］

李唐朝［施耐德电气（中国）有限公司智能制造顾问］

赵越凡［施耐德电气（中国）有限公司战略与业务发展部
　　　战略分析师］

余　青（北京赛佰特科技有限公司工控部经理）

韩黔晖（北京东方雨虹防水技术股份有限公司工艺装备研究
　　　中心自动化工程师）

陶阮红（北京东方雨虹防水技术股份有限公司工艺装备研究
　　　中心技术支持部经理）

唐湘瑜（北京东方雨虹防水技术股份有限公司工艺装备研究
　　　中心副总工程师）

钱佩刚（北京东方雨虹防水技术股份有限公司工艺装备研究
　　　中心副总工程师）

黄　凯（北京东方雨虹防水技术股份有限公司产品经理）

韩海军（北京东方雨虹防水技术股份有限公司产品经理）

梁卫业（北京东方雨虹防水技术股份有限公司产品经理）

董竹君（张家港恒迪机械有限公司总经理）

蒋正华（常州金纬片板膜科技有限公司技术部长）

李辉灿（福建南方路面机械股份有限公司干混事业部副部长）

陈荟羽（京东方科技集团股份有限公司战略企划员）

王　平（北京东方雨虹防水技术股份有限公司工艺装备研究
　　　中心设备主任工程师）

实现中国式现代化需要出版出力发力

如果你不是在工厂里工作，就会觉得制造业离我们很远，厂房里那些巨型的机器设备和复杂的工艺流程是我们普通人无法想象的。但其实制造业又离我们很近，我们居住的空间内，看得见的门窗、地板、吊顶、瓷砖、卫生洁具，等等；看不见的混凝土、水泥、砂石、保温材料、防水材料……这些无处不在、数不清的建筑材料正是由大量的生产加工企业经过各种不同工艺流程制造完成的，并被用于社会生活中的各类场景中，构成了可以给我们带来安全舒适体验的生活和工作空间。由此可见，社会生活与制造业的发展息息相关，而作为制造业重要组成部分的建材行业的高质量发展，也必将助力人民实现对美好生活的向往。

我国制造业的基础很好，是世界上唯一一个拥有联合国产业分类当中全部工业门类的国家，拥有 41 个工业大类、207 个工业中类、666 个工业小类，形成了比较独立完整的产业链体系。我国已成为世界第二大经济体、第一工业大国、第一制造大国，在国际分工的格局中，成为全球产业链中不可或缺的重要环节。

从制造大国向制造强国迈进离不开智能化。我国拥有支撑智能化的巨大互联网基本盘，截至 2022 年，我国网民人数已达 10.67 亿，成为全球规模最大的网络社会。从 2012 年到 2021 年，我国数字经济年复合增速达 15.9%。移动物联网发展已经实现了"物超人"，物联网连接数量超过人联网数量，已建成全球规模最大、技术领先的光纤宽带和 5G 网络，形成全球规模最大、应用广泛、创新活跃、生机勃勃的网络社会。这些阶段性成果是我国推动网络应用从虚拟到实体、从生活向生产跨越的重要基础。

建材行业作为我国传统制造业的重要组成部分，进行智能制造数字化转型十分迫切。通过出版相关图书，实现建材行业最新成果转化，促进建材工业与信息化、智能化技术在更广范围、更深程度、更高水平上实现高质量融合发展，是我们策划《中国建材工业智能制造研究与实践丛书》的初衷。

"明者远见于未萌，知者避危于无形"。智能化的书最令人担心的就是"一旦出版就已落伍"，因此我们对这套丛书的前瞻性或者说超前性提出了特别要求，希望这套书可以帮您预见未来，可以带领您前行几步，可以告诉您一些您不知道的，达到"启发"的目的，所以我们在丛书名里加上了"研究"两个字，希望本书可以收录一些在实验室阶段的研究工作成果，这些成果虽然充满未知，但是有方向感。丛书名里的"实践"二字，则希望通过这套书充分展示行业成功的智能化案例，让这些"干货"可以再次用于指导实践，让更多企业照着做就可以，最终协助更多企业创造更多社会价值。

《中国建材工业智能制造研究与实践丛书》有幸入选"十四五"时期国家重点出版物出版规划项目和2023年度国家出版基金项目。在立项之初，我们提出了"坚持正确导向，代表国家水平，体现创新创造"的目标要求、坚持"一主线、两延伸、三融合"的编写原则。"一主线"指的是要以智能制造工艺过程中关键核心技术为主；"两延伸"指的是我们对于智能制造的理解要往前端和后端适度延伸，并且应该包括机器智能和平台智能两部分，既要牢牢把握住关键技术这个核心，也要向前端的需求分析、客户信息、订单处理、原材料采购和后端的营销、仓储、物流、服务等环节延伸，以体现机器智能和平台智能的完整性；"三融合"指的是工艺技术与新发展理念的融合、工艺技术和智能技术的融合、工艺技术与先进案例的融合。

如今，这套丛书在众多院士、专家、教授、专业技术人员和行业协会、建材企业的共同努力下陆续出版面世，作为服务建材行业的专业出版机构，我们深感欣慰。欣慰的是，丛书的出版适逢党的二十大胜利召开后的春天，也正是全国上下深入学习贯彻习近平新时代中国特色社会主义思想和党的二十大精神，并以中国式现代化全面推进中华民族伟大复兴的重要历史时期。出版的意义格外重大。

中国式现代化离不开建材产业的现代化，建材产业的现代化更离不开每一个企业的现代化，而智能化又是当下每一个企业实现现代化的重要路径之一。

实现中国式现代化需要出版出力发力。希望《中国建材工业智能制造研究与实践丛书》能够发挥好"十四五"时期国家重点出版物出版规划项目的优势，让专业图书更好发挥产业价值，真正惠泽行业企业，助力建材行业在实现中国式现代化的道路上行稳致远。

经济日报出版社社长、中国建材工业出版社社长

《中国建材工业智能制造研究与实践丛书》总策划

序　言

2013年年底，德国正式发布"工业4.0战略计划"，被称为第四次工业革命的先行者。继德国之后，美国、英国、日本等世界主要工业发达国家均出台了一系列国家政策以支持本国工业发展，以应对新一轮工业革命所带来的挑战。自2015年起，中国政府也陆续出台了一系列政策，力争跻身世界制造强国行列。经过近十年的发展，智能制造已经成为中国制造业数字化转型的必选项，新技术、新模式、新业态不断涌现，形成了大量支持生产柔性化、工业互联化和智造服务化的智能制造解决方案，有力推动了智能制造在流程、混合和离散制造业的落地。数字化转型，企业是主体，要真正实现数字化转型，需要企业高层有决心、有毅力，真正理解数字化转型的内涵，引领数字化转型的发展过程。

中国产业界、学术界积极投入智能制造研究，提出各种智能制造理论和发展路径，智能制造的定义、内涵、特征逐渐清晰，防水行业从业人员也逐渐聚焦到防水智能制造实践中，并认识到，在防水行业数字化工厂是智能工厂的必由之路。数字化转型不能搞形式主义，不能走过场，也不需要搞大而全，必须根据企业自身的需求、在产业链中的地位、企业的实力和发展愿景制定个性化的数字化转型策略。

智能制造转型需要做好多个系统以及多种技术的融合，对于具有离散行业特点的防水行业，制造执行系统、生产排程系统、工业控制系统需要进行个性化的定制处理；通过对数字孪生、大数据、云计算、边缘计算与物联网技术的落地，以及对多场景下机器人的使用，企业可以在全球市场大环境竞争中逐渐凸显优势。

国内防水行业的数字化、智能化水平目前处于起步阶段，有很多问题亟待解决。一是部分制造业企业设备依赖进口，而不同国际厂商提供的工业数字化设备网络接入、工业软件互联互通等标准不统一，难以综合集成、建成一体化的工业互联网平台；二是智能制造行业占比较低，推进数字化转型难度较大。

防水企业数字化转型，涉及企业产品服务形态、组织结构、商业模式等领域的全方位变革。增强防水企业推进数字化转型的决心和信心十分重要。目前，一些相关企业或满足于自身发展现状，或担心数字化转型投入太大影响当前效益，对推进数字化转型的积极性不高。一些企业的数字化转型局限于对部分环节而非对整体生产运营系统进行数字化改造，导致进行数字化改造的部分难以有效融入防水产品与服务的价值创造过程，不仅影响整体运营效率，而且造成大量资金、资源浪费。实践表明，推动防水企业数字化转型，要坚持系统观念，厘清企业生产运营各领域各环节之间的内在关系，将企业数字化转型从单个领域或环节扩展到企业生产运营全过程，努力实现各领域各环节的协同和互动，真正发挥数字化转型提升企业生产经营效率、增强企业核心竞争力的效能。

本书从防水行业智能制造环境下的理论研究、系统架构、核心技术、关键环节解决方案与相关案例等方面对防水行业智能制造进行深入分析和探讨，对理解和分析防水行业智能制造具有前瞻性的理论价值，对防水企业开展智能制造的实施与改造具有重要的指导意义。

施耐德电气数字化总设计师

2023 年 12 月

前　言

　　互联网、物联网、大数据等新技术通过过去 20 年的不断发展、进步与实践，为传统制造业企业的升级转型创造了美好的前景，同时也存在未知的风险。对于防水行业来说，智能制造转型的大幕早已徐徐拉开。

　　在防水行业的产品生产制造过程中如何实现数字化是一个重要议题。对于企业来说，如果底层的数据无法被高效采集、分析并与上层的管理系统完成互联互通，将会导致制造企业运营效率低下，进而不能完全释放企业生产潜能。但是，过度追求应用大数据、互联网等新技术却忽略了防水行业的特征、新技术的潜在风险以及实际情况，又会对企业追求更高效率和产出的目标产生不利影响。

　　通过实践与规划，可以说将 IT（信息技术）、OT（运营技术）、AT（自动化技术）、CT（通信技术）、ET（能源技术）紧密结合会为制造业的升级和转型提供一个美好的未来。随着数字化技术的运用越来越广泛，来自生产、设备、计量、测量、安环、能源等不同领域的工业数据会持续积累。与此同时，不断提升的计算能力以及基于 AI（人工智能）技术的不断革新的算法，将会大大加速人工智能技术在工业领域的成功落地，为精细化管理、智能化生产、精细化运营提供坚实的支撑。在智能制造转型的过程中，许多传统手段在企业生产制造过程中不可见的问题逐渐暴露出来，通过改进和优化，最终在新技术的支持下给出创造性的解决方案。

　　"当风轻借力，一举入高空"。在全球动荡局势的持续冲击下，智能制造理念的提出为有着最低价者中标的行业特性的防水行业带来了更多新的挑战，也为行业的长远发展提供了新的维度，防水行业要借好这个势，为以后的路做好铺垫。

　　如何更好地理解与把握时代给防水行业带来的发展机遇，如何更好地利用新技术特性与防水行业特征结合以提出新的方案，如何有效地通过流程规划、场景分析、系统建设、运行支持的落地，产生更多效益，在新一轮竞争中占据有利地位，将企业做大做强，本书都进行了深入分析。书中加入了丰富的案例，有助于读者加深理解，具有重要的指导意义以及现实价值，是一本不可多得的行业参考书。

编著者

2023 年 12 月

关于作者

吴士慧，正高级工程师，北京东方雨虹防水技术股份公司副总裁、董事，中国建筑防水协会专家委员，1996年毕业于武汉工业大学自动控制专业获学士学位；先后就职于唐山冀东水泥股份有限公司、北京蓝英通科技有限责任公司、北京京华贝尔机电技术有限公司；2003年进入北京东方雨虹防水技术股份有限公司，曾任自动化工程师、副总工、厂长、工艺装备总监、制造集团总裁等职位；多年来一直从事防水、建筑涂料、保温、水泥、砂粉等建筑建材工艺装备自动化、数字化相关技术研发和生产管理等工作。

主导防水企业生产线绿色化、自动化及数字化升级，并对生产线进行环保、节能、低碳化改造；开发沥青生产线烟气回收系统、低温沥青储罐改造技术、余热发电系统、光伏屋面改造等一大批低碳改造；完成改性沥青卷材"四线合一""塔式生产"工艺创新、改性沥青防水卷材热尺寸稳定性提升攻关、聚氨酯自动配料系统开发、胎基自动搭接设备创新、砂浆涂料生产线工艺装备自动化应用等70余项国家和省市科研项目，研发并应用的高自动化、高精度的生产线设计打破了国外垄断，产效提升40%。

致力于打造数字化、智能化工厂，推进公司MES平台建设，开发基于DCS的MES试点；对仓储物流平台的WMS/TMS进行重构，包括电子回单系统等；推进各版块LIMS系统的重构和实施，包括合格证在线打印；PLM系统一期功能全集团推广；建立以产品为主线的研发BOM管理，打通研发和生产数据流，实现数据的关联与追溯，建立各环节完备条码的全流通数据链条；APS全面推广，建立订单全流程可视化、跟踪、分析平台。

参与国家863项目"废轮胎胶粉改性利用关键技术建线开发"1项，至今已有20项产品通过省部级鉴定，其中3项被认定为国际先进水平，16项认定为国内领先水平，1项填补空白；"特种多材多层高分子复合防水卷材关键技术及产业化"项目荣获国家科技进步二等奖，8项成果获得行业及北京市科技进步奖；参与制定行业标准1项；组织国家企业技术中心、工艺装备研究中心等5个企业技术中心平台的建设；主持东方雨虹21个生产基地、96条生产线设计及建设组织；发表期刊学术论文7篇，拥有专利40余项。

目　　录

1 防水行业智能制造概述

1.1 防水行业现状

1.1.1 防水材料的应用概述

随着社会的不断发展，人类居住需求逐渐提升，建筑结构快速更迭升级，以钢筋混凝土为承重结构的建筑随处可见，然而，由于混凝土在浇筑成型、结构空隙及在干燥、排气过程中产生孔隙，使混凝土结构内部填满空气，当水浇在混凝土表面时，会发现混凝土不同部位存在不同渗透速度的现象。混凝土中钢筋遇水和空气容易锈蚀，混凝土中的水泥、石子遇空气、水、酸性物质等同样会发生溶解型、膨胀型化学侵蚀，从而危害建筑物安全。此外，建筑物内部的卫生间和厨房是用水最多的地方，如发生渗漏会使墙体发霉等，影响内部装饰美观，甚至危害身体健康，严重情况下会出现渗漏到楼下的情况，导致他人财产损失。建筑防水工程逐渐成为保证建筑物（构筑物）不受漏水问题侵害的关键工程，成熟的建筑防水工程技术体系对于建筑物至关重要。

据不完全统计，截至目前，国内房屋建筑保有量在 700 亿 m^2 以上。建筑工程赶进度、抢工期为常见现象，而使用非标材料或施工标准化监管不力，往往会导致建筑主体的工程质量较差。尤其在建筑防水领域，大部分建筑物在 5～8 年，必然会出现比较严重的屋面、外墙、地下工程等渗漏问题。中国建筑防水协会与北京零点市场调查与分析公司（现北京零点市场调查有限公司）曾抽样调查涉及全国 28 个城市，850 个社区，共勘查 2849 栋楼房，访问 3674 名住户，调查了建筑屋面样本 2849 个，建筑屋面样本中有 2716 个出现不同程度渗漏，渗漏率高达 95.33%，建筑防水维修已经占到建筑市场总量的 70%～80%。而目前中国的建筑防水维修市场，由于缺乏有效监督监管，没有明确的负责机构和完整的产业链，工程承载主体主要以劳动力个体和小微规模工程公司为主承揽所在地区的建筑防水维修工程，工程质量得不到充分保障。

建筑防水工程涉及建筑物（构筑物）的地下室、墙地面、墙身、屋顶等诸多部位，其功能就是要使建筑物或构筑物在设计耐久年限内，防止雨水及生产、生活用水的渗漏和地下水的浸蚀，确保建筑结构、内部空间不受到污损，为人们提供一个舒适和安全的空间。而防水工程是一项系统工程，它涉及防水材料、防水工程设计、施工技术、建筑物的管理等方面。而防水材料作为防水工程的主体部分，要综合各方面因素对其进行全方位评价，选择符合要求的高性能防水材料，围绕选定的防水材料进行可靠、耐久、合理、经济的防水工程设计，认真组织，精心施工，完善维修、保养管理制度，以满足建筑物及构筑物的防水耐用年限，实现防水工程的高质量及良好的综合效益。最终防止雨水、雪水和地下水对建筑物渗透，防止空气中的湿气、蒸汽以及其他有害气体或液体对建筑物的侵蚀危害。

目前市场上应用较广泛的主体防水材料为防水卷材和防水涂料。防水卷材分为改性沥青防水卷材和高分子防水卷材；防水涂料分为沥青基防水涂料（和改性沥青防水卷材配套使用）、水性涂料和油性涂料（如聚氨酯）等。而针对防水卷材以及防水涂料自身特性的不同，在建筑防水工程中的应用也有较大的差异。

1. 厨房卫生间（简称厨卫）

厨卫作为建筑内部的功能区域，长期处于用水环境，是建筑内部出现漏水的主要区域。厨卫中管道多，并且管道多交叉，容易堵塞，导致水流回流甚至水管破裂，从而引发漏水。防水涂料是一种黏稠状的液体，在建筑基层表面涂刷以后能挥发水分、有机溶剂，发生固化反应，形成基层防水层，起到显著的防水和防潮作用。防水涂料分为单组分、多组分，在常温下是液体，涂刷在基层表面就能形成坚韧防水膜，膜不但非常完整、没有接缝，还有很好的防水性，寿命也长。如果将其和密封材料联合使用，还能提升防水性能，耐用期限更长。厨卫内部阴阳角多、管道多，因此，常选择防水涂料以降低施工难度，提高操作性，如改性沥青涂料、聚合物水泥防水涂料、聚氨酯防水涂料，其中聚氨酯防水涂料应用最广泛。厨卫是建筑内部防水材料使用较多的一个功能房间。

2. 屋面

建筑屋面结构是长期接受外界环境影响最大的一个结构，天气因素对屋面的影响是长期性的，其对建筑使用效果的影响虽不会在短期内显现，但在暴晒、雨雪等各种恶劣天气长期影响下，建筑的屋顶、楼面必然会遭受严重的损坏，所以在屋面结构防水方面，高质量改性沥青防水卷材的应用具有重要的意义。改性沥青防水卷材以 SBS/APP 改性沥青卷材为主，弥补传统沥青材料缺陷，具有拉伸强度高、延伸率大、低温不脆裂、高温不流淌等优异性能，在建筑防水与防潮等工程中得到广泛应用；合成高分子防水卷材则以 PVC、HDPE 和 TPO 等为主，具有优良的防水、耐高低温、耐腐蚀、耐老化、延伸性好等性能以及较高的抗拉强度。因此，首选高聚物改性沥青防水卷材或合成高分子卷材应用于建筑屋面防水工程。

3. 地下室

地下室防水工程直接影响建筑使用寿命，地下室防水施工质量越好，建筑使用寿命就越长。在现代建筑施工中，地下室部分是不可或缺的结构，但由于其是隐蔽工程，在湿度、漏水、采光、通风等方面存在先天问题，最常见的就是漏水问题，解决难度也最大。引起建筑地下室漏水的因素较多，如地基出现不均匀沉降、防水材料使用不当、防水材料性能不佳或者混凝土接合处有缝隙等。所以，除建筑主体结构缺陷外，防水材料也是影响地下室防水的重要因素。因此，在防水材料的选择上，秉承刚柔并济原则，广泛选用以改性沥青防水卷材为主体的防水材料，复配以与改性沥青防水卷材相容性较好的沥青基层处理剂、胶粘剂、密封胶等材料。

4. 管道接缝位置

防止管道接缝漏水、渗水是建筑防水工程的一项重点内容。管道在任何一栋建筑中都是最为常见的，所以相应的施工人员应重视管道接缝位置的防水质量。在实际的施工过程中，建议应用丁基橡胶防水胶带沿着管道的走向贴合，同时注重胶带宽度的选择，在胶带贴合后，还应利用单组分聚氨酯防水材料对贴合部位进行表面涂抹，待完全干燥后，可采取一定措施，如在上面设置一层保温棉等。

1.1.2 防水系列产品介绍

防水材料是一种功能性建筑材料，分类的方法很多，不同维度有不同的划分，比如可依据材料的性能、形态、化学结构属性、材料的类别等进行划分，其分类目的就是便于制定相关的产品标准、工艺标准，为工程方案设计、施工现场选用提供参考依据，以促进防水材料更深入的研究、提升和发展。我国建筑防水材料通常可分为五大类（图1-1）：防水卷材、防水涂料、刚性防水材料、密封材料、堵漏止水材料。

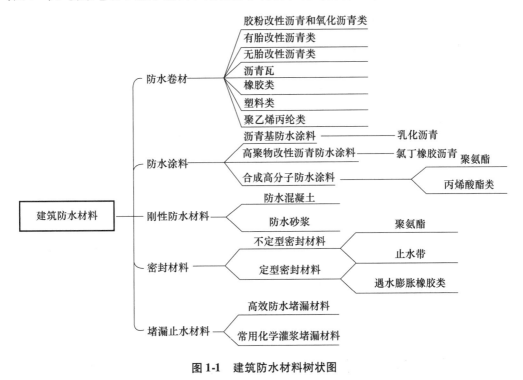

图 1-1 建筑防水材料树状图

1. 防水卷材

防水卷材一般为用于建设工程的可卷曲成卷状的柔性防水材料，包括沥青类、橡胶类、塑料类等7个产品单元。其中，胶粉改性沥青和氧化沥青类防水卷材是以普通直馏沥青、氧化沥青或再生胶粉改性沥青为主要浸涂材料所制成的防水卷材；有胎改性沥青类防水卷材是以弹性体或塑性体树脂为主要改性材料制得改性沥青防水卷材，其采用聚酯毡、玻纤毡或其复合纤维毡作为胎基，表面覆以隔离材料制成的沥青防水卷材，包括有胎自粘改性沥青防水卷材等；无胎改性沥青类防水卷材是以弹性体或塑性体树脂为主要改性材料制得改性沥青，再采用高分子膜基或其无胎基，表面覆以隔离材料制成的沥青防水卷材，包括无胎自粘改性沥青防水卷材等；沥青瓦防水卷材是以石油沥青为主要原材料，加入矿物填料，采用玻纤毡为胎基，上表面覆以矿物粒（片）料，按规格尺寸切成片块状后，用于搭接铺设施工；橡胶类防水卷材是以合成橡胶或橡胶、树脂共混体系为主要原材料制成的卷材，包括织物内增强、覆背衬、表面覆自粘胶等；塑料类防水卷材是以合成树脂为主要原材料制成的卷材（聚乙烯丙纶类除外），也包括织物内增强、覆背衬、表面覆自粘胶等；聚乙烯丙纶类防水卷材是以聚乙烯、聚丙烯等合成树脂为主要原材料，表面复合丙纶或聚酯等织物制成的卷材。

2. 防水涂料

防水涂料（也称涂膜防水材料）是以液体高分子合成材料为主体，在常温下呈无定形状态，用涂布的方法涂刮在结构物表面，经溶剂或水分挥发，或各组分间的化学反应，形成一层致密薄膜物质，具有不透水性、一定的耐候性及延伸性。防水涂料一般用于厨房、卫生间、墙面、楼地面的防水。在用于地下室、屋面防水时应配合防水卷材使用。

防水涂料不耐老化，抗拉抗撕强度都无法和防水卷材相比，但由于防水涂料在施工固化前为无定形液体，对于任何形状复杂、管道纵横和可变截面的基层均易于施工，特别是在阴阳角、管道根、水落口及防水层收头部位易于处理，可形成一层柔韧性好、无接缝的整体涂膜防水层，被广泛应用于厨房、卫生间以及立墙面的防水。

防水涂料一般分为沥青基防水涂料、高聚物改性沥青防水涂料、合成高分子防水涂料。其中沥青基防水涂料是以沥青为基料配制的水乳型或溶剂型的防水涂料，代表产品主要是乳化沥青；高聚物改性沥青防水涂料是以石油沥青为基料，用合成聚合物对其进行改性，加入适量助剂配制成的水乳型或溶剂型乳液，代表产品是氯丁橡胶沥青防水涂料；合成高分子防水涂料是以合成橡胶或合成树脂为原料，加入适量的活性剂、改性剂、增塑剂、防霉剂及填充料等辅助材料制成的单组分或双组分防水涂料，代表产品是聚氨酯防水涂料、丙烯酸酯类防水涂料。

3. 刚性防水材料

刚性防水材料通常指防水混凝土与防水砂浆。它是指以水泥、砂、石为原料或掺入少量外加剂（防水剂）、高分子聚合物等材料，通过调整配合比，抑制或减少孔隙率，改变孔隙特征，增加各原材料界面间的密实性等方法配制成的具有一定抗渗能力的水泥砂浆、混凝土类防水材料。

刚性防水材料一般用于蓄水种植屋面、水池内外防水、外墙面的防水和动静水压作用较大的混凝土地下室。一般配合柔性防水材料使用，达到刚柔相济的效果，实现优势互补。刚性防水的最大缺点是其抗拉强度低，抗变形能力差，常因干缩、地基沉降、基层振动变形、温差等因素使防水层出现裂缝。此外，这类材料自重较大，使结构荷载增加。产品通常分为防水混凝土和防水砂浆。

4. 密封材料

密封材料指填充于建筑物的接缝、裂缝、门窗框、玻璃周边以及管道接头或与其他结构的连接处，能阻塞介质透过渗漏通道，起到水密、气密性作用的材料。密封材料应有较好的粘结性、弹性和耐老化性，在长期经受拉伸和收缩以及振动疲劳时，仍保持良好的防水效果，一般用于接缝或配合卷材防水层做收头处理。一般不会大面积使用，利用其便于嵌缝处理的优点，配合防水卷材和涂料做节点部位的处理。

密封材料分为不定型密封材料和定型密封材料两大类。

5. 堵漏止水材料

堵漏止水材料可分为高效防水堵漏材料和常用化学灌浆堵漏材料。高效防水堵漏材料是一种水硬性无机型胶凝材料，与水调和硬化后即具有防水、防渗性能。这种材料的外观一般为白色或灰色粉末状。其功能特点是：无毒无味、不污染环境，耐老化，施工方便，可在潮湿基面上施工，并有立刻止漏功效；粘结力强，能与砖、石、混凝土、水泥砂浆等牢固地结合成整体。

常用化学灌浆材料若按其材料分类，可分为丙烯酰胺类、环氧树脂类、甲基烯酸酯类和聚氨酯类等，这些材料都有一定的独特性能，使用时针对性很强，一般用于特殊的工程中。

建筑行业对防水材料也有从材料的性能、形态和品名上进行划分的，例如：

①按防水材料的性能分为三大类：刚性防水材料、柔性防水材料和粉状防水材料（糊状）。刚性防水材料具有强度高、耐穿刺性等特点，耐高低温性优异，但抗裂性较差，如防水混凝土、防水砂浆、瓦等；柔性防水材料具有良好的弹塑性、延伸性、抗裂性等特点，如各种卷材、涂料、密封胶；粉状防水材料通过粉体的憎水性实现防水，如膨润土颗粒。

②按照防水材料的形态可分为防水卷材、防水涂料、密封材料、防水混凝土、防水砂浆、金属板、瓦等。不同的形态对防水主体的适应性是不同的：卷材、涂料、密封材料柔软，应依附于坚硬的基面上；金属板既是结构层又是防水层，而防水砂浆、瓦片刚性大且坚硬；憎水剂、渗透结晶可使混凝土或砂浆具有憎水性能，附属于坚硬的刚性材料上。

③按材料的品种分类是国内外防水行业常用的方式，有学名、别名、代号、商品名等。但我国的防水材料均应以学名来命名，如弹性体改性沥青（SBS）防水卷材、塑性体改性沥青（APP）防水卷材、三元乙丙橡胶（EPDM）防水卷材、聚氯乙烯（PVC）防水卷材、乙烯醋酸乙稀共聚物（EVA）防水卷材、热塑性聚烯烃（TPO）防水卷材、高密度聚乙烯（HDPE）自粘胶膜防水卷材、聚氨酯防水涂料、聚合物水泥防水涂料、

聚氨酯密封胶、聚合物防水砂浆等。

1.1.3 防水材料生产制造工艺过程

1. 改性沥青防水卷材

1) 改性沥青防水卷材（热熔类）生产工艺

改性沥青防水卷材（热熔类）生产工艺分为改性沥青防水卷材（热熔类）配料工艺以及改性沥青防水卷材（热熔类）成型工艺。

（1）改性沥青防水卷材（热熔类）配料工艺

在密闭式保温配料罐中计量加入沥青、软化剂，经升温脱水，加入一定比例苯乙烯-丁二烯-苯乙烯嵌段共聚物（SBS）、聚丙烯（APP）或聚烯烃（APAO）等改性剂，经胶体磨或其他剪切机进行剪切、研磨，使改性剂均匀分散于沥青中，加入无机填料，充分搅拌均匀实现共混改性，制备成改性沥青。配料工艺流程如图 1-2 所示。

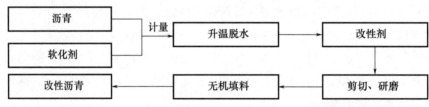

图 1-2 改性沥青防水卷材（热熔类）配料工艺流程图

（2）改性沥青防水卷材（热熔类）成型工艺

改性沥青防水卷材（热熔类）成型工艺由胎基展开，胎基搭接、储存、烘干，胎基预浸、涂覆改性沥青，冷却，覆上（下）表面隔离材料，再冷却，定型、储存和调偏，计量裁断，卷取包装，入库待检及检测，合格入库。改性沥青防水卷材生产线成型工艺如图 1-3 所示，产品工序说明见表 1-1。

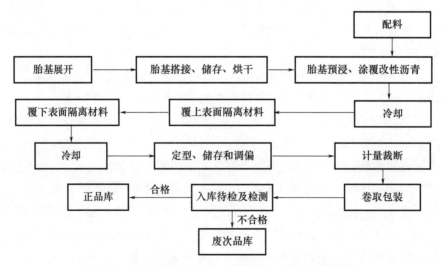

图 1-3 改性沥青防水卷材（热熔类）成型工艺流程图

表 1-1 改性沥青防水卷材（热熔类）产品工序说明

序号	工序	工序说明
1	胎基烘干工序	胎基烘干除水
2	预浸、涂覆工序	浸透、涂覆改性沥青
3	覆膜工序	覆表面隔离材料
4	冷却定型工序	冷却定型
5	包装工序	计量、裁断、卷收、包装

2）改性沥青防水卷材（有胎类带自粘层）生产工艺

改性沥青防水卷材（有胎类带自粘层）生产工艺分为自粘改性沥青配料工艺以及对应防水卷材（有胎类自粘或者带自粘层）成型工艺。

（1）自粘改性沥青配料工艺

在密闭式保温配料罐中计量打入基质沥青、软化剂，经升温脱水，加入一定比例丁苯橡胶（SBR）、苯乙烯-丁二烯-苯乙烯嵌段共聚物（SBS）、石油树脂等改性剂，经胶体磨或其他剪切机进行剪切、研磨，使改性剂均匀分散沥青中，加入无机填料，充分搅拌均匀实现共混改性，制备成改性沥青。配料工艺流程如图1-4所示。

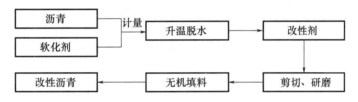

图 1-4 改性沥青防水卷材（有胎类带自粘层）配料工艺流程图

（2）自粘改性沥青防水卷材（有胎类自粘或者带自粘层）成型工艺

由胎基展开，胎基搭接、储存、烘干，胎基预浸、一次涂覆改性沥青涂盖料，冷却，覆上表面隔离材料后二次涂覆改性沥青涂盖料，覆下表面隔离材料（覆膜或撒布），冷却降温，定型、储存、调偏、计量、裁断、卷取、包装，入库待检及检测，合格入库。自粘改性沥青防水卷材（有胎类带自粘层）成型工艺流程如图1-5所示，产品工序说明见表1-2。

3）改性沥青防水卷材（无胎类）生产工艺

改性沥青防水卷材（无胎类）生产工艺分为自粘改性沥青配料工艺以及对应防水卷材生产成型工艺。

（1）自粘改性沥青配料工艺

在密闭式保温配料罐中计量打入基质沥青、软化剂，经升温脱水，加入一定比例丁苯橡胶（SBR）、苯乙烯-丁二烯-苯乙烯嵌段共聚物（SBS）、石油树脂等改性剂，经胶体磨或其他剪切机进行剪切、研磨，使改性剂均匀分散于沥青中，加入无机填料，充分搅拌均匀实现共混改性，制备成改性沥青。配料工艺流程如图1-6所示。

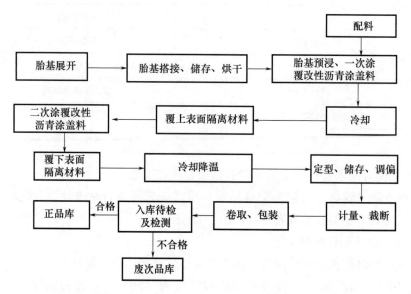

图1-5　自粘改性沥青防水卷材（有胎类带自粘层）成型工艺流程图

表1-2　自粘改性沥青防水卷材（有胎类带自粘层）产品工序说明

序号	工序	工序说明
1	胎基烘干工序	胎基烘干除水
2	预浸、涂覆工序	浸透、涂覆改性沥青
3	覆膜工序	覆表面隔离材料
4	冷却定型工序	冷却定型
5	包装工序	计量、裁断、卷取、包装

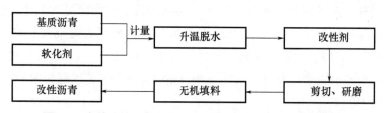

图1-6　自粘改性沥青防水卷材（无胎类）配料工艺流程图

（2）自粘改性沥青防水卷材（无胎类）成型工艺

由隔离膜展开，一次刮涂，覆边网，二次刮涂，钢带冷却，覆隔离材料，覆两边边膜，定型、储存、调偏，计量、裁断，卷取、包装，入库待检及检测，合格入库。自粘改性沥青防水卷材成型工艺如图1-7所示，产品工序说明见表1-3。

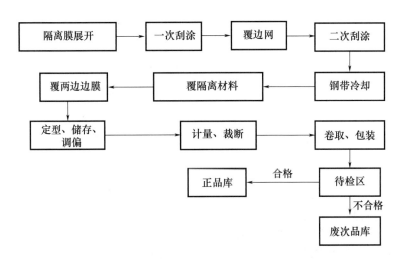

图 1-7　自粘改性沥青防水卷材（无胎类）成型工序流程图

表 1-3　自粘改性沥青防水卷材（无胎类）产品工序说明

序号	工序	工序说明
1	一次涂油工序	覆隔离材料展开并涂覆改性沥青
2	二次涂油工序	覆边网格布及二次涂覆改性沥青
3	冷却定型及覆膜工序	钢带冷却、覆表面增强膜及搭接边膜
4	储存调偏工序	停留架定型及调偏
5	包装工序	计量、裁断、收卷、包装

2. 企业生产防水卷材产品应具备的生产设备

企业生产防水卷材产品应具备的生产设备见表 1-4。

表 1-4　企业生产防水卷材产品生产设备

序号	产品单元	设备名称	设备要求		备注
			既有企业	新建企业	
1	有胎改性沥青类	密闭式沥青储存罐	有效容积≥500m³	有效容积≥1000m³	—
		原材料输送管道（液体、粉料）	密闭	密闭	—
		密闭式保温配料罐	具有计重装置，有效总容积≥35m³	总有效容积≥80m³；具有计重功能的搅拌装置不少于4台	—
		胶体磨	总能力≥20m³/h	总能力≥40m³/h	—
		沥青计量设备	计量罐，或流量计，或电子秤，精度≤1.5%	计量罐，或流量计，或电子秤，精度≤1.5%	—
		导热油炉	≥100万大卡（1.2MW）	≥150万大卡（1.75MW）	有多条生产线时，每增加一条生产线，功率要求应增加70%

续表

序号	产品单元	设备名称	设备要求		备注
			既有企业	新建企业	
1	有胎改性沥青类	胎基展卷机	—	—	—
		胎基搭接机	—	—	—
		胎基停留机	—	—	—
		胎基烘干机	—	—	—
		浸油池（槽）	浸油池（槽）密闭	浸油池（槽）密闭	—
		涂油池（槽）	涂油池（槽）密闭	涂油池（槽）密闭	—
		卷材厚度控制装置	—	—	—
		撒砂机及供砂装置或覆膜装置	—	—	—
		牵引压实机组	—	—	—
		水槽式或辊筒式冷却机	—	—	—
		成品停留机	—	—	—
		调偏装置	—	—	—
		卷毡机	—	—	—
		烟气、粉尘分离装置	—	—	—
		生产能力（车速）	≥21m²/min	≥42m²/min	—
2	无胎改性沥青类	密闭式沥青储存罐	有效容积≥500m³	有效容积≥500m³	—
		原材料输送管道（液体、粉料）	密闭	密闭	—
		密闭式保温配料罐	具有计重装置，有效总容积≥35m³	具有计重功能的搅拌装置，总有效容积≥35m³	—
		胶体磨（弹性体改性沥青）	总能力≥20m³/h	总能力≥20m³/h	—
		沥青计量设备	计量罐，或流量计，或电子秤，精度≤1.5%	计量罐，或流量计，或电子秤，精度≤1.5%	—
		导热油炉	≥100万大卡（1.2MW）	≥100万大卡（1.2MW）	有多条生产线时，每增加一条生产线，功率要求应增加70%
		滚涂、刮涂或浇注装置	密闭	密闭	—
		卷材厚度控制装置	—	—	—
		覆膜装置	—	—	—
		牵引压实机组	—	—	—

序号	产品单元	设备名称	设备要求		备注
			既有企业	新建企业	
2	无胎改性沥青类	水槽式或辊筒式冷却机	—	—	—
		成品停留机	—	—	—
		调偏装置	—	—	—
		卷毡机（卷材）	—	—	—
		烟气、粉尘分离装置	—	—	—
		生产能力（车速）	≥21m²/min	≥21m²/min	—

3. 沥青基防水涂料

1）非固化橡胶沥青防水涂料

与改性沥青防水卷材相比，非固化橡胶沥青防水涂料的生产工艺相对简单，只有物料配制和成品灌装两个工序，无成型工艺。物料配制时，首先将基质沥青等原材料加入配料罐，升温、脱水，然后加入改性剂及助剂，通过高速剪切机进行研磨分散后，再加入填料并分散均匀，待中控检测合格后，转入储罐降温灌装。非固化橡胶沥青防水涂料的生产工艺流程如图1-8所示。

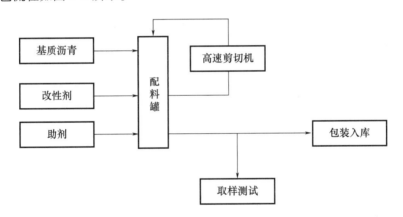

图1-8 非固化橡胶沥青防水涂料生产工艺流程图

2）溶剂型橡胶沥青防水涂料

溶剂型橡胶沥青防水涂料生产工艺与非固化橡胶沥青防水涂料有相同之处，即只有物料配制和成品灌装两部分。但两者也有不同之处，即在物料配制过程中需要加入溶剂进行溶解、稀释。物料配制时，首先将基质沥青等原材料加入配料罐，升温、脱水，然后加入改性剂及助剂，通过高速剪切机进行研磨分散后，根据物料的黏度选择先加入填料再降温加入溶剂稀释，还是先降温稀释再加入填料。待取样检测合格后，转入储罐降温消泡，进行灌装。

3）水乳型高聚物改性沥青防水涂料

水乳型高聚物改性沥青防水涂料主要原材料改性乳化沥青的生产工艺过程可分为3类：一是先乳化后改性，先制备乳化沥青，然后将胶乳改性剂加入到乳化沥青中，制备得到改性乳化沥青。二是边乳化边改性，生产工艺又包含两类，即①将胶乳改性剂加入到皂液中，然后通过高速剪切机将沥青分散到皂液中，制备得到改性乳化沥青；②将胶乳改性剂、皂液、沥青一起泵入到高速剪切机中，制备得到改性乳化沥青。三是先改性后乳化，先将沥青进行改性，然后乳化得到改性乳化沥青。

（1）先乳化后改性

生产工艺如图 1-9 所示：将普通沥青加热至 130～140℃和皂液一起通过高速剪切机，制得普通乳化沥青，然后将胶乳改性剂加入到乳化沥青中，通过机械搅拌作用分散均匀，制备得到改性乳化沥青。该工艺的优点是对生产设备要求低、操作简单，缺点是只适合胶乳态的改性剂。

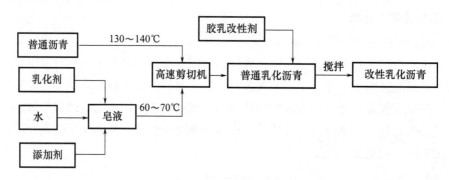

图 1-9　先乳化后改性的生产工艺流程图

（2）边乳化边改性

如图 1-10 所示，边乳化边改性是国外常用的生产工艺。将改性剂加入皂液中，然后与普通沥青一起进入高速剪切机，制备得到改性乳化沥青；或者将改性剂、皂液置于不同储罐中，在泵送管道中混合，然后与沥青一起进入高速剪切机。

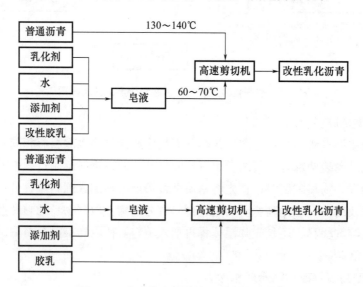

图 1-10　边乳化边改性的生产工艺流程图

将胶乳改性剂加入皂液中的方法，优点是与生产普通乳化沥青的工艺完全相同，不需要对生产设备做任何改动；缺点是改性剂的添加量受到限制，且要求胶乳改性剂能够耐受皂液的 pH 值。而将胶乳改性剂通过管道直接连接到高速剪切机的方法可以克服上述缺点，但需要对乳化设备进行改造。

（3）先改性后乳化

先改性后乳化的生产工艺如图 1-11 所示。先将沥青改性得到改性沥青，然后将改性沥青与皂液一起加入高速剪切机中，制备得到改性乳化沥青。

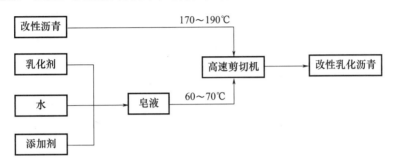

图 1-11 先改性后乳化的生产工艺流程图

水乳型沥青涂料性沥青基层处理剂根据产品种类不同，其生产工艺分别采用了上述的"先乳化后改性""边乳化边改性"的方法。

4. 水性防水涂料

水性防水涂料分为水乳基防水涂料和水泥基防水涂料。水乳基防水涂料是以聚合物乳液为主要原料，以水为分散介质，加入颜填料和其他助剂组成的单组分防水涂料；水泥基防水涂料是以聚合物乳液和水泥为主要原料，加入颜填料和其他助剂组成的防水涂料，包括液料和粉料组成的双组分涂料和干粉类涂料。

1）水乳基防水涂料生产工艺

水乳基防水涂料生产工艺以物理混合为主要手段，在原材料经过称重计量后，首先将水、聚合物乳液和部分助剂投放至搅拌设备，开启低速搅拌；其次加入填料和颜料，同时开启高速搅拌；待颜填料分散均匀后降低速度，通过真空方式进行除泡；最后依次加入剩余助剂调整涂料黏度和状态，满足要求后经过研磨调整涂料细度，得到均匀细腻的成品。在加工生产过程中，按照一定的顺序将各组成原料投放至搅拌设备，经过搅拌设备的剪切、分散加工得到均匀的混合材料。根据不同防水涂料的要求以及穿插抽提、升温、降温等工艺流程，调节不同助剂加入后的匀化速度，调节各种有机辅材的接枝反应，实现材料性能的达成，如图 1-12 所示。

2）水泥基防水涂料

水泥基防水涂料包括液料和粉料两个组分。

（1）液料组分的生产工艺

首先将各种原材料称重计量，将水和聚合物乳液加入搅拌设备中进行低速搅拌，在搅拌过程中依次缓慢加入各种助剂；其次在原材料全部加入后进行高速分散，待分散均匀后通过静止或真空的方式除泡；最后得到最终产品。

根据原料的特性加工过程分为气粉混合、粉粉混合、气粉分离等状态，通过搅拌仓位控制以及设备的高速、低速搅拌参数的调整，实现粉体原料加工工艺的精细产出，以及生产技术的高效节能，如图 1-13 所示。

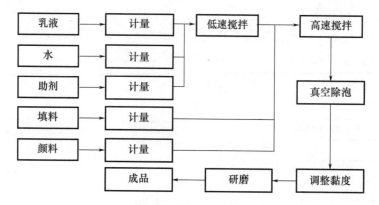

图 1-12　水乳基防水涂料的生产工艺流程图

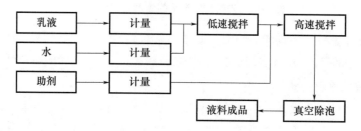

图 1-13　水泥基防水涂料的液料生产工艺流程图

（2）粉料组分的生产工艺

将各种原材料称重计量，再将水泥、填料、颜料投入粉体混合机中，启动搅拌；在搅拌过程中加入粉体助剂后继续搅拌到规定时间。在出料前取样检测，确定物料混合均匀后出料，如图 1-14 所示。

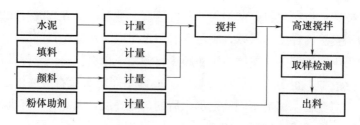

图 1-14　水泥基防水涂料的粉料生产工艺流程图

5. 聚氨酯产品

聚氨酯（PU）防水涂料是以异氰酸酯、聚醚多元醇为主要原料，并配以多种助剂和填料混合反应而成的一种高分子防水涂料，分为单组分和双组分两种。相对其他防水产品而言，聚氨酯防水涂料生产工艺比较复杂，其中关键工艺有脱水过程、反应过程和脱气过程等。传统聚氨酯防水涂料生产工艺自动化程度低，人为干预多，生产控制精确度不高，产品批次性能离散性较大。随着社会进步及科学技术发展，现今聚氨酯防水涂料可全部实现自动化生产，大大提高了生产效率，有效降低制造成本和人工成本。根据生产设备不同，聚氨酯防水涂料的生产工艺可分为"釜式"和"管式"，其中釜式为间歇式生产，管式为连续性生产，因此，聚氨酯防水涂料生产工艺也可分为间歇和连续两种工艺，如图 1-15 所示。

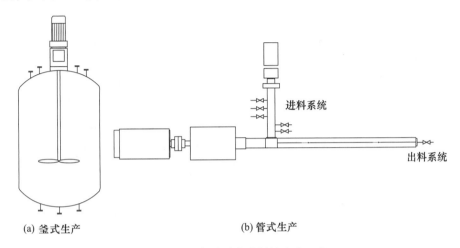

(a) 釜式生产　　　　　　　　　　(b) 管式生产

图 1-15　聚氨酯防水涂料的生产工艺

1）单组分聚氨酯防水涂料生产工艺

单组分聚氨酯防水涂料生产工艺，首先将聚醚多元醇、增塑剂、分散剂加入反应釜中，开启搅拌，然后升温至 110℃，加入助剂和粉料后真空负压脱水，降温后加入异氰酸酯进行第一步反应，然后加入催化剂进行第二步反应，随后降温加入助剂进行真空负压脱气后得到成品，最后检测合格后入库。

单组分聚氨酯防水涂料生产工艺如图 1-16 所示。

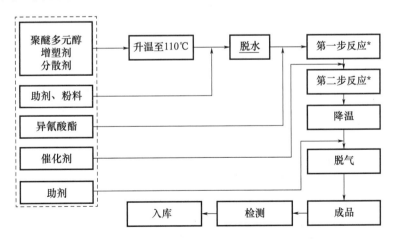

图 1-16　单组分聚氨酯防水涂料的生产工艺流程图

注：工艺流程图中下画线部分为关键工序；＊部分为特殊过程。

2）双组分聚氨酯防水涂料生产工艺

双组分聚氨酯防水涂料生产工艺与单组分有所不同，分为 A 组分和 B 组分，其中 A 组分生产工艺是预聚体合成，B 组分生产工艺是固化剂制备，相对单组分聚氨酯防水涂料而言，双组分聚氨酯防水涂料生产工艺较为简单。

（1）A 组分工艺流程

双组分聚氨酯防水涂料的 A 组分生产工艺，将聚醚多元醇计量加入反应釜中，升温至 110℃真空负压脱水，水分合格后降温，然后加入异氰酸酯进行聚合反应，随后加入助剂真空负压脱气得到成品，最后灌装、检测、入库，如图 1-17 所示。

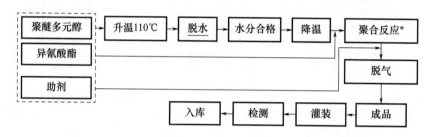

图 1-17　双组分聚氨酯防水涂料 A 组分的生产工艺流程图

注：工艺流程图中下画线部分为关键工序；＊部分为特殊过程。

（2）B 组分工艺流程

B 组分工艺流程，将聚醚多元醇、增塑剂、助剂计量加入釜中，升温至 110℃加入固化剂、粉料和助剂，真空负压脱水，水分合格后降温，然后加入催化剂、助剂，随后真空负压脱气得到成品，最后灌装、检测、入库，如图 1-18 所示。

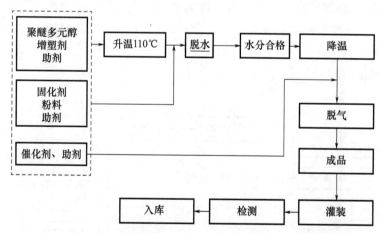

图 1-18　双组分聚氨酯防水涂料 B 组分的生产工艺流程图

注：工艺流程图中下画线部分为关键工序。

3）喷涂硬泡聚氨酯防水保温材料生产工艺

喷涂硬泡聚氨酯防水保温材料是采用聚醚多元醇、聚酯多元醇、多异氰酸酯、稳定剂、催化剂、交联剂、发泡剂和阻燃剂等原材料，通过一步法制备而成。该材料具有密度小、强度高、导热系数低、粘结性强、施工方便等优点，它既可以作为绝热保温材料，也可起到防水作用，因此，喷涂硬泡聚氨酯防水保温材料具有保温、防水双重功能，即实现"保温防水一体化"。喷涂硬泡聚氨酯防水保温材料由 A 组分和 B 组分构成，其中 A 组分多苯基多亚甲基多异氰酸酯为外购产品无须生产，俗称"黑料"，B 组分生产工艺较为简单，通过物理混合即可，俗称"白料"。

（1）A 组分工艺流程

A 组分工艺流程，将外购多苯基多亚甲基多异氰酸酯（PAPI 或粗 MDI）抽样检测，合格后分装入库，如图 1-19 所示。

图 1-19　喷涂硬泡聚氨酯防水保温材料 A 组分的生产工艺流程图

（2）B 组分工艺流程

B 组分工艺流程，将聚醚多元醇、聚酯多元醇、稳定剂、催化剂、交联剂、发泡剂和阻燃剂等原材料按照计量加入至釜中，搅拌进行物理混合，随后灌装，检测合格后入库，如图 1-20 所示。

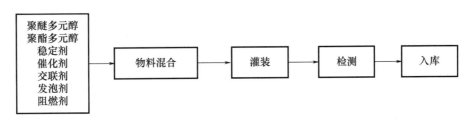

图 1-20　喷涂硬泡聚氨酯防水保温材料 B 组分的生产工艺流程图

4）喷涂聚脲弹性材料生产工艺

喷涂聚脲弹性材料是由 A 组分和 B 组分组成的现场喷涂成型的双组分弹性涂料。其中 A 组分是由异氰酸酯与低聚物二元醇或三元醇反应制得的异氰酸酯半预聚体；B 组分由端氨基聚醚或端羟基聚醚、液态胺扩链剂、颜料、填料以及助剂组成。A 组分与 B 组分通过专用喷涂设备的计量泵输送至喷枪，经快速混合，喷至基层表面，快速反应固结成富有弹性、坚韧、防水、防腐和耐磨的涂层。

（1）A 组分工艺流程

A 组分工艺流程，将聚醚多元醇、增塑剂原材料按照计量加入反应釜中，搅拌进行混合升温至 110℃真空负压脱水，随后降温加入异氰酸酯进行聚合反应，然后灌装、检测后入库，如图 1-21 所示。

（2）B 组分工艺流程

将聚醚多元醇、脱水剂、扩链剂、催化剂、色浆及其他助剂按照计量加入釜中，搅拌进行物理混合，随后灌装，检测合格后入库，如图 1-22 所示。

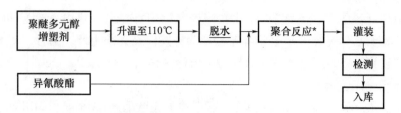

图 1-21　喷涂聚脲弹性材料 A 组分的生产工艺流程图

注：工艺流程图中下画线部分为关键过程；＊部分为特殊过程。

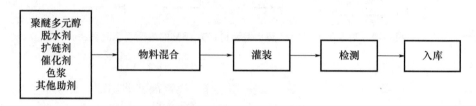

图 1-22　喷涂聚脲弹性材料 B 组分的生产工艺流程图

5）薄涂型改性聚氨酯防水漆生产工艺

（1）A 组分工艺流程

A 组分工艺流程，将树脂、颜料、粉料、触变剂、分散剂及液体助剂按照计量加入釜中，搅拌进行物理混合，随后进入砂磨机研磨至规定细度，然后成品灌装，检测合格后入库，如图 1-23 所示。

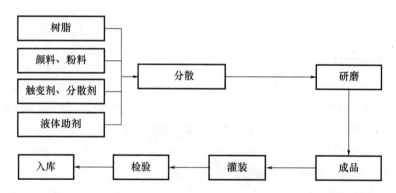

图 1-23　薄涂型改性聚氨酯防水漆 A 组分的生产工艺流程图

（2）B 组分工艺流程

B 组分工艺流程，将固化剂抽样检测，合格后分装入库，如图 1-24 所示。

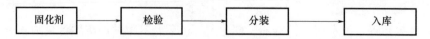

图 1-24　薄涂型改性聚氨酯防水漆 B 组分的生产工艺流程图

6. 高分子防水卷材

1) HDPE 自粘胶膜防水卷材生产工艺流程

具体的 HDPE 自粘胶膜防水卷材成型工艺如图 1-25 所示。

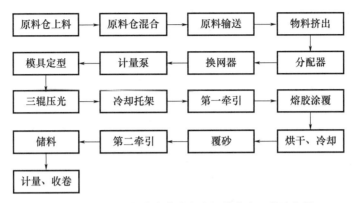

图 1-25　HDPE 自粘胶膜防水卷材的生产工艺流程图

工艺流程说明：

（1）原料仓上料、原料仓混合

将不同种原料人工计量，放入原料仓，在原料仓内预先混合搅拌。

（2）原料输送

通过真空泵将原料输送到挤出机料斗内。

（3）物料挤出

挤出机为设备的重要组成部分，原料通过挤出机的加热、螺杆的熔融塑化增压挤出，改变原料的形态。挤出机的选择和搭配决定了整套设备的产能，挤出机螺杆的设计决定了原料整个挤出过程及最终制品的各项指标参数。

（4）分配器

通过分配器对原料进行分配处理。

（5）换网器

通过换网器对挤出的物料进行过滤处理，有效消除可能存在的杂质。

（6）计量泵

计量泵对挤出的物料进行精确计量，消除料流波动或扰动，从而使物料稳定进入模具。

（7）模具定型

模具是制品成型的关键部件，模腔内部有镜面衣架式流道，前部有阻流条结构，用来控制物料在模腔内的流速和压力。端部有模唇微调结构，用来控制物料厚度保持一致。

（8）三辊压光

三辊压光机与辊温控制系统是板片材冷却定型的重要部件。根据片材的物料特性合理选择三辊的结构形式是生产出合格制品的关键。采用直立三辊形式，模具能最大限度地接近中下辊隙，方便工艺操作。

（9）冷却托架

HDPE 自粘胶膜防水卷材需要进入长距离的冷却托架进行冷却，消除生产过程中材料的残余应力。

（10）第一牵引

第一牵引主要对 HDPE 自粘胶膜防水卷材起到牵引作用。

（11）熔胶涂覆

通过熔胶泵熔融高分子热熔胶，经涂胶模头均匀涂覆于主体片材表面。

（12）烘干、冷却

熔胶涂覆后，HDPE 自粘胶膜防水卷材会再次受热，通过再次冷却，进一步消除内应力。

（13）覆砂

当生产砂面 HDPE 自粘胶膜防水卷材时，材料最表层需要进行覆砂防粘处理。

（14）第二牵引

第二牵引主要对 HDPE 自粘胶膜防水卷材起到牵引作用。

（15）储料

对收卷切换过程中的 HDPE 自粘胶膜防水卷材进行储存。

（16）计量、收卷

对 HDPE 自粘胶膜防水卷材按需要长度计量裁剪，并进行收卷。整个过程需要完成上卷、收卷、卸卷、换纸芯等多个动作。

卷材经计量、裁断、收卷后即成成品卷材。经检测合格后可以入库。

2）热塑性聚烯烃（TPO）防水卷材生产工艺流程

TPO 防水卷材成型工艺主要由 1 号原料混合、搅拌输送、1 号底层片材挤出压光、冷却定型、2 号混料、2 号面层片材挤出复合、计量、卷取等过程组成。具体的 TPO 防水卷材成型工艺流程如图 1-26 所示。

TPO 防水卷材工艺流程说明见表 1-5。

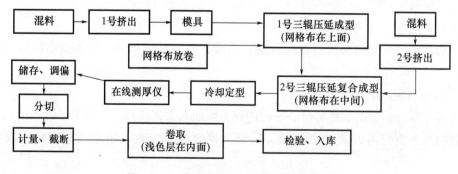

图 1-26   TPO 防水卷材成型工艺流程图

表 1-5　TPO 防水卷材工艺流程说明

特殊工序	关键设备	关键控制点
混料	混料机	计量、配料温度
挤出	挤出机	挤出温度

3）混料工艺过程主要参数

原料在混合机中混合充分约 5min，监测物料温度不超过 45℃，防止粘连。

4）注意事项

①配料组长应明确生产任务，按计划配制生产所需要的品种原料。

②开始配料前，应了解配料斗内和各管线内的状况。转换不同原料时，应卸掉料斗内余料，再投放新料。

③开动混合机前应关闭上盖。

④一次混料不应投入太满，混合机是很重要的辅助设备，其安全运行是生产速度的保证，一旦其损坏，将会导致无料停机。因此，配料班长在生产过程中应随时关注它的使用状况，一旦发现异常，应立即报告设备主管和车间主任，进行问题分析和维修保养。

⑤当配料基本达到要求，配料班长报告生产班长才能生产；否则应通知工艺员分析原因并进行处理，处理合格后再进行生产。

5）生产一般要求

①原料配制完成后，注意各管线阀门的开启状态，避免损坏设备和混料。当下料称量补料时，配料操作工应注意不要开启真空泵输送料，过滤网应定期清理。

②首次开机或产品转型时，生产前还应配制合格的相应原料冲洗管道。

③生产前检查设备是否正常；准备必要的网格布；检查气压是否达到要求；检查循环用水是否正常；按照工艺工序卡设定参数，提前 2h 将挤出机升温至生产温度后保温。

④卷材成型工艺，准备工作做好之后，生产班长组织开机生产，车速从"0"开始加速，并调整至生产要求速度，保持生产线张力基本平衡。

6）挤出

按工艺工序卡要求，将挤出机温度稳定达到设定值，计量泵转速、主机转速与生产线速度同步提高至设定值。注意控制给料量、螺杆转速和计量泵转速，防止设备电流过高跳停；注意尽快调整整体厚度达到要求值范围。在线测厚仪和手动测厚仪用来监控片材整体厚度。

7）分切、计量、卷取、包装

①分切用电热烫刀从中间将卷材切开，注意加热烫刀勿将切口烫出缺口。

②生产线采用 PLC 控制、采用气动和电动相结合的驱动执行系统时，可自动/半自动实现送卷、收卷、电子计长、切断、卸卷、辊道输出等动作。卷材长度可以自由设定，卷材走到设定的长度后即进行自动切断、收卷。卷材经收卷后即手动传送到包装岗位，包装工用塑料袋套好，将卷材扎好，贴好标识和标签。

③包装工应检查卷材外观、厚度、卷长和幅宽，并负责分别存放。

8）包装、贮存与运输

①卷材打两道塑胶带包装，然后用塑料袋套在卷材外面。卷材中间有纸芯。

②卷材应在干燥、通风的环境下存储，防止日晒雨淋。不同类别、规格的卷材应分别堆放。卷材应平放，堆放高度不超过5层。

③在正常贮存、运输条件下，贮存期自生产之日起为一年。

7. EVA 防水卷材生产工艺流程

EVA 防水卷材成型工艺主要由配料、挤出、片材挤出压光成型、冷却定型、激光打码、在线测厚、计量、卷取等过程组成。具体的 EVA 防水卷材成型工艺流程如图1-27所示。

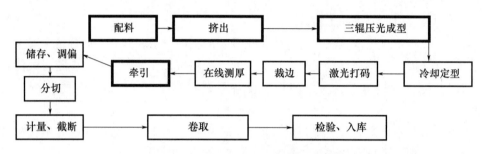

图1-27　EVA 防水卷材成型工艺流程图

注：粗黑框的特殊工序要求严格按步骤和参数操作。

EVA 防水卷材生产工艺流程说明见表1-6。

表1-6　EVA 防水卷材工艺流程说明

特殊工序	关键设备	关键控制点
配料	混料机	计量
挤出	挤出机	挤出温度、压力
三辊压光成型	三辊压光机	辊温
牵引	牵引辊	牵引速率

1）工艺步骤及注意事项

配料应严格按工艺配方规定的加料量和工艺过程及条件进行操作，并详细记录配料情况。

注意事项：

①配料组长应明确生产任务，按计划配制生产所需要的品种原料。

②开始配料前，应了解配料斗内和各管线内的状况。转换不同原料时，应卸掉料斗内余料，再投放新料。

2）生产一般要求

①原料配制完成后，注意各管线阀门的开启状态，避免损坏设备和混料。当下料称

量补料时，配料操作工应注意不要开启真空泵输送料，过滤网应定期清理。

②首次开机或产品转型时，生产前还应用配制合格的相应原料冲洗管道。

③生产前检查设备是否正常；准备必要的网格布；检查气压是否达到要求；检查循环用水是否正常并提前 2h 将挤出机升温至生产温度后保温。

3）防水板成型工艺

防水板成型采用三辊压延成型。

①准备工作做好之后，生产班长组织开机生产，车速从"0"开始加速，并调整至生产要求速度，保持生产线张力基本平衡。

②挤出机挤料按工艺工序卡要求，将挤出机温度稳定达到设定值；将计量泵转速、主机转速和生产线速度同步提高至设定值。注意控制给料量与螺杆转速和计量泵转速，防止设备电流过高跳停。

③三辊压光成型。挤出机挤料成型，片材厚度调整达到要求后，调整上/中辊气缸压力，达到胶面压光。调试完成后，监控挤出机挤出量与挤出机内各压力稳定与否。

④在线测厚。在线测厚仪和手动测厚仪用来监控片材整体厚度。在线测厚仪设定标准厚度和极限偏差，由本岗位操作员工进行设定与反馈，出现报警及时反馈给主机岗位，主机岗位根据报警位置进行积料调整。

⑤冷却定型。片材经过冷却架冷却后经过在线测厚仪，相关岗位操作手注意监控整体厚度，及时反馈给机头岗位操作手。

⑥激光打码。调取相应产品打码文件，测试完成。

4）分切、计量、卷取、包装

①用分切刀从中间将防水板切开，注意保持切口平齐。

②采用 PLC 控制，采用气动和电动相结合的驱动执行系统，可自动/半自动实现送卷、收卷、电子计长、切断、卸卷、辊道输出等动作。防水板长度可以自由设定，防水板走到设定的长度后即进行自动切断、收卷。防水板经收卷后即手动传送到包装岗位，包装工用塑料袋套好防水板扎好，贴好标识和标签。

③包装工应检查防水板外观、厚度、卷长和幅宽，并负责分别存放。

5）包装、贮存与运输

①防水板打一道胶带缠紧，然后用塑料袋套在防水板外面。防水板中间有纸芯。

②防水板应在干燥、通风的环境下存储，防止日晒雨淋。不同类别、规格的防水板应分别堆放。防水板应平放，堆放高度不超过 5 层。

③在正常贮存、运输条件下，贮存期自生产之日起为一年。

8. PVC 防水卷材生产工艺流程

PVC 防水卷材成型工艺主要由原料高低速混合、双螺杆挤出、模头挤出、三辊定型、无纺布复合、压花、冷却、牵引、切割、卷取过程组成。具体的 PVC 防水卷材生产工艺如图 1-28 所示。

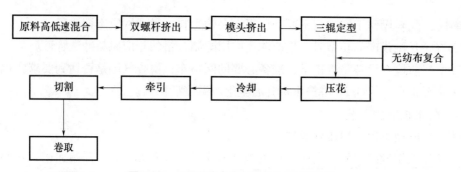

图 1-28　PVC 防水卷材生产工艺流程图

PVC 防水卷材生产工艺流程说明：

1）原料高低速混合

将不同种原料人工计量，放入原料仓，通过高低速不同速比进行充分混合搅拌。

2）双螺杆挤出

挤出机为设备的重要组成部分，原料通过挤出机的加热、螺杆的熔融塑化增压挤出，改变原料的形态。生产中多采用锥形双螺杆，其中机头温度、螺杆转速、加料螺杆转速、扭矩稳定等都是重要的工艺参数，同时各环节的温度控制也需要结合不同区段进行单独设置。

3）模头挤出

模具是制品成型的关键部件，模腔内部有镜面衣架式流道，前部有阻流条结构，用来控制物料在模腔内的流速和压力。端部有模唇微调结构，用来控制物料厚度，使其保持一致。一般机头口模温度要比机筒略高。

4）三辊定型

三辊压光机与辊温控制系统是板片材冷却定型的重要部件。根据片材的物料特性合理选择三辊的结构形式是生产出合格制品的关键。

5）无纺布复合

无纺布作为 PVC 卷材的核心胎体结构，提供了 PVC 卷材良好的骨架结构和物理性能。

6）压花

通过三辊定型后，表面进行压花处理，进一步加强 PVC 树脂与无纺布之间的层间结合力。

7）冷却

PVC 防水卷材经压花后，通过牵引装置，结合冷水及空冷，消除内应力。

8）牵引

牵引主要对 PVC 防水卷材起到作用。

9）切割

根据终端客户的需求，进行修边切割等相关工序。

10）卷取

对 PVC 防水卷材按需要长度计量裁剪，并进行收卷。整个过程需要完成上卷、收卷、卸卷、换纸芯等多个动作。

卷材经计量、裁断、收卷后即成成品卷材。经检测合格后可以入库。

9. EPDM 防水卷材生产工艺流程

EPDM 防水卷材生产工艺主要由三元乙丙橡胶与丁基橡胶混合，添加软化剂和填充剂、补强剂及硫化剂等助剂，经混炼、过滤、精炼、挤出、压延、硫化、裁切、收卷过程。具体的 EPDM 防水卷材生产工艺如图 1-29 所示。

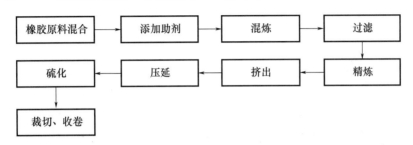

图 1-29 EPDM 防水卷材生产工艺

EPDM 防水卷材生产工艺流程说明：

1）橡胶原料混合

将不同种橡胶原料人工计量，精确称量，且对原料提前进行烘胶、切胶等工序，再放入密炼机，进行充分混合。

2）添加助剂

多种助剂作为重要的组成部分，需要提前进行各类助剂的原材料检测，针对各自填充料进行干燥和精确称量，再按设定的配方加入橡胶原料中，于密炼机中进行混合。

3）混炼

在密炼机中进行混炼，投料前需要对密炼室进行预热，直至达到工艺所要求的混炼时间后开始排胶。

4）过滤

排胶后，将原料在开炼机上进行捣炼、散热，直至达到规定时间后即可停止。将混炼胶进行滤胶处理，且上架储存。

5）精炼

精确称量过滤后的混合胶，按工艺参数加入硫黄和促进剂，完成后静置一段时间。

6）挤出

在开炼机上切条，将胶条加入挤出机的喂料口中，经 L 形机头挤出。

7）压延

挤出的胶片引入压延辊上，进行压延成型。

8）硫化

将挤出的片材按要求宽度裁切引入硫化罐，经硫化罐后出罐，送入输送辊上。

9）裁切、收卷

经冷却、卷曲到规定长度后，经计量、裁断、收卷后即成成品卷材。经检测合格后可以入库。

1.2 防水行业生产制造现状

1.2.1 欧美防水生产制造现状

1. 沥青防水卷材

1）欧美防水卷材生产厂家

（1）索普瑞玛

索普瑞玛公司 1908 年创建于法国，是集科研、制造和施工于一体的专业防水材料制造商之一。索普瑞玛在法国和加拿大分别设有两个科研中心，拥有世界高水平的 SBS 改性沥青防水材料的专业研究人员和设备，可保证公司能够持续开发研制新产品和不断地更新现有产品，保持改性沥青防水技术的领先地位。索普瑞玛全球约有 51 个工厂，绝大部分位于欧洲地区。在北美地区有 4 个，其中加拿大 2 个，美国 2 个，均以生产防水材料为主。在亚非地区有 2 个，其中一个在埃及亚历山大，以生产 APP 和 SBS 卷材为主；另一个在中国常州，第一期以生产 PVC 产品为主。集团所有生产基地全部通过了 ISO 9001 和 ISO 14001 认证。截至 2018 年年底，索普瑞玛全球营业额达到 40 亿加元，约 26.5 亿欧元。从 2002 年到 2018 年，索普瑞玛复合增长率达到 11.58%，产品执行美国 ASMT、加拿大 CGSB 和欧洲 UEATC 标准，大部分产品通过 FM 和 UL 美国保险公司的测试并获得承保认证。索普瑞玛在法国和加拿大两个科研中心投入的科研基金超过年销售额的 3‰，以保证公司的 SBS 改性沥青卷材技术和卷材生产工艺始终居于世界领先地位。

（2）盖福

盖福（GAF）作为北美屋面材料系统供应商，成立于 1886 年。目前 GAF 在美国有 39 个工厂，其中 TPO 生产线全在美国，共有 4 家，为北美最大的商业屋面与住宅屋面产品制造商，于 2011 年进入中国市场，目前在北京设有办事处，主要有两家经销商——山东思达建筑系统工程有限公司和沈阳科诺建筑工程有限公司。

德国威达成立于 1846 年，总部位于德国，1999 年进入中国市场，2003 年在上海设立办事处，2007 年在上海设立了德尉达（上海）贸易有限公司。2007 年，威达被 ICOPAL收购。2016 年 ICOPAL 被盖福收购。

盖福（GAF）产品体系包括坡屋面产品系统、平屋面产品系统，如 TPO、PVC、SBS、APP 卷材等特殊建筑产品系统，其中 EverGuard Exterme™ TPO 卷材具有机械强度高、抗臭氧性能好、节能高反射等优点，获得 2011 年产品创新奖。采用专利技术的 Timber Line 屋面瓦目前为北美销量第一的屋面瓦产品，成为承建商和建设者的首选品牌。

（3）泰和尼科

泰和尼科是在建筑防水、隔声以及保温材料领域领先的国际生产商和供应商。集团历史最长的工厂建于1868年，总部于1992年在俄罗斯正式成立，在建材市场领域积累了相当丰富的经验。泰和尼科目前在全球拥有55个生产基地、140个分支机构和代表办公室，分布在6个国家。在116个国家中有超过25万个项目使用了泰和尼科公司提供的产品和服务，有超过500个独立经销商经营旗下的32个品牌。集团产品线丰富，包括SBS、复合柔性瓦、高分子防水卷材、岩棉保温材料、挤塑板、防水涂料、自粘沥青卷材、底油、密封材料等14个生产品类，2300多种产品，拥有多项国际专利和各种产品认证，旗下所有工厂都通过了国际ISO 9001和ISO 14001的认证。

2）欧美防水卷材成套设备

目前欧美国家普遍用的防水卷材生产线为意大利博阿托公司（BOATO）生产的，公司技术实力雄厚。博阿托是一家专业生产改性沥青防水卷材成套设备的世界级现代化企业，拥有目前世界上最快的有胎卷材生产线，速度可达100m/min，以及目前世界上最快的无胎卷材生产线，速度可达70m/min。

当今，博阿托已经为全世界沥青防水卷材领域顶尖的生产厂家，提供了超过135条生产线。这些公司包括泰和尼科（俄罗斯）、索普瑞玛集团、PAUL BAUDER（德国）、BMI集团、IKO集团、MAPEI/POLYGLASS集团、西卡集团、北京东方雨虹防水技术有限公司等。

博阿托设计和制造沥青防水卷材生产线和相关辅助设备，如搅拌机、过滤器、均质器等。除了设备，博阿托还提供具有国际经验的专家咨询服务，涉及化学工艺、人员培训、实验室配置和任何其他需要的支持。博阿托在世界范围内受到防水行业一致好评。

2. 沥青基防水涂料

1）非固化橡胶沥青防水涂料

非固化橡胶沥青防水涂料是一种外观呈黏稠膏状的橡胶沥青，于20世纪90年代在韩国问世，称为Mastic Asphalt（沥青胶浆），是以橡胶、沥青为主要组分，加入助剂混合制成的在使用年限内保持粘性膏状体的防水涂料。21世纪初进入中国，该涂料具有长期不硬化、抗变形、自愈性和黏附性好等特点。产品也因用于国家体育场（鸟巢）的地下结构变形缝的防水而受到国内业界的广泛认可。该涂料可与改性沥青防水卷材、背衬型高分子防水卷材形成复合防水系统，与SBS改性沥青卷材形成复合防水系统。非固化橡胶沥青防水涂料在美国、加拿大被称为Poly-rubber Gel，即聚合物橡胶凝胶，是北美市场GTS（Gel-tech System）系统的核心产品，在建筑地下底板、明挖施工地铁及车库顶板等工程中得到广泛应用。

2）溶剂型橡胶沥青防水涂料

溶剂型橡胶沥青防水涂料具有良好的粘结性、抗裂性、柔韧性和较好的耐低温、耐热稳定性，广泛应用于建筑屋面、地面、地下室、水池、涵洞等防水防潮工程，也适用于油毡屋顶补漏及各种管道防腐等。

3）水乳型沥青涂料

水乳型沥青涂料，又称水性沥青涂料、乳化沥青涂料，是建筑防水行业常用的一种环保型沥青基防水涂料，广泛应用于屋面、地下室、隧道、路桥涵洞、车库顶板、工程地基等防水部位。与热熔型、溶剂型沥青涂料相比，水乳型沥青涂料具有独特的环保节能优势。

国外从20世纪初就开始了乳化沥青的研究，美国、法国、日本等国家已经建立了成熟的乳化沥青标准，拥有生产乳化沥青的成熟设备及配套设施。在乳化沥青的发展进程中，首先出现的是阴离子乳化沥青，后来随着胶体与界面化学的发展，才出现了阳离子乳化沥青，并克服了阴离子乳化沥青与混凝土基层粘结差的缺点。水乳型沥青涂料的发展进入了一个新阶段。

3. 水性防水涂料国外现状

目前，虽然欧美建筑防水市场以沥青卷材和高分子卷材为主导，但建筑防水涂料也有着举足轻重的地位。在屋面、外墙等地上建筑防水中大量使用聚氨酯、丙烯酸等防水涂料；在地下、室内防水中则大量使用渗透型防水涂料和聚合物水泥防水涂料。

1）丙烯酸防水涂料

2015年，日本的新建外墙防水中丙烯酸类防水涂料占30.0%，居首位；在防水翻修中更占46.3%。此外丙烯酸弹性防水涂料在屋面上也有大量应用，美国 Rohm & Haas 公司的丙烯酸类屋面防水涂料占屋面防水涂料的80%，相关的白色涂料在热天可降低屋面温度10℃，获得了节能之星标志。美国联合涂料公司的屋顶伴侣屋面涂料为100%丙烯酸弹性防水涂料，用于新建、翻新与修缮，在应用时可形成多孔结构，保持涂膜具有足够的水蒸气渗透性，并且还可用作叠层沥青屋面、改性沥青卷材、EPDM、喷涂聚氨酯泡沫、金属屋面的保护层。

2）聚合物水泥防水涂料

聚合物水泥防水涂料的生产、应用主要集中在亚洲的日本、韩国、新加坡以及欧洲的德国等地区，但欧洲将聚合物水泥防水涂料作为瓷砖、石材等装饰层下防水垫层的一种配套材料使用。聚合物水泥防水涂料最具代表的是德高建材公司生产的 K11 产品，在工业发达国家和我国均已获得广泛应用。比如日本青涵隧道、香港地铁、澳门葡京酒店、德国爱仙莎姆核电站、巴西里约热内卢污水处理等工程均采用了 K11 防水材料，防水效果良好。K11 产品于 1995 年进入中国，在中国得到了广泛应用。此外，日本大关化学公司发明的自闭型聚合物水泥防水涂料 Paratex，具有当混凝土基层及防水涂膜出现裂缝时，涂膜在水的作用下，经物理和化学反应使裂隙自行封闭的性能，代表了日本聚合物水泥防水涂料产品的先进水平。

3）渗透结晶型防水涂料

从 20 世纪 60 年代以来，水泥基渗透结晶型防水涂料作为混凝土结构背水面防水处理（内防水法）的一种有效方法，由于其抗渗性能好、自愈性能好、粘结力强、防钢筋锈蚀，以及对人类无害、易于施工等特点，广泛应用于工业与民用建筑的地下结构、地下铁道、桥梁路面、饮用水厂、污水处理厂、水电站、核电站、水利工程等，均取得了良好的防水效果。美、日等国都大量使用渗透结晶型防水涂料。2015 年，日本在外墙防水中，新建工程采用渗透结晶型防水涂料的占 20%，翻修工程占 15.4%，均居第二位；在地下防水中，新建工程采用渗透结晶型防水涂料的占 13.2%，翻修工程占 9.5%。渗透结晶型防水涂料是优异的地下内墙防水涂料，也可在外墙涂布或掺在水泥中使用。

4. 聚氨酯防水涂料

聚氨酯防水涂料亦称聚氨酯涂膜防水涂料，是以异氰酸酯、聚醚多元醇为主要原料，并配以多种助剂和填料混合反应而成的一种高分子防水涂料，它分为单组分和双组分两种，施工时涂覆在基层上，反应固化后可形成连续、柔韧、无接缝的防水膜。

1）聚氨酯防水涂料国内外发展历史

聚氨酯发展历史可以追溯到有机异氰酸酯的制备。1849 年德国化学家沃尔茨（Wurtz）用氰酸钾与烷基硫酸盐进行复分解反应成功地合成出了烷基异氰酸酯。

$$R_2SO_4 + 2KOCN \longrightarrow 2RNCO + K_2SO_4$$

1850 年，著名化学家霍夫曼（A. W. Hoffmann）用双 N-苯基甲酰胺成功合成异氰酸苯酯。

$$C_6H_5—NH—\overset{\overset{O}{\|}}{C}—\overset{\overset{O}{\|}}{C}—NH—C_6H_5 \longrightarrow 2C_6H_5NCO + H_2$$

亨切尔（Hentschel）于 1884 年用胺类化合物与光气反应成功地合成出了异氰酸酯。后来德国著名的化学家拜耳（Bayer）对异氰酸酯进行了研究，制备出各种聚脲及其聚氨酯材料，并且发现了用六亚甲基二异氰酸酯（HDI）与 1,4-丁二醇（BDO）加聚可制备出链状的聚氨酯，该材料具有可纺性、可塑性，并可以制成纤维和塑料制品。在第二次世界大战期间，日本也对异氰酸酯进行了研究，合成出了聚六亚甲基四亚甲基氨基甲酸酯，但当时并没有工业化。德国拜耳实验室的研究人员又进一步对多异氰酸酯和多元羟基化合物的反应进行了深入地研究，制备出硬质聚氨酯泡沫材料、黏合剂和涂料。

聚氨酯防水涂料是美国最先研制并使用的，日本于 1964 年引进美国技术进行生产。我国在 20 世纪 60 年代初期开始聚氨酯的工业化生产，80 年代初将聚氨酯材料应用于防水涂料。JC/T 500—1992《聚氨酯防水涂料》行业标准于 1993 年 4 月 1 日实施，该标准适用于双组分聚氨酯防水涂料，以焦油改性为主。单组分聚氨酯防水涂料国内无统一的产品标准。

1991 年，聚氨酯防水涂料的研究应用被我国列为重点推广项目，但焦油型防水涂料具有刺激性气味，含大量易挥发的有机物，严重污染和危害人体健康。随着社会经济的发展，以及人们环保意识的增强和科技的进步，禁止使用焦油聚氨酯防水涂料的呼声也越来越高，建设部于 1998 年作出限制，并逐渐禁止在聚氨酯防水涂料中使用煤焦油。2004 年 3 月 1 日起正式实施 GB/T 19250—2003《聚氨酯防水涂料》国家标准，此标准采用了日本 JISA 6021—2000《建筑用防水涂料》中的相关部分。

目前，绿色节能、低碳环保已经成为各行各业的发展趋势，人们对建材的绿色环保提出了更高的要求。"十二五"期间，工业和信息化部发布了《部分工业行业淘汰落后生产工艺装备和产品指导目录（2010年）》的公告，其中明确规定将焦油型聚氨酯防水涂料和年产低于500万 m^2 的改性沥青类防水卷材生产线列为淘汰范围。防水产业新政策的推出提高了防水行业的准入门槛。当时，中国建筑防水协会秘书长朱冬青表示，"我国建筑防水行业以每年30%的速度增长。由于行业的高速发展，一些小作坊、小企业在利益的驱使下生产出假冒伪劣产品以次充好，严重阻碍了防水行业的发展。新政策的推出将淘汰严重浪费资源能源的防水产品和生产线，优化产业结构。这一政策的实行将加快防水行业洗牌。"

在 JC 1066—2008《建筑防水涂料中有害物质限量》行业标准中，规定"适用于建筑防水涂料和防水材料配套用的辅助材料"，根据有害物质含量将防水涂料分为不同的等级。其中水性防水涂料中有害物质限量严于 GB 18582—2020《建筑用墙面涂料中有害物质限量》的规定指标，为居家生活增添了更多保障。据了解，各大行业巨头都看好聚氨酯未来的市场发展，纷纷加大企业对聚氨酯防水涂料的投入。亨斯曼扩充印度聚氨酯产能，巴斯夫在天津建新聚氨酯组合料厂，陶氏化学在巴西成立聚氨酯技术中心，东方雨虹加大研发投入环保型聚氨酯防水材料等，都说明了聚氨酯防水材料市场前景甚好。企业加大投入力度的同时，还需要遵守相应国家标准规范。防水材料市场粗放式扩张、产业集中度低、劣质产品充斥市场导致房屋渗漏现象经常曝光，这是防水材料行业的现状。

2009年5月，首部涂料环保标准 HJ 457—2009《环境标志产品技术要求 防水涂料》发布，其中规定，不得人为向防水涂料中添加乙二醇醚及其酯类、邻苯二甲酸酯、二元胺、烷基酚聚氧乙烯醚、支链十二烷基苯磺酸钠烃类、酮类、卤代烃类溶剂。同时，防水涂料国家标准对挥发性有机化合物、放射性物质、甲醛、苯、苯类溶剂、固化剂中游离甲苯二异氰酸酯等也提出了限值要求。自防水涂料国家标准实施之日起，不达标的防水涂料产品不再允许生产，自2010年7月1日起，不达标的产品不再允许在市场上销售。防水涂料标准的出台和实施，提高了涂料行业的准入门槛和环保要求，有利于促进涂料行业的产品升级和结构调整，有利于市场优胜劣汰，推动防水行业迈上新台阶。

随着市场对聚氨酯防水涂料的环保要求越来越严，国家对 GB/T 19250—2003《聚氨酯防水涂料》的标准进行了修订，于2014年8月1日颁布并实施新标准 GB/T 19250—2013《聚氨酯防水涂料》，明确规定了 PU 防水涂料的有害物质含量。2017年9月1日，北京、天津、河北联合制定并实施了京津冀地标 DB 11/1983—2022《建筑类涂料与胶粘剂挥发性有机化合物含量限值标准》，规定了 PU 防水涂料的挥发性有机化合物 VOC≤100g/L。因此，对 PU 防水涂料的环保型开发与研究是现阶段乃至未来一个重点和趋势。

2）国外聚氨酯防水涂料生产现状

日本市场每年需求维持在58000~59000t，已经有大概10年时间。日本聚氨酯市场高度成熟，除非有重大建设，否则总量基本不会变动。不用于新建建筑，仅用于屋面维修外露使用,使用期限为 10 年,10 年后无论是否漏水都会在上面再涂一层。外露有两种做法,一是脂肪族直接外露,二是普通聚氨酯加罩面,罩面有氟碳涂料、硅 PU 涂料两种。日本所有聚氨酯施工都是采用底涂 + 中涂 + 面涂的方式。日本聚氨酯采用潜固化技术,从 1987 年至今几乎没有变动,涂料在施工过程中不会有苦杏仁气味,固化过程中会有,但是比中国涂料气味要小很多。另外日本有超低温固化双组分材料,低于 0℃ 可以快速固化,类似于催干剂。产能最大的企业是 SIKA(日本)28000 ~ 31000t/年,第二名是 AGC 约 11000t/年;第三名是 DIC 3000 ~ 5000t/年,其他的都是微型公司。

5. 高分子防水卷材

1)单层屋面用防水卷材

高分子防水卷材在欧美国家主要用于单层屋面防水系统,有 TPO、PVC、EPDM、PIB 和 ECB 等。美国单层屋面用防水卷材则主要以 TPO 防水卷材为主,被认为是比 EPDM 更现代、更有技术优势的材料;而欧洲的 TPO 在高分子防水卷材的市场占有率仅为 13.8%,每年仅有 7.1% 的增长率;其中,德国、瑞士和奥地利三国的 TPO 防水卷材销量几乎占欧洲的 50%,瑞士的 TPO 卷材市场占有率最高,占单层屋面用卷材的 60%。1996—2009 年,西卡(Sarna)、Flag、Polyglass 等公司就新建了 6 条 TPO 生产线,年产能达到 9000 万 m^2。PVC 卷材由西卡公司 1962 年率先应用于单层屋面,现在在欧洲单层屋面用防水卷材的市场占有率较高,2016 年接近 68.2%,已有很多大型沥青卷材生产商介入高分子防水卷材市场,包括 Icopal、IKO Group、索普瑞玛(Soprema)、Poly-glass、西卡等公司都新增了 PVC 防水卷材生产线。

2)高分子自粘胶膜防水卷材

高分子自粘胶膜防水卷材采用预铺反粘法施工,其粘结技术与其他传统卷材完全不同。传统的防水卷材一般是将很黏的胶与已经存在的固态混凝土基面粘结,而高分子自粘胶膜防水卷材是将表面处理后不黏的胶粘层朝向施工人员,然后将液态混凝土直接浇筑在卷材上,待混凝土固化后,在卷材与混凝土之间形成连续牢固的粘结。这种预铺防水卷材系统和施工技术是由美国人格雷斯在 1992 年发明的,第一次采用高分子自粘胶膜防水卷材实现在底板及无施工空间侧墙部位与结构混凝土形成满粘,避免了防水卷材破损导致的地下水在防水层和结构混凝土之间流动、从混凝土裂纹进入建筑物内部的窜水问题;也避免了基层沉降造成的防水层扭曲变形,并与底板和侧墙脱开等问题,为地下室底板提供最佳的防水效果。

1.2.2 国内龙头防水企业生产制造现状

进入 21 世纪,我国建筑业加快转型升级,大力开展产业结构调整,投建了一大批关系国计民生的大型基础设施工程。工业与民用建筑工程、市政工程、地铁、公路、铁路、海港工程等对防水材料的物理和化学性能、功能、施工性能要求均不同,对防水材料提出更高的质量要求。

目前,我国新型防水材料总体结构从比例来看,仍是以沥青基防水材料为主,占全部防水材料的 80% 左右，高分子防水卷材占 10% 左右，防水涂料及其他防水材料占 10% 左右。防水卷材、防水涂料、建筑密封材料、刚性防水材料、瓦类及其他防水材料在内的各类材料均向着产品品种多元化方向发展，形成了满足市场需求的多品种、多样化、系列化的产品格局。

在国内众多防水企业中，东方雨虹以其产品市场占有率高，产品多元化、绿色化和高品质赢得了广泛认可，成为国内公认的龙头企业。

1. 改性沥青防水卷材

1）改性沥青防水卷材产品现状

为满足建筑领域功能的不断扩展，在科学技术发展与产品持续创新下，聚合物改性沥青产品（表1-7）的品种不断增加，东方雨虹现已形成覆盖建筑工程屋面和地下、市政工程、地铁、公路或铁路桥梁混凝土桥面等工程的系列产品。

表1-7 聚合物改性沥青分类表

聚合物改性沥青防水卷材	改性沥青防水卷材	弹性体（SBS）改性沥青防水卷材
		聚酯毡弹性体改性沥青防水卷材
		纤维增强聚酯毡弹性体改性沥青防水卷材
		塑性体（APP）改性沥青防水卷材
		聚酯毡塑性体改性沥青防水卷材
		纤维增强聚酯毡塑性体改性沥青防水卷材
		种植屋面用耐根穿刺防水卷材
		聚酯胎沥青类耐根穿刺防水卷材
		铜胎基沥青类耐根穿刺防水卷材
		复合铜胎基沥青类耐根穿刺防水卷材
		桥面用改性沥青防水卷材
		铁路桥梁混凝土桥面改性沥青防水卷材
		道桥用改性沥青防水卷材
		路桥用塑性体改性沥青防水卷材
		被动式建筑用高耐候聚合物改性沥青防水卷材
	自粘改性沥青防水卷材	自粘聚合物改性沥青防水卷材
		无胎基自粘聚合物改性沥青防水卷材
		聚酯胎基自粘聚合物改性沥青防水卷材
		带自粘层的沥青基防水卷材
		被动式建筑用特种自粘沥青防水卷材
		铝箔覆面隔汽型自粘沥青防水卷材
		高耐热自粘沥青防水卷材
	预铺、湿铺防水卷材	沥青基聚酯胎预铺防水卷材
		湿铺防水卷材
		高分子膜基改性沥青湿铺防水卷材
		聚酯胎基改性沥青湿铺防水卷材

2）改性沥青防水卷材生产工艺现状

20 世纪 90 年代后期，改性沥青防水卷材生产方式为人员密集化，生产设备机械化及半自动化，手动配料，半自动收卷机，手动包装、贴标及码垛，单产线配置人数 14 人。进入 21 世纪，东方雨虹作为国内龙头防水材料生产企业开始加速工艺装备的改进升级，特别是在 2003 年之后引进消化吸收进口生产线，开启自动化生产时代，实现了配料系统自动化，码垛系统自动化；2015 年数字化生产线开始建设，开发出了胎基自动拼接机、数据在线收集、显示及反馈系统，包括液位监测、称重计量、厚度检测、幅宽检测等，生产线配置人数 7 人/线。随着科学技术的发展，智能化生产及仓储物流系统开始应用，防水卷材生产进入了智能化生产时代，实现了从订单管理、生产调配到物流仓储的智能化实施，生产线配置 5 人/线。

3）改性沥青防水卷材生产设备

国内改性沥青防水卷材生产设备厂家众多，其中先进设备的制造商以张家港市恒迪机械有限公司为代表。该公司成立于 2006 年，是美国 RD 公司在中国唯一合作伙伴，同时也是德国 Seifer 胶体磨指定防水行业售后服务企业，公司由精加工、冷电、装配、喷涂、电气等五大板块组成，现已发展成为多元化、科技型的工业制造企业，产业覆盖多个工业装备领域。

公司致力于打造工业 4.0 智能工厂，用 CPS 系统对生产设备进行智能升级，使其可以智能地根据实时信息进行分析、判断、自我调整、自动驱动生产，构成一个具有自律分散型系统（ADS）的智能工厂，最终实现制造业的大规模、低成本、定制化生产。同时将多种高新技术逐步广泛用于产品开发、生产制造、供应链和客户服务等领域，通过将工业软件技术、自动化技术与精益制造深度融合，实现生产智能化和高度柔性化，以低成本、高质量和高效率满足客户个性化需求。

2. 沥青基防水涂料

1）沥青基防水涂料产品现状

非固化橡胶沥青防水涂料于 21 世纪初由韩国引入我国，2008 年用于国家体育场（鸟巢）内外结构变形缝修复工程，迅速得到业内的广泛认可。该材料是由优质石油沥青、橡胶改性剂和特殊添加剂组成，具有永不固化的特性和防水涂料的功能，故命名为非固化橡胶沥青防水涂料。该材料具有无须养护、一遍施工即可达到施工厚度、与沥青卷材复合效果优异等特点，被住房城乡建设部列入《建筑业 10 项新技术（2010）》。

近二十多年来，非固化橡胶沥青防水涂料逐渐被市场所接受，年产量也由最初的不足百吨，发展到上百万吨，在国内外众多工程中取得了良好的应用效果，非固化复合卷材防水系统已经成为非常成熟的防水体系。

溶剂型橡胶沥青防水涂料是以橡胶改性沥青为基料、经溶剂溶解而制成的一种防水涂料。由于它具有良好的粘结性、抗裂性、柔韧性和较好的耐低温、耐热稳定性，受到人们青睐，并广泛适用于建筑屋面、地面、地下室、水池、涵洞等防水防潮工程，也适用于油毡屋顶补漏及各种管道防腐等。但随着国家环境保护政策的收紧以及人们对健康、环保的关注，溶剂型橡胶沥青防水涂料正在向环保方向发展。

我国在 20 世纪 60 年代开始水性沥青涂料研究，80 年代中期，从国外引进了高聚物改性沥青技术，90 年代中期逐渐开始了聚合物改性乳化沥青防水涂料的研制与生产，主要用于公路铺筑、公路维修养护，其次用于路桥、建筑防水工程的防水，具有常温施工、施工速度快、节能环保、省燃料、工程造价低、环境污染少等优点。

2004—2005 年，建材行业、道路交通行业相继出台 JC/T 408、JC/T 975 等相关行业标准，并广泛推广。从《国家"十三五"交通体系发展规划》《东北振兴"十三五"

规划》发布以来，高铁、公路、民用航空交通运输等工程建设加快，路桥、道桥、隧道、管廊等进入快速建设阶段，建材也快速崛起，防水规模达千亿元，发展进入快车道。

2）沥青防水涂料生产工艺现状

非固化橡胶沥青防水涂料、溶剂型橡胶沥青防水涂料生产工艺相对简单，核心在于配制罐的温度控制、混合效率的提升，以及选择合适的均化器提升均化效果。高端水乳型防水涂料工艺生产装备相对复杂，喂料和配置需要精准控制，主要生产装备和核心设备采用进口设备，如图1-30所示。

图1-30　高端水乳型防水涂料生产的典型生产设备

3）沥青防水涂料生产设备

非固化沥青涂料及溶剂型沥青涂料在所有专业设备生产厂家中，以河北信瑞智能装备有限公司较为出众。该公司为沥青基或水乳基涂料生产装备环保装备、传动装置、化工容器、电气自动化及各类智能装备研发制造为一体的综合性企业，为客户提供研发、设计、制造、安装、维护等全体系服务。

3. 水性防水涂料

1）水性防水涂料产品现状

水性防水涂料是一种以水作溶剂或者分散介质，不含有机溶剂的绿色环保型防水涂料。由于其良好的环保性能以及易施工、方便操作的特点，得到迅速发展。目前国内的水性防水涂料主要包括聚合物水泥防水涂料、聚合物水泥防水浆料和聚合物乳液防水涂料等。

聚合物水（JS）泥防水涂料于20世纪60年代中期始于日本，在70年代使用范围和体系不断完善，到了80年代世界各国开始广泛使用。我国于90年代初开始研制和使用JS防水涂料。近年来随着国家对绿色环保型建筑材料推广力度的加大，聚合物乳液技术的不断完善成熟，高环保、高性能、高经济性的JS防水涂料显示出了强大的优势，逐步在水性防水涂料中占据主导地位。

聚合物水泥防水浆料起源于欧洲，在国外被广泛应用于稳定基层上的防水、防潮处理。在我国，虽然直到 2011 年才制定实施了聚合物水泥防水浆料的行业标准，但其使用历史已超过 10 年。目前在家庭防水中使用比例甚至超过了 JS 防水涂料。

聚合物乳液防水涂料在欧洲、北美地区及部分亚洲国家均有广泛应用。我国在 2000 年已制定丙烯酸防水涂料的行业标准，2008 年对该标准进行了重新修订，是水性防水涂料中较为重要的一个产品，在高档家装防水领域占有重要地位。

（1）聚合物水泥防水涂料

聚合物水泥防水涂料于 20 世纪 90 年代问世，是以丙烯酸酯等聚合物乳液和水泥为主要原材料，加入填料及其他助剂配制而成，使用时按比例混合涂于基层，经水分挥发和水泥水化反应固化成膜的双组分水性防水涂料。既具有聚合物乳液的柔韧性，同时兼具水硬性胶凝材料的高强度、与潮湿基层粘结能力强、操作简便、无毒环保等优点，被广泛应用于室内防水。

高耐水型聚合物水泥防水涂料是采用特殊的聚合物乳液、特种化学助剂以及功能助剂等，以可控后交联技术制备而成的耐水性更加优异的一种高性能聚合物水泥涂料，其不仅具有良好的物理力学性能，且具有耐水性和环保性能，广泛应用于泳池、景观水池、消防水池等长期浸水环境。

（2）聚合物水泥防水浆料

聚合物水泥防水浆料是以水泥、细骨料为主要组分，以聚合物乳液或可分散乳胶粉为改性剂，添加适量助剂混合制成的防水浆料，分为单组分和双组分，主要用于地下特定部位或外墙面的防水层，施工厚度普遍在 5～10mm。聚合物水泥防水浆料也可用于室内地面和墙面的防水防潮，但是不具备柔韧性，不能抵抗基层沉降或变形。

（3）聚合物乳液防水涂料

聚合物乳液防水涂料是以聚合物乳液为主要原料，加入其他添加剂而制得的单组分水乳型防水涂料。聚合物乳液防水涂料随乳液性能的不断提升，涂料本身从依靠添加外增塑剂方式演化为乳液内增塑，通过自交联方式成膜，不仅大力提升了涂膜耐久性，而且环保性也得以发展。按照使用环境分为非外露型和外露型。

非外露型以苯丙乳液或 VAE 乳液为基本组成，具有高弹性、高拉伸强度的特点，涂膜在 -10℃ 以下仍保持良好柔韧性，主要用于厕浴间、厨房、阳台等部位。

外露型以纯丙烯酸酯乳液为基本组成，具有较高的弹性和延伸率、低温柔性和耐候性好等突出特点。金属屋面丙烯酸高弹防水涂料属于外露型卷材之一，具有 -30℃ 低温弯折不开裂、较高的撕裂强度和粘结强度。

纯丙烯酸防水涂料为住房城乡建设部"十一五"推广的技术，广泛应用于屋面、墙面、室内等建筑防水工程。

2）水性防水涂料生产工艺现状

经过二十多年的发展，防水涂料原材料已由传统的人工开盖添加，过渡为全自动密闭添加，极大改善了生产环境、降低劳动强度；工艺由传统的一步式优化到阶梯式、塔式工艺布局，防止产品交叉污染，在采用先进的搅拌结构、提高单缸的容积后，配料能力和效率大幅提升，确保低碳高效生产，并通过自动计量，确保质量更可靠稳定。现在采用全自动上桶/袋、灌装、喷码贴标、检重、给盘、码垛、缠膜及垛盘入库，灌装精度大幅提高，生产线仅需 1 人，可实现多个包装规格一键切换，生产实现柔性化、少人化，产品可追溯。

目前国内水性防水涂料最具有代表性的企业当属东方雨虹，其从生产设计、产能分布、信息化等方面都遥遥领先。东方雨虹水性防水涂料生产车间分为液料车间和粉料车间。液料车间分成储罐区、计量区、搅拌区、包装区等，整体采用自上而下的塔式结构。原材料采用管道压力输送的方式，在入库、出料、包装等部位设置自动计量装置，并随时监测系统中的标准配比误差。

3）水性防水涂料生产设备

水性防水涂料的生产设备由液料系统、粉料系统两部分构成。

国内水性防水涂料主要生产工艺是对上游原材料乳液进行简单的改性、复合处理，然后将乳液、各种助剂等按照一定的比例制备而成。由于工艺相对简单，乳液原材料相对集中，因此不同厂家水性防水涂料质量参差不齐的核心原因在于生产设备的控制精准度。河北信诚化工装备有限公司作为一家专业从事化工、聚氨酯涂料装备、碳钢/不锈钢反应釜、换热器、蒸发器及大型储罐的研发、设计、制造、安装的服务商，在行业内积累了丰富的经验，可为用户量身定制，提供一站式服务。

粉料系统生产工艺对几种粉料及纤维进行物理高效混合，其设备与特种砂浆设备兼容，大部分企业在生产水性防水涂料粉料的同时也生产刚性防水材料，同时通过不同的混合机也可以生产特种砂浆产品。国内主流设备由南方路面机械股份有限公司设计并提供成套装备，采用塔式结构，最上层为物料罐区，往下依次为物料计量区、搅拌区、包装区，配合自动贴标机、激光喷码、机械手、打包机等设备，成品直接入库。单条生产线产能为 400t/d 涂料液料，组合生产 600t/d 粉料，生产、技术、设备、检测人员 8 人为一班组，实现连续化生产作业，并通过 ERP（企业资源计划系统）、WMS（仓储管理系统）、OA（办公自动化）、APS（高级计划和排程系统）等信息管理系统完成生产车间与中心计划的对接和数据传送，由中心通过信息处理和管控任务分发，完成整个生产供应系统的一体化管理，并与营销系统的信息化建设贯通，逐步形成完善的客户到工厂的 B2F 物联网模式。

4. 聚氨酯产品

1）聚氨酯防水涂料的产品现状

聚氨酯防水涂料通过化学反应固化形成弹性防水膜，具有拉伸强度高、延伸率大和耐高低温性能好（在 -35℃弯曲无裂纹）、对基层伸缩或开裂变形适应强等特点，进入 21 世纪仍是我国重点发展的防水涂料。

在国家环保政策和质量标准引领下，为满足多领域建设工程需要，聚氨酯防水涂料在物理性能和环保性能提升、品种发展方面取得重大进展。现已形成单组分和双组分两大类，并有高强聚氨酯、低 VOC 和无溶剂聚氨酯防水涂料以及混凝土桥面、水利水电及风电系列专用聚氨酯防水涂料等多种产品，脂肪族以及水性聚氨酯防水涂料也逐渐在市场中占据一席之地。

聚氨酯防水涂料为住房城乡建设部"十一五"期间推广的防水技术产品，广泛用于建筑地下及室内、明挖地铁、铁路混凝土桥面、水利水电等防水防护工程。

聚脲防水涂料是通过异氰酸酯预聚物与多元胺化合物反应快速固化成膜的防水涂料，按施工方法分为喷涂聚脲和刮涂聚脲两类；按照产品形式可分为双组分和单组分聚脲防水涂料。

2）聚氨酯防水涂料生产工艺现状

2015 年以前，聚氨酯生产线所有粉料均为手动计量添加，生产灌装系统为半自动灌装机人工操作单桶灌装，码垛方式为人工提桶进行托盘码垛。人员需求较多且工人工作量大，无法保证快速有效形成产能。随着技术的发展，生产线增设大宗粉料自动上料系统，生产灌装开始应用自动化灌装及码垛系统；小料及助剂人工添加，桶盖为人工上盖拧盖。聚氨酯自动化生产线拉开帷幕。2017 年后逐渐上线了小料自动计量添加系统，配套粉料、液料自动化装备，上料系统实现了完全自动化，全部采用电脑顺控程序，最后环节也可实现自动灌装、贴标，完成整个聚氨酯防水涂料制造过程，大大提高了生产效率，节约了成本。同时，生产反应过程全程数字监控，利用全自动灌装设备及工业机器人实现全自动包装码垛功能，标志着数字化生产线的开始。

国内外聚氨酯防水涂料的生产工艺，自动化程度较高的主流生产方式有间歇式和连续性两种。

间歇式生产工艺将聚醚多元醇、增塑剂、粉料及助剂等加入脱水釜中，升温后真空负压脱水，然后将脱水之后的物料转移至反应釜中，降温后加入异氰酸酯进行聚合反应，随后加入催化剂进行催化反应，再加入功能性助剂，降温后真空负压脱气，完成成品生产，最后进入灌装系统检测入库。

连续性生产工艺将聚醚、增塑剂在脱水釜中脱水，脱水合格后转移至反应釜合成预聚体。预聚体与粉料在一阶双螺杆挤出机中进行混合分散均匀，然后从一阶双螺杆挤出机出来的物料与溶剂、功能助剂等在二阶双螺杆挤出机中混合分散均匀，涂料制备完成，送至成品储罐中暂存并包装。

以上两种方式均未完全实现连续性生产，未来采用双螺杆连续性生产，可使聚氨酯涂料生产制造迈上一个新台阶。

3）聚氨酯防水涂料生产设备

聚氨酯生产设备生产厂家较少，且提供"一条龙"服务的更少。江阴市勤业化工机械有限公司凭借专业的技术水平和成熟的技术，在化工行业迅速崛起。公司专业从事研制生产各类分散、搅拌以及湿法纳米研磨设备，是一家集设计、生产、销售、服务于一体的技术型企业。公司生产的各类装备广泛应用于聚氨酯防水涂料、建筑涂料、工业油漆、油墨、色浆、生物制药、微生物、农药悬浮液等各个行业。随着生产制造企业数字化、智能化生产需求的不断提升，公司正在积极推广应用自动化、数字化、网络化、智能化等先进制造系统，进一步完善非标装备高端产品产业链，不断提升公司装备制造技术水平，努力将公司打造成为分散、搅拌非标装备设计、制造、安装一体化的工程公司。

5. 高分子防水卷材

1）高分子防水卷材产品现状

高分子防水卷材根据功能需求不同，分为单层、两层、三层及以上多层高分子复合防水卷材。单层防水卷材以 EVA 防水卷材或 HDPE 土工膜为主，产品功能和结构较为单一，对生产线及生产工艺要求也较为简单。两层防水卷材多为背衬型、自粘型高分子防水卷材，以 TPO、HDPE 或者其他类高分子材料为主体防水层，根据卷材的功能需求不同，上涂覆热熔胶或者覆合无纺布等功能层材料，可以满足更多建筑防水领域材料需求。三层及以上多层防水卷材，一般分为增强型防水卷材和多功能复合型防水卷材。增强型防水卷材通常以增强层材料为芯、上下表面复合至少两层防水层材料，例如增强型 TPO 防水卷材、PVC 防水卷材。多功能复合型防水卷材最常见的是 HDPE 自粘胶膜防水卷材，其主要由 HDPE 底膜（主体材料）、自粘胶层、防粘保护层以及隔离层材料（需要时）多层复合而成，每一结构层材料的配方组成、性状以及加工方式和所需设备都差别较大，需要多工序多设备集成生产，因而无法借鉴国内外现有高分子生产线建设。

2）高分子防水卷材生产工艺现状

国内高分子生产线通过自主开发，向多材多层在线一步法连续复合工艺技术方向发展。开发出多层复合工艺装备、高分子热熔压敏胶热涂冷辊转移覆胶技术、无气高压绿色喷涂技术及装备、模块化无差别全覆盖快速成膜技术及装备、自动覆/收边保护膜技术及装备，实现了特种多材多层复合防水卷材多层材料同步生产、连续复合、高效精确控制的要求。

目前，国内生产 TPO、HDPE 防水卷材主要分为一步法和两步法生产工艺。其中，一步法生产工艺应用比较典型的是东方雨虹，该公司采用多材多层复合成型一步法生产工艺，能够在同一条生产线同步生产和连续复合成型，即多层片材挤出经适当冷却后直接进入热熔胶涂覆工序，再经一定冷却，直接进入保护涂层液料涂覆工序、后处理工序，直至收卷包装，实现了设备的最大化利用，避免了设备的重复投资，生产工艺简便，产能大幅度提升，并且占地面积、投资成本、能耗都大幅度降低，质量控制难度也降低，优势明显。两步法生产工艺中第一步是先挤出生产 TPO 第一层或 HDPE 底膜，收成大卷；第二步是将大卷放卷，然后在上面挤出第二层或涂覆热熔胶层和保护涂层的复合，再分切收卷包装，生产工艺控制简单，国内一些小厂家主要采用两步法生产工艺。

挤出生产工艺是高分子防水卷材的关键工序之一，挤出质量的控制和生产工艺稳定性的控制，将影响到后续复合成型工艺的控制和产品整体质量。国内具有成熟的底膜挤出生产设备的机械加工技术和丰富的电气调试经验。

3）高分子防水卷材生产设备

江苏省溧阳市金纬集团旗下子公司常州金纬片板膜科技有限公司在防水卷材挤出设备上具有多项关键核心技术，其基于 MES（制造执行系统）系统平台，推行智能化装备，能够在生产线实现多接口、多协议的设备物联，基于信息物联实时获取设备运行参数、生产数据、运行状态、设备故障和报警信息、设备操作指导、设备能耗数据，以及其他影响设备的关键参数，可以做到精准预测，有效控制质量缺陷，提升产品质量，实现真正意义上的智能化生产车间。

1.2.3 防水材料生产制造的发展及应用

我国防水材料发展大致可分为古代、近代和现代三个历史阶段。近代可追溯到1947 年，即纸胎沥青油毡的第一个工厂建立。纸胎沥青油毡一统天下的局面一直持续到 20 世纪 80 年代中期。80 年代开始，从日本引进三元乙丙橡胶卷材生产线以及从欧洲引进一批改性沥青卷材生产线。三元乙丙橡胶防水卷材和 SBS/APP 改性沥青防水卷材相继问世，随后又引进和自主研究开发了 PVC、聚氨酯等新型防水涂料，开始了我国现代防水材料的发展。建设部（2008 年改为住房城乡建设部）从我国的"九五"规划开始向建筑领域推广新型防水材料及其技术。经过了多年的发展，进入 21 世纪，国外快速发展的 TPO、喷涂聚脲、喷涂硬泡聚氨酯及氟树脂涂料等也在我国相继问世。随着防水领域的不断扩大和科学技术的发展，新的防水材料品种不断问世，防水材料由 20 世纪 80 年代以前的较少品种，已发展成为多门类多品种的多元化产品结构。不同类型和品种的材料性能和功能都不尽相同。防水材料分类的目的是理顺材料的类别、属性、品种、性状、功能、组成材料和性能指标以及相互之间的关系，为各类防水工程的选材提供便利。

自 20 世纪 90 年代初改性沥青防水卷材在国内得到应用以来，其生产装备经过引进、消化吸收、自主研发、技术提升等各种手段，实现了从无到有、逐步提升的目标。目前在整体设计、生产规模、自动化生产、节能环保等方面已经有了巨大的发展，能够满足卷材生产企业的基本要求。一些自主研发的新技术已领先于世界，在一定程度上获取了参与国际竞争的资质。

1. 改性沥青制备系统

国内的改性沥青配料系统基本实现了密闭投料、自动配料，每个搅拌罐设置电子称重传感器、工控机操作控制，改性工艺得到了较为科学的技术论证。而在将填料加入搅拌罐的工艺过程中，液下加料技术也逐步完善并在新建项目中得到推广应用。目前，液下加料技术已被应用于各种不同结构的搅拌罐，包括立式高速罐、立式中低速罐、卧式罐。现已建设了较为环保、全自动的改性沥青制备系统。

改性工艺过程分设改性搅拌罐、填充料搅拌罐的设计理念也得到了广泛的认可。在改性搅拌罐及填充料搅拌罐的设计上，多采用高速、中低速的搅拌形式并存。国内成型生产线的搅拌罐数量配置，以 1000 万 m^2/a 产能规模为例，一般配置为 4~6 个 $10m^3$ 改性罐、2~4 个 12~$16m^3$ 填充料罐，多数用户会要求在已满足生产需求的情况下多配置 1~2 个搅拌罐作为备用，既能延长改性时间弥补胶体磨等关键改性设备使用不规范带来的改性不到位问题，又能在搅拌罐出故障时作为备用保障生产需要。

2. 成型生产线系统

成型生产线具有完整的各道工序设备，包括高速全自动卷毡机、自动码垛装置、自动插纸芯装置、贴标签装置等，自动化程度高。整线设置多个张力控制点，张力控制精准可调。涂油装置设计合理，厚度控制精确，强调能控制胎体位置，胎体上下表面能涂覆不同涂盖料。在冷却装置上，主要有冷覆膜工艺和冷却辊筒工艺两种。目前多数采用冷覆膜工艺（经水槽冷却后覆表面膜），该工艺冷却效率高，即冷却后覆膜（覆膜前去除毡表面的水）生产线高速生产时没有膜融化的问题，对表面 PE 膜的耐温性没有要求，厚度也可以尽量小，热熔施工效果好。该工艺一般采用 3 层水槽结构，要求涂盖料均质、细腻，胎体涂覆后表面平整光滑（卷材外观平整）。

3. 生产辅助系统

随着全民环保意识的增强，越来越多的企业开始投入资金，采纳各种技术方案，旨在彻底解决环保问题。目前，实践有效的几种技术方案主要有等离子技术、高压静电捕捉技术、光氧催化净化技术、水喷淋吸收技术等。由于不同的技术方案只是针对性地解决整个生产过程中某个环节的污染物，因此实际生产中并非采用单一技术来解决污染问题，而是需要综合几种处理技术以达到最佳处理效果。如：①水喷淋＋等离子技术，以上海肃洁为代表；②动力波洗涤＋光催化技术，以上海旭路为代表；③水喷淋＋高压静电捕捉＋光氧净化技术，以北京建研院、苏州绿仕环保、河北浩天为代表；④水喷淋＋油吸收＋高压静电＋吸附技术，以南京科创为代表。环保处理作为生产辅助系统的关键模块之一，必须以科学设计为依据，尤其是引风机、烟气收集管道等辅助设施，切勿采用没有科学依据的参数或组合。

我国沥青类防水材料装备的水平能够满足行业发展的需求，总体水平与国际先进水平的差距明显缩小，骨干企业的技术装备水平初步接轨世界先进水平；领先的装备企业已经具备一定的国际竞争力和性价比，具备参与国际市场竞争的资格。成套装备的自动化、信息化水平有了较大的提升，并进一步向数字化、智能化方向发展。目前，国内沥青类防水卷材生产线整体工艺与国外存在一定差距，主要体现在产品质量稳定性、生产线的速度和精度、生产线的生产效率、自动化水平等方面。因此，我国防水行业需要加大技术装备创新研发力度，提高装备自动化、现代化水平，从而提高防水材料质量水平，推动行业高质量高效发展。具体要求就是实现 4 个系统：密闭、高效的原料储存系统；密闭、自动化、数字化、智能化、高效的沥青改性系统；自动化、机械化、智能化的卷材成型系统；节能环保、高效的除尘和烟气处理系统。

聚氨酯现有技术多只能实现间歇生产，未来将向连续化生产发展，提升生产效率。根据不同产品特性，选择不同的生产工艺。如：平面产品黏稠度低，可以按照配料、脱水、反应进行生产；而针对抗流挂黏稠度高的产品，可以先进行液料脱水和反应生产预聚体，再将预聚体与粉料进行混合研磨，从而制得黏稠度较高的成品。聚氨酯防水涂料向更注重环保和更强的耐候性发展，如无溶剂、水性聚氨酯防水涂料。目前的自动化生产，关键步骤仍需人工介入调整，在未来的生产中将致力于实现全过程自动化、智能化，所有生产阶段均由机器自主控制，减少人工干预。

虽然防水行业取得了很大的进步，但仍然存在行业整体规模小、集中度不高、大企业较少、企业之间的差距较大、产能严重过剩、技术研发创新能力整体偏弱、生产装备配套性和自动化程度偏低等问题，与国际防水卷材装备制造企业差距较大。

4. 建筑防水卷材产品关键工序、关键质量控制点（表1-8）

表1-8　建筑防水卷材产品关键工序、关键质量控制点

序号	产品类型	关键工序名称	关键设备名称	关键控制点	特殊过程
1	沥青类（SBS改性沥青和氧化沥青类、有胎改性沥青类、无胎改性沥青类、沥青瓦）	配料	密闭式保温配料罐	计量、配料温度	
		预浸、涂覆	浸油池（槽）、涂油池（槽）（或浇注装置）	浸、涂温度（或浇注温度）	—
		研磨分散	胶体磨	研磨温度和时间	研磨
2	橡胶类	配料、混炼	密炼机等混料设备	计量、混炼温度、混炼时间	—
		挤出或压延	挤出机或压延机等	挤出或压延温度	—
		硫化	硫化设备	硫化温度和时间	硫化（硫化类）
3	塑料类	混料	混合机	计量、配料温度	采用单一原料的产品不考虑混料
		挤出	挤出机	挤出温度	塑化

对照现有建筑防水材料制造装备技术，我们应该在自动化、智能化、集成化、数字化等方面进行创新，要踏踏实实地推进数字化"补课"，夯实智能制造发展的基础，以满足建筑对防水材料高品质的要求。

1.3 防水行业智能制造发展现状与趋势

智能制造是先进制造技术、信息技术以及人工智能技术在制造装备上的集成和深度融合，是实现高效、高品质、节能环保和安全可靠生产的下一代制造。智能制造引领了第四次工业革命。智能制造涵盖两大方面：智能工厂，重点研究智能化生产系统及过程，以及网络化分布式生产设施的实现；智能生产，主要涉及整个企业的生产物流管理、人机互动以及3D技术在工业生产过程中的应用。

智能制造产业链涵盖智能装备（机器人、数控机床、其他自动化装备）、工业互联网［机器视觉、传感器、RFID（射频识别技术）、工业以太网］、工业软件［ERP/MES/DCS（分散控制系统）等］、3D（三维）打印以及将上述环节有机结合的自动化系统集成及生产线集成等。从全球范围来看，除了美国、德国和日本走在全球智能制造的前端，其他国家（如欧盟诸国、加拿大等）也在积极布局智能制造发展。

随着智能制造行业的不断推进和制造业人力成本的不断提升，工业领域"机器换人"的现象将成为常态。在《中国制造2025》中提出，要把智能制造作为信息化与工

业化深度融合的主攻方向，其中工业机器人被认为是实现这一目标的关键。

国内防水行业的智能制造目前尚处于起步阶段，亟待解决如下问题：

①智能制造行业产值占比低：相比传统的防水制造行业，智能防水制造只创造了防水行业总产值的5%~8%。

②智能制造设备的国产化程度低：目前，国内防水行业完全国产自主品牌的工业化机器人不到20%，绝大多数工业机器人引进自美国、日本、意大利、德国、韩国、瑞典等国家。

1.3.1 过程质量控制存在的问题

1. 改性沥青防水卷材

1）改性沥青制备系统

保证改性沥青料体均匀性是制备系统最重要的功能，影响料体均匀性有以下因素。

（1）胶体磨和搅拌系统工艺

胶体磨是现在改性沥青制备系统的关键设备，尽管胶体磨流量可达72m³/h，理论上每小时可剪切、研磨7次，然而受搅拌系统等因素制约，实践中达不到理论值；其次，因部分改性剂漂浮在沥青表面或粘在缸壁上，无法保证所有改性剂100%循环过胶体磨研磨，进而影响改性沥青均匀性和改性效果，具体表征为低温柔性和耐热性等指标波动；第三，同一个胶体磨在不同生产线配料系统之间频繁切换，管路残留料体相互影响改性沥青料体性能；第四，胶体磨周期运行，磨头间隙会发生变化，应做到实时监控，发现异常及时调整。

改性沥青防水卷材恒温配料罐多采用搅拌轴形式，分散效果较差，无剪切功能。因此，为改善涂盖料的搅拌分散效果，在配料罐内壁上加装3~4块挡板，增加配料罐内部料上下循环，虽然改善了分散效果，但也造成部分料体在挡板处堆积，长期在高温条件下，罐壁料体碳化，层层加厚，既影响传热效果，又增加改性沥青料颗粒缝隙。而定期组织人工清理费时费力，还存在安全风险，因此，设计开发刮边搅拌装置具有重要的进步意义。

（2）液下加料

将粉料加入配料罐，多采用先进的液下加料技术。液下加料口或转角部位等加料时易堆积，甚至结块产生颗粒，液下加料优化关系影响粉料在缸内的分散效果，具体表现为改性沥青料中粉料颗粒量增加。

（3）配料缸

每缸质量计量必须单体独立，不能相互影响，一定要做好管道软连接。配料系统串料偶有发生，多因阀门未完全关闭所致。一方面要用质量可靠的气动阀门，必要时加装手动阀门；另一方面，各个配料缸质量纳入软件监控，质量有异常时应有报警功能、质量曲线不能有漂移、数据方便查阅、数据导出功能。所有温度测试（包括改性沥青料配料、预浸油配料、生产线涂油池、预浸油池、胎基烘干，水床等）需关注数据准确性，数据精确反映整缸料的实际温度。

配料过程按原材料分为两类：第一类，灌装用的原材料，此类原材料可自动加料，可以准确计量（前提是计量系统校验合格），如沥青类、石粉类。使用中的实际问题是：几种沥青管线相互交叉、区段互混，工艺二次设计应考虑降低管线交叉残留影响量。石粉中的水分，反映在贮缸或管线中主要是在管线的弯头处结块，导致加料困难，新的工艺设计方案需考虑如何快速除去石粉中的水分，且不影响配料过程。第二类，改进剂类和粉料类原材料，前者主要包括 SBS、SBR 等，使用时需转运，效率低下，并且只能通过人工加入，存在一定人身安全风险和人工成本浪费。如果能从根本上实现全程加料自动化，就可很好地解决人工和职业健康方面的问题。目前存在的主要难点是缺少信息化智能装备和智能化储存自动上料等系统。改性剂经破包机、斗提、螺旋和液下加料进入配料罐，会出现料袋未抖净、有残留问题，因此，应增加改性剂过筛设备，确保改性剂过筛后使用。

2）成型生产线系统

成型生产线具有完整的各道工序，包括胎基开卷、胎基烘干、预浸、涂覆和收卷等。

（1）胎基开卷

胎基开卷后自动拼接胎基，防止拼接不牢靠而出现断毡问题。胎基通过在线自检外观、透光率检查判断其均匀性。

（2）胎基烘干

胎基干燥器的目的是高温除去胎基水分。胎基烘干后预浸前再次暴露在空气中，存在二次吸潮问题。

（3）预浸

预浸为关键工序，浸油池为关键设备，浸油温度为关键控制点。

将配置合格的预浸油打入预浸油池，保证适当的油位和温度，调整挤压辊的气压和适当的车速，以保证胎基浸透、挤干。挤压辊压力为人工调节，无法满足根据胎基的挤干效果快速调节的要求。可增加预浸油挤干自动控制装置。

胎基通过第 1 道压辊浸油后，由 1 号挤压对辊挤干。第 2 道压辊将胎基半浸油后再通过 2 号挤压对辊挤干。其优点是通过 1 号挤压辊将预浸料挤入胎基，并且有效挤走胎基中残余的水分；通过第 2 道浸油给第 1 次预浸做补充，保证浸透，并且通过控制浸油量使 2 号挤压对辊更容易将胎基充分挤干。1 号挤压对辊和 2 号挤压对辊对胎基的挤干程度应加入自动监控装置，有挤不干等异常时可以自动报警并实现快速调整。

预浸后晾胎，胎体预浸后经晾胎工艺再进入改性沥青涂覆装置。实践证明，经晾胎后，能更进一步去除胎基中经预浸装置后没能完全蒸发的水分，可以保证预浸效果，更好地涂覆改性沥青层。晾胎可根据不同的生产线速度设计，如图 1-31 所示，通过在预浸装置后、改性沥青涂覆装置前设置若干晾胎加热辊来实现，辊筒加热方式可接入装置系统的导热油或者电加热。在成型生产线中，同样的预浸、涂盖装置，增设了晾胎装置，可使生产线在更高的生产速度下生产出合格的产品，提高生产效率。尤其在环境湿度较大的地区，设置预浸后晾胎，是一个值得推广的设计。

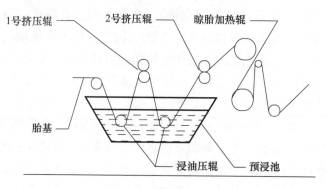

图 1-31　胎基预浸后挤干方案

（4）涂油

涂油为关键工序，涂油池为关键设备，涂油温度为关键控制点。

涂油岗位应严格按操作规程进行操作，保持涂油池液位在一定水平，温度控制在规定范围内，调整刮板和厚度控制器，使胎基两面涂油均匀，厚度达到标准要求，确保外观合格。

品种切换时计算涂油池或管线（管径与长度）中残留料的余量，生产线设计时降低管线行程，配方设计时保证与后续料体混合后性能合格，实际生产应严格执行工艺要求：前续料体耗尽后与后续料体混合，打回油 3～4 次充分混合，检测合格后才可以生产。

上、下定厚辊加工精度、安装精度不够，将直接影响卷材厚度的均匀性。定厚辊（包括刮刀）应规定严格的进厂验收流程。

涂盖料成分和温度的稳定是保证产品性能和外观稳定的重要因素。实际生产过程中，常会出现涂盖料出自同一个搅拌罐，但制成的成品性能却存在差异的现象，这主要是由于涂盖料中的石粉沉降造成。涂油池中的涂盖料与配料罐中的涂盖料保持物料循环，可以保证成型时所用的涂盖料"新鲜"。另外，不同温度下涂盖料的状态差别较大：温度过高，涂盖料容易流淌，造成偏胎；温度过低不利于空气、水分的排除，还会导致张力过大，造成缩胎；上下表面涂料料温不一致，容易引起"卷边"。设计时，涂盖料管道、涂油池以及涂油池中的各加热辊筒的加热温度可实现平滑调节。

胎基、涂盖料中存在的未排净的水汽、空气，若在成型过程中未及时排出，易造成卷材表面凹坑、鼓包等外观不合格。提升改性沥青涂覆密实程度是保证产品外观质量的关键。涂覆工艺应采用两次涂油工艺，预涂油厚度一般为产品厚度的 1/3～1/2，第 2 次涂油可以有效地弥补表面形成的气孔，并且使涂油更加密实，保证产品外观质量。

整条生产线张力匹配是卷材生产过程中最关键的指标，在标准车速下，要保证胎基收缩不超过规定值甚至不收缩，进而保证卷材成品幅宽合格，相关检测指标为热老化后尺寸变化率，应用方面为施工后卷材短边搭接微收缩等。

改性沥青涂覆工艺兼具定厚功能，而定厚连锁卷材成品需在线测量厚度数据。在线测量"弹性体"卷材厚度的精准性是智能制造首先要攻克的难题。不同厚度卷材切换时应具有自动调节功能，包括粗调和微调功能，以实现快速调整到位。

（5）冷却

卷材涂油后即进入冷却水槽进行冷却，冷却水槽中水为循环水，需注意补水，水温需控制在工艺范围内。生产线冷却效果差一直是困扰覆膜外观质量的问题，直接影响覆膜温度。设计需做好理论测算，并留有余量，保证冷却到位。

（6）覆膜或撒布

覆膜或撒布料时，需控制上下表面的温度，应实现自动测温、显示和报警等功能，保证 PE 膜不烫膜和矿物粒料粘结牢靠。

可增加覆膜前水分吹干自动检测功能，自动预警提示。

业内覆膜依然靠人眼监测调整，胎基或膜跑偏风险不可控。应开发出自动调偏功能，且运行稳定。

PE 膜覆膜时，PE 膜为被动展开，PE 膜会被拉伸并变形，应力会引发 PE 膜应用开裂等。需设计覆膜时 PE 膜驱动自动开卷。

（7）冷却定型

卷材覆膜后，继续辊冷却定型，进入贮存架。收卷异常时，应具有报警功能，及时减速或停机处理，贮存架处不允许有卷材堆积现象。

（8）计量、裁断、收卷、包装

卷毡系统的功能是将成品卷材按需要长度裁剪并卷绕打包。整个过程需要完成穿毡、卷毡、裁剪、打包、推卷等多个动作。

卷毡机高负荷运转导致故障频率高，设计时就要解决匀速收卷问题。

在线称重计量定期校准，数据自动记录，数据可批量导出。

卷材使用 POF 热缩膜包装。卷材外包装应控制包装整齐、无破损，标识清晰，无磨损。

综上所述，生产成型过程中需要用到的主要原材料为聚酯胎、膜类、矿物粒料类、包装类原材料等，目前需要人工操作，无法实现自动化。原材料需叉车送到相对应的区域，然后工人操作和拆卸。一方面叉车来回的转运会造成现场的粉末飘洒及噪声污染问题，另一方面也存在厂内交通安全隐患。

目前最大的问题为生产线自动化程度较低，大部分岗位还停留在简单的机械自动化阶段，没有实现数据和信息的自动化。比如在配料系统与生产系统的数据互联方面，生产计划与成品库存、生产计划与原材料之间的关系等都需要人工来操作，人工操作不仅会增加人工成本，而且还可能造成不必要的沟通错误和沟通不及时。

生产制造过程是系统的核心，与配料仓库等需紧密结合，从而降低整个制造过程中的人工操作失误等问题和现场环境污染问题，涉及原材料部分需要和原材料厂家共同改进。

2. 聚氨酯产品

聚氨酯成品质量与原材料质量、生产过程（温度、真空度等）、中间产品含水率等密切相关，故对这些过程精细管理和控制以及成品质量管理是非常重要的。对于聚氨酯防水涂料的生产设备、生产工艺、中间质量控制、成品质量控制等各环节，易出现问题的难点列举如下。

1）原材料问题

生产用原材料是否合格，包括使用前入厂检测，小试验证，贮存环境，是否过期、结晶、反应结块，领用前是否满足先进先出等。如果原材料出现质量问题，后续生产过程即使再精确，最终生产出的产品也不可能合格。生产制造企业对于原材料环节经常培训，但是，实际工作中执行不到位，导致生产出的产品质量问题比比皆是。

2）生产设备问题

（1）清釜

反应釜未及时清理，釜壁和高低位搅拌被聚氨酯结皮完全覆盖，且高低位搅拌变成"圆柱"，即分散盘与搅拌轴成为一体，致使升降温较慢，分散效果较差。

（2）漏气

反应釜密封差，无法保压，脱水效果无法达到工艺要求，物料含水量高，产品黏度增大，产品性能降低。漏气也会影响脱气效果，导致防水涂料的涂膜气泡较多。

（3）温度偏差

物料实际温度与操作台的显示温度不一致，会导致反应温度过高"爆聚合"，温度过低聚合反应不彻底。

（4）计量偏差

生产过程中，计量物料与实际物料不符，有时多有时少，要定期校准计量秤。

（5）真空度低

脱水过程中，真空度达不到工艺要求，未能在工艺要求的时间内完成有效的脱水。原因一是设备陈旧满足不了工艺要求；原因二是真空机组较少，多台釜同时工作，真空机泵无法满足多台脱水釜，或者同用一个真空泵，一个脱水釜正在脱水，另一个反应釜正用真空负压加料，直接导致脱水釜真空度降低，影响脱水效果。

（6）液料助剂计量

为了提高自动化程度，聚氨酯生产车间安装自动加料计量系统，但是无法使用，形同虚设，因为小液料助剂添加量较少，计量变差较大。后期需要对计量秤和疏料管道改造，使其精确度更高。

3）生产工艺

目前，国内新建聚氨酯防水涂料的生产车间，可实现80%的自动顺控程序，因此，生产工艺可通过顺控固定。若生产设备和顺控系统运行正常情况下，可生产出A级产品。但是，有些聚氨酯车间设备老化，与生产工艺、自动化系统不匹配，生产过程中无法满足生产工艺要求，生产设备带病作业，生产出的产品性能较低，未达到A级品。另外，20%非自动作业，即人工操作，如助剂的添加，会出现人为多加、少加、漏加、错加等问题，最终导致质量事故。生产完全实现自动化，将生产工艺完全固化，减少人为误差，降低质量风险，是未来生产制造企业的发展趋势。

4）质量控制

质量控制有中间半成品和成品质量控制两个方面。中间半成品质量控制包括温度检测、压力检测、真空度检测、水分检测、黏度检测、NCO 检测等；成品质量控制包括外观检测、黏度检测、物理性能检测、贮存性能检测和施工性能检测等。中间品检测至关重要，因为中间品出现较大异常，会造成较大的质量事故，如半成品黏度增大、固化、液体泄漏，甚至会出现人员伤亡。

3. 高分子防水卷材

高分子防水卷材，根据树脂原料的不同，常分为 EVA、HDPE、TPO。因其各类材料性状和功能各异，防水卷材的成品质量与原材料质量、生产过程管控及成品质量控制都密切相关。对于高分子防水卷材的生产设备、生产工艺、中间质量控制、成品质量控制等各环节，易出现的问题列举如下。

1）原材料问题

高分子防水卷材原料主要由树脂原料、各类助剂辅料、高分子热熔胶（用以制备粘结类防水卷材）、增强材料（无纺布、网格布）等构成。每一款原料均需进行准确的入厂检测、小试验证等。如果原材料出现质量问题，极大程度会影响后续制品的各项性能。因此，原材料的性能稳定性关系着生产制造企业的终端制品的品质优劣。如何高效管控原材料技术指标及入场检测，是各类生产制造企业需要大力关注的重点。

2）生产工艺

目前，主流高分子防水卷材生产工艺多以单螺杆挤出系统为主。常见的包括五大功能单元和一个核心计算机控制系统——原料配送系统、计量挤出系统、辊压涂覆系统、自动纠偏及张力控制系统、冷却打包系统、计算机全程监控系统。

整体生产基本实现了高度自动化，稳定连续生产时几乎可以实现85%以上的全自动化程序，剩余15%为非自动作业，以投料、收卷等工序为主。因人工操作，客观存在一定不确定性，加上各生产企业一线员工素质差异较大，不可避免地出现人为误操作等各类问题，最终导致质量事故。生产完全实现自动化，将生产工艺完全固化，减少人为误差，降低质量风险，是未来生产制造企业的发展趋势。

3）质量控制

质量控制有中间半成品和成品质量控制两个方面。中间半成品质量控制包括温度检测、生产速度检测、压力检测、电流检测、厚度检测等；成品质量控制包括外观检测、物理性能检测、贮存性能检测和施工性能检测等。中间品检测及成品质量都至关重要，无论哪个节点存在波动，都会造成较大的施工应用问题。

4. 水性防水涂料

水性防水涂料的生产制造系统主要分为液料生产和粉料生产两个组成部分，采取的都是物理混合的方式，最终要达到的目标是得到均匀、精准和包装美观的成品。而对成品的影响因素包括如下几个方面。

1）整体设备的配套问题

水性防水涂料在市场上没有完善的成套生产设备，一般液料生产采用普通建筑涂料的生产系统，粉料采用预拌砂浆的生产系统。但是由于产品性能的差异，防水涂料在工艺上与建筑涂料和预拌砂浆存在本质的区别。比如：普通建筑涂料配方中水占比很大，生产上采用先在水中分散填料的工艺，或者打浆工艺，以减少后期分散困难的问题；但是在防水涂料中水占比很小，水量不足以分散填料，只能在水和乳液共同的作用下对填料进行分散，直接导致了打浆工艺无法实施。实现高效率的生产工艺，对防水涂料的生产在设备的系统设计上提出了新的要求。在粉料生产工艺上，普通预拌砂浆主要采用双螺杆搅拌、卧式无重力搅拌等，但是防水涂料的粉料组分为了调整质量和施工性能，除常用的水泥和砂外，加入了多种粉体助剂，这对混合均匀性提出挑战。

2）原材料质量影响连续化生产问题

原材料的质量问题主要集中在原材料批次不稳定上，进而导致大规模生产之前增加原材料验证和配方调整程序，验证时间影响生产连续性，预输入配方也需要不断调整。

在防水涂料的粉料组分中不稳定性原材料主要是水泥和砂，水泥是最常用的建筑材料，在混凝土和砂浆材料中不可或缺，水泥的标准和制品都非常关注抗压强度，但是在水性防水材料中抗压强度并不是最关键指标，拉伸性能和粘结性能对防水材料更为重要，此点导致水泥材料在防水涂料中的关注点不同，从而为原材料不稳定性提供了条件。

涂料中用的砂也来源于混凝土和砂浆建筑用原材料，包括天然砂、机制砂等。与水泥的情况相似，在混凝土和建筑砂浆中要关注砂的抗压强度，同时天然砂因受到矿源的影响，普通的筛分过程并不能改变砂的性能。

以上所述的原材料不稳定性直接影响了生产连续化，同时，对制造系统中如何识别原材料的波动同时自动化调整配比提出了挑战。

3）物料传输系统和计量系统的问题

生产中最重要的一个环节即物料的精确计量，物料计量包括入库计量、出库计量、生产计量和成品计量。四个计量阶段存在先后顺序关系，也为制造过程提供分析数据。最理想的是四个计量数据相同，之间的误差大小也侧面表明了生产过程中的精密和精细程度。入库计量是第一阶段，整件运输的特点在大生产制造中往往以吨为单位；出库计量是物料分批出库过程，以小件计量为特点，往往以千克为单位；生产计量中各种原材料添加比例不同，主要原材料和助剂相差甚大，是造成计量误差的关键环节之一；成品计量因为受包装物影响，更加难以把控成品质量。

计量误差不仅仅受各环节的称量设备误差的影响，与物料的传输系统也关系密切。首先，任何传输系统都会在管路上造成物料残存和过程损失，对前后的物料计量不匹配造成了难以解决的问题；其次，生产中的计量是动态计量，而所有物料阶段性计量是静态计量，动态计量中的设备振动、非连续性非均匀性的落料、噪声对计量系统误差的影响都远远高于静态计量；最后，计量的称重设备绝对误差大于相对误差，物料的不同添加质量的相对误差和设备的绝对误差之间的矛盾,导致越小的添加量存在越大的相对误差,例如在精度为 0.01g 的计量设备上称量 1kg 和 1g 的不同物料,相对误差相差了千倍。

4）不同形式的包装规格调整的问题

水性防水涂料在包装形式、包装规格上多种多样,每一种变化都对自动化生产带来挑战。包装的形式和规格是市场决定的,并非人为推动所致。作为建筑材料的水性防水涂料,在零售市场以家庭、区间为单位设计包装规格,一般为 1~25kg,既要考虑使用范围的足量,还需要考虑施工人员的操作便利;工程市场往往都是批量式施工,包装要大得多。如果再考虑使用方案和地区环境影响,往往对包装材质、内外包装形式又有不同的要求。所以,包装规格在智能制造上需要作为重点考虑点之一。

1.3.2 防水生产制造发展亟待解决的问题

信息孤岛是指多信息源未能有效集成,各种系统操作复杂、种类繁多,无法进行有效数据交换［ERP、SAP（企业管理解决方案）、WMS（仓库管理系统）、LIMS（实验室信息管理系统）、扫码机、标签打印机、喷码打印机等］。智能制造要求通过不同层次网络集成和互操作,打破原有的业务流程与过程控制流程相脱节的局面,分布于各生产制造环节的系统不再是"信息孤岛",数据/信息交换要求从底层现场层向上贯穿至执行层甚至计划层网络,使得工厂/车间能够实时监视现场的生产状况与设备信息,并根据获取的信息来优化生产调度与资源配置。

供应链及库存管理未能实现原材料零库存。为了保障连续生产,防水企业一般都要准备大量原材料库存,造成过多资金占用和库位浪费。智能化制造要求企业订单的产品种类、数量等信息通过企业流程得到精准确认,这使得生产变得精确。例如,使用 ERP 或 WMS 进行原材料库存管理,包括各种原材料及供应商信息。当客户订单下达时,ERP 自动计算所需的原材料,并且根据供应商信息即时计算原材料的采购时间,确保在满足交货时间的同时使库存成本最低甚至为零。

不同原料的存储条件又有不同,库房在设计之初就划定界限,并配置相应的环境条件控制、监控设备设施,纳入信息化管理系统,但通常行业内的制造单位的建造和管理并未详细设计和涉及。如高分子卷材原材料有塑料粒子、压敏热熔胶、复合涂层原料,其中涂层原料种类较多、用量少、消耗进度慢、保质期要求严格,而且涂层性能要求极其苛刻,要确保原料在入厂、存储、转运、使用前的质量需要较多的注意事项。原料的多种多样,存储条件各有不同,制造工厂的存储条件不能完全满足所有原料的存储要求。

原材料库管原则就是检验合格才使用,做到先进先出。受使用周期、安全库存、库位等各种因素影响,实际操作过程中经常做不到先进先出,如先入的原料被封堵在库房最深处,无法被调取使用,直至超越保质期成为高危原料。

1. 防水用原材料问题

需要小试验证的原材料有沥青、软化剂、乳液、聚醚多元醇、多异氰酸酯（TDI 和 MDI）和溶剂油等。小试验证周期从 1 天到几天不等。如聚氨酯原材料验证周期较长，正常情况下需要 8 天才能有测试结果。为了解决此问题，其一，增加原材料储罐，该批次原材料验证合格后，才能进入生产环节使用，同时亦可做到原材料批次追溯；其二，通过经验判断原材料质量情况，此种方法会存在一定风险。

2. 槽罐车运输的原材料出入库问题

槽罐车运输的原材料有沥青、软化剂、乳液、聚醚多元醇、多异氰酸酯（TDI 和 MDI）和溶剂油等液体原材料和以石粉为代表的粉状原材料。入库时需经地磅称重后打入储罐，以地磅称重数量作为台账，所以地磅的准确性直接影响到库存物资账物的一致性，一旦地磅出现偏向性误差，账物就不能做到一致，一旦长时间累积，差异会越来越大。车间使用时需由储罐经管线再打到配料缸，配料缸自身的计量准确性和打料准确性都直接影响原材料的使用和库存数据。因此，对计量设备必须要做到定期校准，对库存物资定期盘点，出现差异及时调整，这样才能做到物料在消耗和储存等各环节账物相一致。

沥青、软化剂、乳液、聚醚多元醇、多异氰酸酯（TDI 和 MDI）和溶剂油等液体原材料一般都是大罐储存，单个储罐储存量在几十吨到几千吨甚至上万吨不等，由于罐装量比较大，罐装物资盘点就存在以下几个问题：

①罐体制造精度问题，一旦罐体精度不准或长时间使用出现变形，按照最初的设计尺寸进行计量就会出现较大误差；

②罐内物资均匀性问题，沥青、软化剂、乳液等本身就是混合物，即使同一批次之间密度也有差异，再加之在罐内储存时间长，可能会出现分层现象，因此密度会存在不同程度的差异，会直接影响到物资盘点结果的准确性；

③罐内物资温度均匀性问题，罐内物资冷却时是从边缘向中间逐渐冷却，加热时是从底部向上逐渐加热，因此很难保证罐内物资温度的均匀性，这就会影响密度的取值，最终影响物资盘点结果。

为了保证生产的连续性，上批次原材料未用完，下批次原材料补充到储罐中。因设计问题，沥青和软化剂等储罐不可避免地存在残留，受行情影响，一旦切换沥青等液体原材料品种，甚至有交叉购买情况，不同厂家或不同牌号的沥青或软化剂等原材料不得不混合在一起。当使用到混合沥青或软化剂时，因混合的程度不一致，无法提前在工艺或配方上做调整，这就对产品质量稳定性造成很大的影响。

3. 袋装类原材料出入库问题

袋装原材料入厂检测合格后，需要对原材料进行卸车入库，有时可能会有包装袋破损，污染现场，造成原材料浪费，使用时影响配料加料量，造成中控指标波动。

固体沥青集中到货，储存时间长，甚至有露天储存情况，易出现结块现象。形成的结块在预浸油配料缸配料过程，不利于固体沥青溶解，预浸油易阻塞配料缸出料口，造成预浸油不下料的情况，且固体沥青水分偏高，易出现冒缸现象。

4. 受湿度影响原材料出入库问题

粉体材料在储存时，受天气影响，或多或少会受潮吸水或本已吸水的材料水分挥发。吸水或挥发造成的质量增加或减少，会直接导致消耗量与入库量存在差异，如果不及时盘点核对，长时间积累就会造成账物差异放大。

相同的问题也存在于沥青消耗上，为了保证沥青输送，沥青储存需要保持较高温度，在高温下，沥青中轻组分会逐渐挥发，挥发的质量是不可计量的，经长时间积累，就会造成实物质量上的差异。

5. 受温度影响原材料存储问题

特殊原材料 MDI-50 和 MDI-100，温度低，结晶凝固，无法正常加料。生产常用方法是使用伴热带加热慢慢融化，效率极低。另外，反复加热融化，会伴随副反应发生，影响原材料质量，最终影响产品性能。

6. 易反应型原材料问题

特殊聚氨酯原材料易于吸潮，与水汽反应，导致原材料变质。目前，很多企业所用聚氨酯原材料助剂采用桶装，领料使用过程中，采用抽子取料，多次取料导致水汽反复进入，出现明显的絮状体，严重时结块。为了解决该问题，可上一套关键原材料加料系统，包括储罐、打料、计量，最后进入反应釜中。目前的难度是如何精准计量，因为关键原材料助剂用量较少，如果计量系统误差较大，会导致产品质量问题。

综上所述，物料消耗一直都是防水卷材传统生产环节的一个大难题，主要体现在以下几个方面。

①计量器具精准度影响大。物料的入库和消耗需要经过层层计量，但计量器具的校验很难实现精准或成本很高，但不进行校准，一旦计量器具出现误差，经过长时间积累，账物就会存在越来越大的差异。

②库存物资盘点很难做到精准，主要存在于罐装物资上。防水产品生产使用到的原材料基本都是混合物，混合物的不均匀性给盘点计量增加很大难度。

③原材料在库存或使用过程中的质量差异——粉体材料受天气影响时受潮吸水或挥发。沥青和软化剂在储存、使用时也会受热挥发等，都会导致物料质量变化，批量大或长时间积累，入库量和消耗量之间就会存在较大差异。

对于投入产出系统，可以说是现在的防水企业的一个盲区，因此需要全局考虑。

2 防水行业智能制造系统架构

2.1 智能制造的概念

2.1.1 智能制造概念、特征及愿景

制造业是国民经济发展的主体，是立国之本、兴国之器、强国之基。中华人民共和国成立以来，我国制造业持续快速发展，建成了门类齐全、独立完整的产业体系。然而，与世界先进水平相比，我国制造业仍然大而不强，自主创新能力弱，关键核心技术与高端装备对外依存度高，以企业为主体的制造业创新体系不完善，信息化程度较低，质量效益不够显著。

在全球制造业格局发生重大调整的历史性节点，我国必须紧紧抓住这一重大的历史机遇，力图在新一轮工业与技术革命中占领先机，力争把我国建设成为引领世界制造业发展的制造强国，为实现中华民族伟大复兴的中国梦打下坚实的基础。

1. 中国智能制造的发展形势和环境

1）全球制造业格局面临重大调整

随着全球制造业信息化和数字化技术的不断发展，新一代信息技术与制造业的深度融合，全球制造业正发生着生产方式、产业形态和商业模式等革命性的产业变革。各国都在加大科技创新力度，推动三维（3D）打印、移动互联网、云计算、大数据、生物工程、新能源、新材料等领域取得新突破。基于信息物理系统的智能装备、智能工厂等智能制造正在引领制造方式变革；网络众包、协同设计、大规模个性化定制、精准供应链管理、全生命周期管理、电子商务等正在重塑产业价值链体系；可穿戴智能产品、智能家电、智能汽车等智能终端产品不断拓展制造业新领域。我国制造业转型升级、创新发展迎来重大机遇。

与此同时，全球制造业竞争格局也正在发生重大调整。在国际金融危机发生后，欧

美发达国家纷纷推行"再工业化"国家战略,力图在新一轮工业革命中占领先机,加速推进新一轮全球贸易投资新格局。如德国政府在2013年的汉诺威工业博览会上正式推出"工业4.0"战略,其目的是通过新一轮的工业转型竞赛,提高德国工业的竞争力,成为新一代工业生产技术(即CPS-信息物理系统)领先的供应商和主导市场。除此之外,一些发展中国家也在积极参与扩展国际市场空间,布局全球产业再分工和承接产业及资本转移。

2)我国经济发展环境发生重大变化

近年来,中国的经济结构已由高速增长阶段逐步转入高质量发展阶段。在以往的高速增长阶段,经济发展主要依靠生产能力的规模扩张。而随着钢铁、煤炭、石化等供给超过市场需求,原料、土地、人力资源等生产要素成本不断上升,资源和环境约束不断强化,投资和出口增速明显放缓,主要依靠资源要素投入、规模扩张的粗放发展阶段基本结束。据世界银行统计,中国制造业增加值在全国GDP总量中的比重逐年下降,由2009年的31.6%下降至2019年的27.2%。然而以制造业为代表的实体经济才是中国经济高质量发展的核心支撑力量。

因此,推动供给侧结构性改革、加快制造业转型升级、提高产业价值链水平、提升高质量的生产方式才是符合我国新时代经济发展主要特征的战略方向,而绿色智能制造正是我国制造业由大到强的必由之路。

3)建设制造强国的任务艰巨而紧迫

经过几十年的快速发展,我国制造业规模跃居世界第一位,建立起门类齐全、独立完整的制造体系,成为支撑我国经济社会发展的重要基石和促进世界经济发展的重要力量。持续的技术创新,大大提高了我国制造业的综合竞争力。载人航天、载人深潜、大型飞机、北斗卫星导航、超级计算机、高铁装备、百万千瓦级发电装备、万米深海石油钻探设备等一批重大技术装备取得突破,形成了若干具有国际竞争力的优势产业和骨干企业,我国已具备了建设工业强国的基础和条件。但我国仍处于工业化进程中,与先进国家相比还有较大差距。制造业大而不强,自主创新能力弱,关键核心技术与高端装备对外依存度高,以企业为主体的制造业创新体系不完善;产品档次不高,缺乏世界知名品牌;资源能源利用效率低,环境污染问题较为突出;产业结构不合理,高端装备制造业和生产性服务业发展滞后;信息化水平不高,与工业化融合深度不够;产业国际化程度不高,企业全球化经营能力不足。推进制造强国建设,必须着力解决以上问题。

2. 智能制造的主要内容与特征

1)主要内容

自"十二五"规划开始,国家陆续颁布智能制造相关政策,推动中国智能制造体系逐步落实(表2-1)。

表 2-1　中国智能制造顶层政策指标体系设计

时间	政策	相关政府机构	主要内容
2012 年	《智能制造装备产业"十二五"发展规划》	工业和信息化部科技部	到 2015 年，产业销售收入超过 10000 亿元，年增长率超过 25%，工业增加值达到 35%，智能制造装备满足国民经济重点领域需求；到 2020 年，建立完善的智能制造装备产业体系，产业销售收入超过 30000 亿元
2015 年	《中国制造 2025》	国务院	到 2025 年，力争形成 40 家左右制造业创新中心（工业技术研究基地）；制造业重点领域全面实现智能化，试点示范项目运营成本降低 50%，产品生产周期缩短 50%，不良率降低 50%；70% 的核心基础零部件、关键基础材料实现自主保障；重点行业主要污染物排放强度下降 20%，制造业绿色发展和主要产品单耗达到世界先进水平，绿色制造体系基本建立
2015 年	《国家智能制造标准体系建设指南》	工业和信息化部	聚焦重点领域，从基础共性、关键技术、重点行业三个方面，构建 5+5+11 类标准组成的智能制造标准体系框架，指导智能制造标准化工作的开展
2016 年	《智能制造发展规划（2016—2020）》	工业和信息化部财政部	2025 年前，推进智能制造发展实施"两步走"战略：第一步，到 2020 年，智能制造发展基础和支撑能力明显增强，传统制造业重点领域基本实现数字化制造，有条件、有基础的重点产业智能转型取得明显进展；第二步，到 2025 年，智能制造支撑体系基本建立，重点产业初步实现智能转型
2017 年	《高端智能再制造行动计划（2018—2020）》	工业和信息化部	到 2020 年，推动建立 100 家高端智能再制造示范企业、技术研发中心、服务企业、信息服务平台、产业集聚区等，带动我国再制造产业规模达到 2000 亿元
2018 年	《国家智能制造标准体系建设指南（2018 年版）》	工业和信息化部国标委	2018 年，累计制修订 150 项以上智能制造标准，基本覆盖基础共性标准和关键技术标准；2019 年，累计制修订 300 项以上智能制造标准，全面覆盖基础共性标准和关键技术标准，逐步建立起较为完善的智能制造标准体系。建设智能制造标准试验验证平台，提升公共服务能力，提高标准应用水平和国际化水平
2021 年	《"十四五"智能制造发展规划》	工业和信息化部、国家发展和改革委员会等	以新一代信息技术与先进制造技术深度融合为主线，深入实施智能制造工程，着力提升创新能力、供给能力、支撑能力和应用水平，加快构建智能制造发展生态，持续推进制造业数字化转型、网络化协同、智能化变革，为促进制造业高质量发展、加快制造强国建设、发展数字经济、构筑国际竞争新优势提供有力支撑
2023 年	《工业和信息化部等八部门关于加快传统制造业转型升级的指导意见》	工业和信息化部、国家发展和改革委员会等	到 2027 年，传统制造业高端化、智能化、绿色化、融合化发展水平明显提升，有效支撑制造业比重保持基本稳定，在全球产业分工中的地位和竞争力进一步巩固增强。工业企业数字化研发设计工具普及率、关键工序数控化率分别超过 90%、70%，工业能耗强度和二氧化碳排放强度持续下降，万元工业增加值用水量较 2023 年下降 13% 左右，大宗工业固体废物综合利用率超过 57%

其中，国务院在2015年发布的《中国制造2025》是我国实施制造强国战略第一个十年的行动纲领。报告中指出，中国应坚持走中国特色新型工业化道路，以促进制造业创新发展为主题，以提质增效为中心，以加快新一代信息技术与制造业深度融合为主线，以推进智能制造为主攻方向，以满足经济社会发展和国防建设对重大技术装备的需求为目标，强化工业基础能力，完善多层次多类型人才培养体系，促进产业转型升级。

战略方针明确了9项战略任务和重点：一是提高国家制造业创新能力；二是推进信息化与工业化深度融合；三是强化工业基础能力；四是加强质量品牌建设；五是全面推行绿色制造；六是大力推动重点领域突破发展；七是深入推进制造业结构调整；八是积极发展服务型制造业和生产性服务业；九是提高制造业国际化发展水平。

十大重点领域：新一代信息技术产业、高档数控机床和机器人、航空航天装备、海洋工程装备及高技术船舶、先进轨道交通装备、节能与新能源汽车、电力装备、农机装备、新材料和生物医药及高性能医疗器械。

在战略目标的基础上，将立足国情，立足现实，力争通过"三步走"实现制造强国的战略目标：第一步，到2025年迈入制造强国行列；第二步，到2035年我国制造业整体达到世界制造强国阵营中等水平；第三步，到中华人民共和国成立一百年时，制造业大国地位更加巩固，综合实力进入世界制造强国前列。

2）主要特征

中国智能制造的具体特征为以下几个方面：

（1）两化融合，智能制造

中国智能制造将作为信息化与工业化深度融合的主攻方向，着力发展智能装备和智能产品，提升生产过程智能化、数据信息化水平，促进互联网、大数据、人工智能和实体经济的深度融合，提升智能效率。

（2）绿色智能制造

我国绿色智能制造主要体现在"三化"上，即低碳化、循环化、集约化。低碳化体现在大幅降低能耗、物耗和水耗水平，增强绿色精益制造能力上；循环化体现在强化产品全生命周期绿色管理、资源高效循环利用上；集约化体现在提高制造业资源利用效率，持续提高绿色低碳能源使用比率上。以"三化"为核心，努力构建高效、清洁、低碳、循环的绿色制造体系。

（3）强化工业基础能力，增强创新意识

我国制造业创新发展和质量提升受到核心基础零部件、先进基础工艺、关键基础材料和产业技术基础的制约。应着力破解制约重点产业发展的瓶颈，突破关键核心技术与工艺，提高产品档次，掌握核心科技，打造世界一流品牌。

（4）以人为本

人是可持续创造力和创新的源泉，也是智能制造的核心组成部分。人、设备、资源之间的互联互通和协同交互是智能制造的一个重要特征。发展人机智能化交互，例如语言识别、动作识别、机器视觉等技术，打造人性化、定制化、高效化的人机交互模式。

通过精益化的管理理念，最大限度地发挥个人能力与机器在复杂工作环境的高效协作，创造协同效应。

3. 中国智能制造愿景

中国智能制造将是"绿色""智能"和"互联互通"的。一方面体现在先进制造技术和信息技术的深度融合，将物联网、云计算、工业大数据及工业软件、网络安全等IT技术与工业制造的传感技术、自动化、精益生产、能效管理、供应链管理等先进的OT技术相融合，并应用于制造业的整个生命流程（包括研发、工程、制造、服务等全生命周期的各个环节及相应系统的优化集成），实现高生产力、高质量、高效率、高柔性、高安全等特性。

另一方面，智能制造将以可持续发展理念为指导，推动制造业创新、绿色、协调、开放、共享发展。将先进的信息技术和制造技术用于制造业的降本增效、能耗管理、能源革命等方面，最大化资源利用效率，增强绿色精益制造能力，强化产品绿色全生命周期，形成高效、清洁、低碳、循环的绿色制造体系。

2.1.2 智能工厂的架构与体系

打造先进、绿色和适应中国特色的智能工厂，是《中国制造2025》愿景的最好体现，也是迈向世界制造业强国的必由之路。

智能工厂的建设不应仅仅局限底层设备的互联互通、控制层设备的过程管理和执行层的智能控制，更应该全面符合公司的经营管理体系、生产运行体系以及安全环保体系等业务状况，以提升产品质量、降低经营成本、节约生产能耗、增加企业效益为核心目标，帮助企业更好地应对国际市场生产技术升级、产品质量升级和定制化需求升级的新挑战（图2-1）。

智能工厂应该由"四层应用"和"一个基础"五个部分组成：在智能决策层，提供管理者内外部数据与综合分析，辅助管理者做出符合集团战略目标的精准决策；在经营管理层，协同管理内部经营体系和外部资源，整体协同人、财、物、产、供、销、存七大核心要素，帮助企业经营效益最大化；在生产执行层，优化生产效率，减少系统故障，降低生产风险，提高响应速度，实现生产执行过程的闭环管控，从而提高整体运营效率；在生产控制层，进行设备的集中控制，实现设备效率最大化；在基础设施层，通过互联互通的硬件设备和物联网技术，确保生产运行数据统一共享、协同优化，打通业务"孤岛"、信息"孤岛"，实现智能工厂的OT与IT的紧密融合。

1. 基础设施层

基础设施层由数字化基础设施、厂房基础设施、产线基础设施、能源基础设施和安环基础设施五大部分组成。

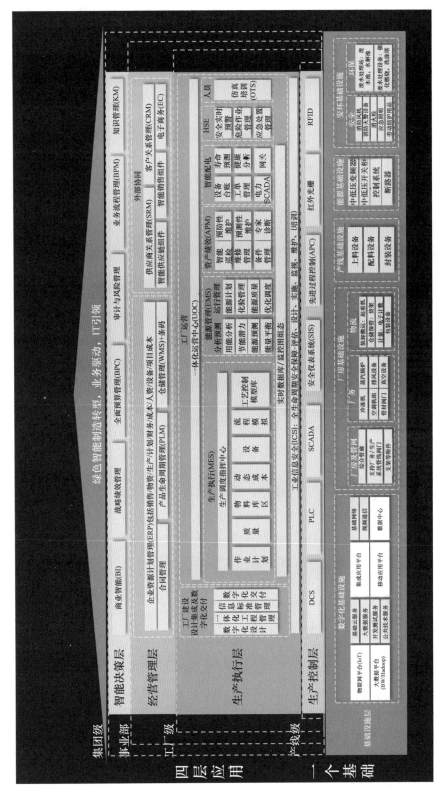

图2-1 智能工厂的架构

（1）数字化基础设施

借助物联网技术，使基础设施层的设备互联互通，保障智能工厂的 OT 与 IT 的紧密融合，实现向下对接工厂数据采集平台和产线中控系统，向上对接工厂管理系统、集团设备互联平台和数据中台。对采集数据进行处理和存储，包括但不限于数据标准化、数据采集、数据清洗、协议转换、点位管理、断点续传、数据存储、统一处理、统一管理等功能。

（2）厂房基础设施

包括综合管廊、空调机组、排风设备等。

（3）产线基础设施

包括配料、上料、加工系统等。

（4）能源基础设施

包括互联互通的中低压开关柜、变频器、控制系统等。

（5）安环基础设施

包括消防火警设备、废水处理设备、应急照明设备等。

2. 生产控制层

生产控制层以操作监控优化、生产优化为目标，通过 DCS、SCADA（数据采集与监视控制系统）、PLC（可编程控制器）、先进过程控制和其他工控软件等进行设备的集中控制，减少过程变量的波动，进而提高生产过程的控制品质。

同时，生产控制层可通过数据采集与监测监控系统实现智能设备、智能过程控制的集中采集、统一存储、统一处理、统一管理，并提供信息系统的接口管理，利用优化模块，实时优化生产，使企业的生产效益最大化。

3. 生产执行层

生产执行层是智能工厂总体架构的核心之一，是生产过程的管理中枢，是衔接产品生产过程与经营管理业务的桥梁。生产执行层涵盖了生产管理、工艺管理、设备管理、能源管理、质量管理、安环及应急管理、巡检管理、物流管理、综合管理、三维数字化工厂的生产全领域、全过程、全工况的监控与管理功能。

生产执行层围绕生产过程中信息透明可视而展开，以 MES 生产执行系统为中心，同时结合企业所属行业的生产管理特色建设生产计划系统、设备管理系统、物流管理系统、动力能源管理系统和实验室管理系统。实现生产执行过程的一体化管理，可以进一步优化生产效率，减少系统故障、降低生产风险，提高响应速度，实现生产执行过程的闭环管控。

生产执行层是连接运营管理与生产制造的桥梁，是协同智能工厂业务承上启下的关键层级。经营管理信息通过生产执行层下达到生产的每一个环节，生产过程信息通过生产执行层上传到经营管理的需求部门，形成智能工厂生产系统与管理系统的业务闭环。

4. 经营管理层

经营管理层是智能工厂总体架构核心之一，是业务运营管理的中心。经营管理层涵盖了资产管理 ERP、供应商关系管理 SRM、财务管理 FMS、人力资源管理 HRS、客户关系管理 CRM、办公自动化 OA、知识与档案管理及其他业务运营管理系统。解决在经营与生产规划、生产计划与生产作业、设备维修和管理、供应和销售、库存、质量、成本控制和核算以及经营决策分析等业务方面的数据信息的处理和分析，达到信息集成和高度共享的要求，从而为企业建立面向新经济时代环境下对企业大规模定制模式的要求提供基础保障。系统建设将以整个 ERP 管理思想为指导原则，结合公司企业实际应用，尽量遵循 ERP 系统要求进行业务规范和设计。经营管理层将打通各个运营管理系统的信息壁垒，统一信息标准，实现业务流程的有效衔接与信息通畅。

经营管理层业务流程管理系统要与集团系统有效衔接，保持集团与工厂业务管理的统一性与时效性。

5. 智能决策层

智能决策层是智能工厂的智能信息中心、运营管控中心、经营分析中心、管理决策中心及集团协同中心，辅助决策层也是智能工厂管理者的"附脑"，提供管理者工厂内部的实时数据，辅助管理者掌握工厂生产运营的实时状态，实现透明化管控；提供管理者内外部数据与综合分析，辅助管理者做出精准的经营管理决策。

智能决策层涵盖综合分析决策中心、生产运营管控中心及集团协同中心等。综合分析决策中心通过经营管理数据与生产运营数据的综合计算分析，辅助管理者进行工厂生产运营的内部决策及商业经营的外部决策。生产运营管控中心通过内部各业务环节数据的监控与分析，帮助管理者进行内部可视化管控，包括内部市场化核算、生产运营协同、经营指标监管、安环指标监管、远程应急指挥等，实现操作绩效、工厂绩效、经营绩效等企业综合绩效管理。集团协同中心通过与集团数智中心的互联互通，实现集团战略目标、管控指标、业务指导等及时准确下达，对智能工厂的生产状态、经营状态、市场变化等及时上传，实现集团与工厂一体化管控。

智能工厂决策层规划应涵盖以下几个功能。

（1）综合分析及决策支持系统

提供企业顶层分析决策，包括领导驾驶舱、运营监控与经营分析与决策支持、生产运营与分析等。

通过建立企业统一的生产运营指挥平台，实现生产运营数据的统一抽取、加工和存储，满足企业的多层次业务和管理人员的业务查询、统计和分析需要，有效避免信息"孤岛"，为企业实现数字化和智能化提供支撑，对企业生产经营决策及问题迅速响应提供数据支持。

（2）运营数据可视化监控

提供市场监控功能，包括需求、供应变化分析，对原材料价格和产品价格的变化分析，产品利润变化分析等。

提供企业经营监控功能，包括对企业运营财务数据、资金数据、人力数据、项目数据、投资数据等各类经营数据汇总分析与监控。

提供生产过程监控功能，根据生产执行系统提供的数据和从生产控制系统直接传递的实时监测信息、结合生产计划的执行情况，对产品的生产运营实施监控，具体包括设备管理、生产情况监测、安全监测以及人员情况、生产过程监控管理和生产信息查询。

提供生产统计管理功能，通过与生产执行系统及相关系统集成及时获取产品产量、质量、材料消耗、人力支出等生产实际和成本消耗数据，进行统计分析、辅助管理决策。

提供环境、健康、安全管理功能，对环境、健康、安全、工作条件等进行风险的识别、评估、分析以及控制管理，防止和控制事故及职业病的发生，保证员工在生产活动中的职业健康安全。

（3）战略绩效管理

提供战略目标分解功能，支持 KPI 绩效体系管理功能，可以创建、提交、修改 KPI 指标，并将 KPI 指标与经营计划相关联。

提供绩效考核功能，对战略目标进行考核和执行结果的评价，并生成考核方案。

提供绩效分析功能，对战略指标趋势、结果及平衡记分卡的指标和结果进行分析。

提供业务数据获取分析功能，支持业务数据的获取和分析，从数据仓库或交易系统获取所需的业务数据，通过分析计算得到相关业务的 KPI 指标。

提供集成化报表功能，具备强大的集成化报表和分析能力，包括报表编制工具、图形化分析工具等。

（4）预测性分析

从决策者的视角出发，为不同的层级或业务线的决策者，以可视化的方式，提供其所关注领域的生产运行 KPI 当前状态及趋势性预测，进行预警预报，帮助决策者快速掌握职责范围内的运行情况以及发展趋势。

2.1.3　智能制造指挥中心———体化运营中心（UOC）

在智能工厂多层次、多领域的专业系统和成套设备的建设与应用中，如何基于数据与业务的融合，实现统一的数据管理及应用，生产管理领域业务支撑以及全方位、多层次、分角色的综合展示应用，是整个智能工厂体系的核心框架和重要效果展现点。因此，合理利用多种先进成熟技术，建立高效、稳定的一体化运营中心（UOC）是智能工厂整体打造的必由之路。

1. 一体化运营中心的目标

智能工厂一体化运营中心，一方面建立各子系统间、企业与集团层间甚至未来区域化管理企业间数据与信息互联互通、应用集成、数据共享的完整体系，采集归档所有历史数据；另一方面，以数据深度挖掘为手段，收取、切片、归档和生产、能源、质量相关的关系型数据，整合展示各个子系统的信息。实现稳定生产、提升生产运营效率、提高精准的决策能力，让生产经营管理更加智能，工作更加高效。

2. UOC 的组成

一体化运营中心主要由两部分组成，一是展示层的生产管理驾驶舱，二是实时数据采集和关系型数据抽取及存储的数据平台。

1）生产管理驾驶舱

在展示层的生产管理驾驶舱中，驾驶舱中的展示看板可按照用户日常工作内容多视角、全方位地反映用户所管理的工作实际、指标完成情况等。以图表（如速度表、音量柱、预警雷达、雷达球）形象标示生产运行实际，供用户快速了解所属工作绩效。

对各项关键指标设定阈值进行实时监控，当这些指标发生异常变动时，系统会自动报警并推送至相关负责人。与此同时，可详细挖掘指标数据，通过相关性分析找出指标异常所在，帮助用户更精准地找出问题所在。

生产管理驾驶舱的展示看板，可按照以下几个主题进行数据组合展示及出具分析报告。

（1）质量主题看板

能够快速、准确地显示全厂重要质量数据。显示内容包括原料、燃料、半成品、成品等的质量数据，实时体现其状态。如用户在综合管理看板中发现异常指标，便可对某个节点或某个故障点进行原因追溯。

与此同时，一体化运营中心可对指标异常问题从多个维度全面分析，进而确保简洁、高效地分析出问题根源，对各工序的质量指标、原材料质量指标、原材料配料成本等都有详细的分析，使管理者能够快速掌握全厂的重要质量数据。

（2）工艺主题看板

显示工艺停机次数和原因，并从数据库调取数据给出初步分析结果；对生产过程中发生的报警信息按报警位号、工艺系统、班组等进行统计分析，针对经常性发生的报警进行因果分析，找出发生报警的诱因，避免或减少工艺报警次数，促进生产的可靠、稳定运行。

（3）能源主题看板

快速、准确掌握全厂综合能耗、各工序生产、能耗概况（昨日台时、单耗等结果性数据，以及系统运行情况的实时数据），具备指标异常报警功能。发现能耗异常报警后，只需在异常数据上单击，便可实现问题追溯，确保简洁、高效、准确地追溯能耗异常的原因。

提供重要能耗指标的数据看板，便于管理层快速掌握关乎能源成本的各类指标。通过曲线图、柱形图帮助企业管理人员快速掌握全厂、部门、各工序日月年的单耗、台时、产量趋势。通过曲线趋势可初步判断能耗异常日期。发现异常指标，单击可跳转至工序首页进行深入分析。

方便用户查询各工序的各个能耗相关指标日、月、年的历史平均数据的变化趋势，帮助智能工厂做到低能耗、高能效。

（4）安环主题看板

显示安全生产天数、安全事故次数、设备与人员安全状态等。保障生产安全，防止生产事故，保护生产职工人身安全，保证企业的安全生产。

显示环境数据，如 CO_2 排放量、粉尘超标次数、废水排放量等。积极推进清洁生产，发展循环经济，努力实现企业资产资源集约化、道路运输无尘化、企业管理制度化、废水排放标准化、促进企业经济与生态环境和谐发展。

2）实时数据采集和关系型数据抽取及存储的数据平台

在生产管理驾驶舱中展示的实时数据与分析，是由一体化运营中心的后端数据平台作为支撑的。它不仅是一个设计数据、运营数据、资产数据以及过程数据的数据集成平台，同时又是生产运营管理、能源管理、绩效管理、报警管理、资产管理乃至先进控制、价值链管理、仿真培训等功能模块的统一入口，可协同调度这些应用模块。

在系统架构方面，由下至上分别由现场采集系统、数据传输、数据分析与数据存储系统构成。

（1）现场采集系统及网络

由现场数据采集站、数据采集网关、工业以太网总线及相应的数据交换机等构成，其完成对现场数据的采集和传输。采集数据包括综合监控所需的数据、基础管理需求所需的数据、能源高级应用数据、环保管理数据，如工艺过程参数、机械设备参数、电气设备参数、智能仪表参数和产品质量阐述等。

（2）数据传输、数据分析与数据存储系统

依据现场监控与采集提供的数据结合特定的算法模型，为企业管理者提供全方位视角、定制化的报告分析，充分反映工厂、产线、设备、人员等相关的生产状态、能源消耗、生产与产出效率等分析报告与优化建议。

生产管理驾驶舱的一体化看板的有效展示，取决于数据信息逻辑化的分层设计。

①企业级广域范围仪表盘概览（图2-2）。

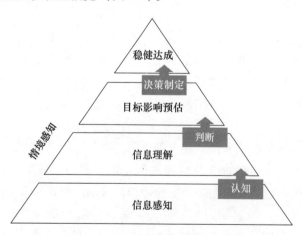

图2-2 企业级广域范围仪表盘

企业级管理人员主要关注点是整个企业的相关重要信息，下属分厂区也许是分布在很广域的物理位置的，同时这些概要数据意味着企业整体运营正常，无须再关心更多细节。要把以下信息用仪表盘形式形象生动地展示在最高层级界面中，同时将各个厂区信息同地理信息系统有效结合，包括各分厂区在地理位置信息、各工厂整体生产信息、总报警概览信息等。

②厂级仪表板概览（图2-3）。

厂级管理人员主要关注点是和全厂生产相关的重要信息，这些数据正常意味着全厂生产正常有序，包括该厂区生产信息、质量相关、能效指标信息、环保信息、重大危险源信息、安全信息、重要视频信息等。

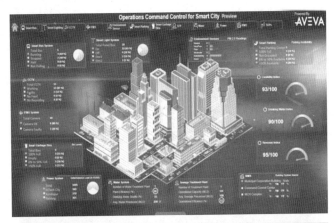

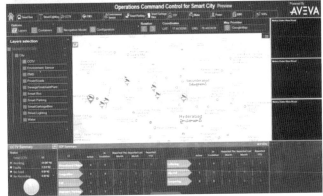

图2-3　厂级仪表板

③协同指挥与过程控制级。

该层级侧重于现场设备的实时信息、各个子系统间交互响应、3D交互。生产调度、能源调度等中层管理人员往往更加关注各个工序的产量、质量信息以及在管辖范围内运行的工作流程，包含产量、质量、核心设备状态（图2-4）。

④相关辅助信息级。

这里主要是操作人员使用的页面，反映了各个工序装置的生产情况。态势感知的模板使报警信息清晰明了，报警导航可以迅速定位到故障设备，历史趋势可以帮助工艺人员进行跟踪对比分析。针对各个设备资产、设计信息、使用手册、文档图纸和实时监控系统协同动作，助力一线员工从容应对全厂范围的监控。

图 2-4 协同指挥与过程控制

2.2 智能制造系统概述

2.2.1 制造执行系统（MES）理论

1. MES 的定义

MES（Manufacturing Execution System）制造执行系统是由美国先进制造研究机构 AMR（Advanced Manufacturing Research）在 1990 年提出，并将其定义为"位于上层管理层系统和底层控制系统之间面向车间层的信息管理执行系统"。

1997 年，国际制造执行系统协会（Manufacturing Execution System Association International，MESA）将 MES 的定义完善为"能通过信息的传递，对从订单下达开始到产品完成的整个产品生产过程进行优化管理，对工厂发生的实时事件及时给出相应的反应和报告，并用当前准确的数据进行相应的指导和处理的执行系统"，并提出了 MES 的功能组建和集成模型。该模型包括 11 个模块：工序详细调度、资源分配和状态管理、生产单元分配、文档管理、产品跟踪和产品清单管理、性能分析、人力资源管理、设备维护管理、过程管理、质量管理、数据采集。

2. MES 的功能

MES 是围绕全方位管理、全过程协同、全员参与的协同制造目标需求，通过建立订单定义—技术准备—生产准备—下发控制—制造执行—质量管理—产品入库的全过程状态控制和管理机制，实现制造车间全过程复杂生产信息的关联与多业务协同管理；通过建立工艺流程驱动的可视化架空看板，形成以工序节点为核心的制造数据包的全面管理和周转过程控制；通过物料、工艺文件、图纸等的全过程条码化管理，实现车间现场物流的实时跟踪和追溯；通过建立生产扰动事件驱动的快速响应动态调度技术，提供人机交互的调度方案调整机制，可以充分借鉴调度人员的实际经验，实现作业计划与生产现场的同步、协调、可控。根据 ISA-95 标准（企业系统与控制系统集成国际标准），MES 的标准基本框架见表 2-2。

表 2-2　MES 的标准基本框架

功能模块	定义
工序详细调度	提供和排列生产单元相关的优先级，通过基于有限能力的调度，通过考虑生产中的交错、重叠和并行操作来准确计算出设备上下料和调整时间，实现良好的作业顺序，最大限度地减少生产过程中的准备时间
资源分配和状态管理	管理机床、工具、人员物料、其他设备以及其他生产实体，满足生产计划的要求对其所作的预定和调度，用以保证生产的正常进行；提供资源使用情况的历史记录和实时状态信息，确保设备能够正确安装和运转
生产单元分配	以作业、订单、批量、成批和工作单等形式管理生产单元间的工作流。通过调整车间已制订的生产进度，对返修品和废品进行处理，用缓冲管理的方法控制任意位置的在制品数量。当车间有事件发生时，要提供一定顺序的调度信息并按此进行相关的实时操作
文档管理	控制、管理并传递与生产单元有关工作指令、配方、工程图纸、标准工艺规程、零件的数控加工程序、批量加工记录、工程更改通知以及各种转换操作间的通信记录，并提供信息编辑及存储功能，将向操作者提供操作数据或向设备控制层提供生产配方等指令下达给操作层，同时包括对其他重要数据（例如与环境、健康和安全制度有关的数据以及 ISO 信息）的控制与完整性进行维护
产品跟踪和产品清单管理	该功能可以看出作业的位置和在什么地方完成作业，通过状态信息了解谁在作业、供应商的资财、关联序号、现在的生产条件、警报状态及再作业后跟生产联系的其他事项
性能分析	该功能通过过去记录和预想结果的比较提供以分数为单位报告实际的作业运行结果。执行分析结果包含资源活用、资源可用性、生产单元的周期、日程遵守及标准遵守的测试值。具体到从测试作业因数的许多异样的功能收集的信息，这样的结果应该以报告的形式准备或可以在线提供对执行结果的实时评价
人力资源管理	该功能以分数为单位提供每个人的状态。通过以时间对比，出勤报告，行为跟踪及行为（包含资财及工具准备作业）为基础的费用为基准，实现对人力资源的间接行为的跟踪
设备维护管理	追踪设备和工具的保养情况，指导维护工作，保证机器和其他资产设备的正常运转以实现工厂的执行目标
过程管理	该功能监控生产过程、自动纠正生产中的错误并向用户提供决策支持以提高生产效率。通过连续跟踪生产操作流程，在被监视和被控制的机器上实现一些比较底层的操作；通过报警功能，车间人员能够及时察觉到出现了超出允许误差的加工过程；通过数据采集接口，实现智能设备与制造执行系统之间的数据交换
质量管理	实时分析从制造现场采集到的信息，跟踪和分析加工过程的质量，确保产品品质
数据采集	通过数据采集接口来获取并更新与生产管理功能相关的各种数据和参数，包括产品跟踪、维护产品历史记录以及其他参数。这些现场数据，可以在车间以手工方式录入或由各种自动方式获取

2.2.2 防水行业制造执行系统解决方案

MES 既有流程行业的应用，也有离散行业的应用，由于生产特点不同，MES 的功能和侧重点也有明显不同。

流程生产由于生产批量大、物料需求均匀，因此生产计划管理相对简单，但对自动化设备依赖度高，对设备运行状态检测和控制要求高，需要通过设备及工艺参数的监控确保生产过程平稳运行以及产品质量合格。这些特点体现在流程行业 MES 上是重点解决设备及生产过程中的数据采集、分析、追溯等问题。在数据采集方面，流程企业设备往往是一次性建成，设备厂家比较集中，设备数据开放性较强，而且很多设备供应商本身就提供 SCADA 等采集系统，数据采集相对容易。从管理上看，流程行业 MES 相对简单，且应用更为广泛，成熟度高。

离散行业的特点是产品品种多、批量小，因产品较为复杂，一般每个产品在生产过程中分解为多个加工任务，由不同的加工工艺制造完成，这就造成计划变更频繁，导致管理困难和计划预见性差。离散企业由于设备生产商、功能、接口、通信协议等都可能不同，因此相比流程行业的数据采集难度要大。即使同为离散行业，由于特点不同，MES 的功能也会有巨大差别。因此，离散行业 MES 管理复杂，研发与实施更具有挑战性，但对企业来讲，可挖掘的潜力也更大。

防水材料生产具有离散行业的特点，生产管理比流程企业更为复杂，MES 侧重对生产过程管控，包括生产排程、物料管理、生产过程、中转库管理、设备管理、质量管理以及能源管理。主要功能目标是从设备、质量、生产、能源等方面出发，使系统与业务密切结合，充分体现防水材料生产企业特点，实现系统的服务价值。

防水材料行业流程的复杂性与工艺的繁复性决定了生产企业的数字化转型不能简单复制，也不会一蹴而就，需要小步快跑、逐步实现。

根据防水材料行业的特点，MES 功能应包括但不限于表 2-3 所列。

表 2-3　MES 功能

实现功能	MES 组件	实现功能描述
生产排程	生产详细排程	生产详细排程分为实际生产跟踪和计划生产排程两部分：计划生产排程需要根据生产车间的设备产能、人员产能、原材料库存、原材料采购到货时间、上期计划执行情况等因素综合考虑，将销售订单需求转换为工单，排程分辨率精确到具体产线、生产开始及完成时间。特别地，因实际业务需要，需考虑人工干预插单情况；实际生产跟踪应能够与事先的计划生产排程对比，分析计划执行情况和偏差原因
生产运营管理	工序物料需求	生产详细排程完成后，根据成品配方自动计算得到每个工序的物料需求计划，结合原料库存等因素，经过数据合并，向原材料库 WMS 提交出库要求。原材料库将根据该请求和实际库存，安排出库

实现功能	MES 组件	实现功能描述
生产运营管理	配方管理及追溯	MES 对配方进行管理，含工艺路线及工序，每个工序详细定义了 BOM（物料清单）、工艺参数和步序等。配方执行过程中，MES 能够对生产设备相应工艺参数及机台操作人员等相关数据进行实际采集，实现完整的、结构化的生产过程追溯功能
	物料管理与追溯	在整个生产过程中，MES 实现基于设备、批次的物流跟踪。根据配方要求，MES 对每个工序要施行多种投料防错手段，特别是手动投料部分要有相应的措施防止投错材料。对投料过程有完整记录
	生产过程管理	生产过程实时化、透明化。在 MES 中可以实时监控每个工单和销售订单的状态及生产进度、设备的运行情况和每批产品的质量情况。对生产过程中的异常事件要有相应提醒和处理
质量管理系统	质量管理	MES 按照质检规范，灵活响应各岗位发生的各种事件触发的采样化验请求，生成采样计划，及时通知质检人员。MES 接收经过审批的检测结果并与产品批次及生产过程数据关联，便于质量追溯和改善。同时能够对样本的检验数据进行在线 SPC（统计过程控制）分析，及时发现质量问题。同时触发标准响应流程（邮件等形式），及时协调相关部门和人员快速响应，减少浪费
	设备管理	MES 实现设备重要数据采集相关工作，重要设备的关键参数在 MES 可实时监控，并根据预设的标准参数范围设定报警机制。MES 在线收集关键设备的整体利用效率（OEE）、停机原因等。MES 实现设备点巡检。MES 系统对设备维修进行管理
	能源管理	MES 能够实时地将采集的能源数据与生产数据进行关联，便于管理人员及时掌控产线的产品、工艺、设备状况等要素与能耗的关系，及时准确地进行关联分析。实现基于车间能源消耗的分摊
制造数据共享、分析及可视化	人员及文档管理	MES 实现车间班次考勤管理，MES 基于多维度数据，量化车间考核 KPI
	统计分析	对生产设备、物料、生产作业、产品、人工效率进行统计分析。通过对大量数据的综合分析，确定产品的标准工时、生产周期和服务时间等指标，可以对整个生产运行情况进行有效的评价，为优化生产组织、提高产量质量、提高设备保障能力、降低生产成本提供强有力的手段。根据需要，分析报表能够以多种表现形式呈现，迅速、方便地产生
	看板	大屏幕显示当日生产任务，已完成未完成情况；设备运行情况等

1. 生产排程系统（APS）

随着社会和经济的快速变化发展，传统的大批量生产已不能满足多品种、小批量、快速交付定制化产品的市场需求。中国很多生产制造企业处于亚健康状态，柔性制造、精益生产、APS、供应链优化是应对企业三高（高交期、高库存、高成本）的解决之道，也是企业稳固和拓展市场的核心竞争力。

中国防水行业智能制造研究与实践

APS 高级计划与排程（Advanced Planning and Scheduling）是基于供应链管理和约束理论的先进计划与排产工具，包含了数学模型、优化及模拟技术，为复杂的生产和供应问题找出优化解决方案，它将企业资源能力、时间、产品、约束条件、逻辑关系等生产中的真实情况同时考虑，通过专用算法进行实时和动态响应，保证了供应链计划和生产排产精确性和有效性，解决了企业计划不能实时反映物料需求和资源能力动态平衡的问题，最大化利用了生产能力，最大化减少了库存量，最快速提高了市场反应速度。

APS 生产排程系统可以解决多工序、多资源的优化调度问题，它是一种根据生产能力的瓶颈进行动态排程的方法，在做出排程决策时，会充分考虑生产能力、原材料供应、用户需求、定制要求等各类约束，是一个实时的排程工具。

一套成熟的 APS 系统蕴含着大量的制造业与算法技术等隐性知识，可以很好地帮助制造企业进行科学化、智能化的计划排产，是实现车间生产计划精细化、准确化的有效手段，是实现整个生产过程智能化的前提。

APS 优化算法的发展主要分为四个阶段：第一阶段，基于约束理论的有限产能算法；第二阶段，基于定义规则（如优先级）的算法、线性规划、基于既有工业知识的专家系统、基于启发式规则的算法；第三阶段，以神经网络、遗传算法、模拟退火算法、蚁群/粒子群算法等智能算法为代表；第四阶段，融合人工智能的高级算法，实现静态排程（智能算法）和动态调整（多 Agent 代理）。

当供应链中的每一次变化发生之时，APS 都会并行考虑所有供应链约束，并实时对原料约束、需求约束、运输约束、能力约束、资金约束，以获得最优解决方案。故而，APS 应该有这些能力：基于物料约束的可行计划能力、基于历史—现在—未来的需求计划能力、基于运输资源优化运输计划能力、基于资源（Resource-based，TOC）瓶颈约束计划能力、基于事件（Event-based）资源利用率最大化计划能力、基于供应资源优化的分销配置计划能力、基因算法计划能力……

APS 的计划能力通过 APS 软件实现，一般由 5 类软件模块构成，分别为需求计划、生产计划和排序、分销计划、运输计划、供应链分析。

1）需求计划模块

借助互联网、物联网、协同引擎（Collaboration Engines）等技术，使用统计方法、因果要素分析法、层次分析法等预测方法对市场反应、企业间的实时协作做出更精准的预测。

2）生产计划和排序模块

这一模块对软件核心算法提出了很高要求，各个 APS 软件供应商可能应用了不同的算法。这一模块的功能是分析物料和能力约束（来自企业自身的约束和来自供应商的约束），编制这些约束条件的生产进度计划并优化。

3）分销计划模块

能够帮助企业分销中心管理产品各分销渠道的可供订货量，确保产品分销的盈利水平。使制造企业能够在现有生产能力水平下，最大化降低分销成本，极大提升客户满意度。

4）运输计划模块

运输计划模块充分利用企业运输能力，辅助确定产品送至客户的最优运输路径，缩短产品交期，提升客户满意度。

5）供应链分析

对企业整体供应链以图示模型进行可视化呈现，赋能企业对工厂、销售地、物流中心等地进行前瞻战略布局，帮助企业找到供应链的潜在价值优化空间。

制造企业在进行信息化系统建设中，ERP、MES、APS 是常常被一并提起的概念。ERP 系统可以实现对企业与集团的全面管控，APS 系统提供生产规划及排程功能，MES 系统重点在于车间现场级的制造执行管理。这三者关联紧密、能力互补，下面从 ERP、MES 和 APS 的应用逻辑、应用侧重点的差异出发，为认识 ERP、MES、APS 三者间的关系提供新视角。

（1）APS 与 ERP

ERP 是企业改进生产经营管理的重要信息化支撑工具，然而从生产排程的角度而言，ERP 发挥作用有限。因为 ERP 本身是基于无限约束原理的企业资源计划，这是 ERP 与 APS 之间的关键差异点。

ERP 依托静态物料结构，不能够实时基于各类有限的资源条件约束生产计划，造成生产计划不准确，不能实时响应生产现场变化，难以满足柔性化和精益化的需求。

ERP 依赖于 MRPII（制造资源计划）/DRP，传统的 MRPII/DRP 的计划逻辑是预定固定的提前期，不能应对供应链变化满足生产排程灵活性的要求，且在长时间窗口下的算力有限，而 APS 是基于内存的计算（计算速度可达 MRPII/DRP 的 300 倍），可以在任何时间对约束下的排程计划进行优化模拟，可以在任意时段进行如月、周、天甚至小时级的排产，这是传统信息化系统所做不到的。

但值得注意的是，APS 不能替代 ERP。APS 需要 ERP 中的计划数据，以执行排程模拟、计划优化的活动。从 APS 中输出的结果，再放至 ERP 系统中执行，获得采购订单、生产订单、分销补货单等信息，灵活反映市场变化和供应链调整。

（2）APS 与 MES

只有通过 APS 才能使 MES 中的计划更精确、科学，才能使 MES 流畅地运行起来。

MES 采用规则算法进行计划的编排，考虑的主要规则有按订单先后排序、同产品型号的订单进行合并、特殊订单优先、淡季时按库存进行生产等。全面考虑后，MES 会给出生产信息计划，包括产品规格型号、计划生产日期、生产数量、生产顺序等。

APS 根据 MES 软件的计划，基于车间现有设备生产能力进行工序级任务排产，可很好地解决在多品种、小批量生产模式约束条件下的复杂生产计划排产问题，便于进一步优化生产安排，实现均衡化生产。

APS 在对生产过程知识高度抽象的基础上，基于各种优化算法，在车间生产资源与能力约束条件下（物料提供、加工能力、订单交期等），通过先进算法以及优化模拟技术，从各种可行方案中选出一套最优方案生成详细生产计划，从而帮助车间对生产任务进行精细而科学的计划、执行、分析、优化和决策。

由上述对 ERP、MES、APS 三者关联的分析，我们可以发现，APS 是生产管理日趋精益化的核心表现，已成为制造业精益化、柔性化和智能化生产的重要数字化工具。

APS 能够获取产品生产计划和仓库原材料库存情况，并结合产线产能、人员和设备维护状态，合理安排生产计划，为保证按时交货，系统按照时间要求，提前数天排产，并把生产计划分配到各个机台。APS 通过各种算法，自动制定出科学的生产计划，细化到每一工序、每一设备、每一分钟。对逾期计划，系统可提供工序拆分、调整设备、调整优先级等灵活处理措施。随着生产数据、物料消耗数据的收集越来越准确，能够进一步改善库存管理水平，在保证产线生产连续性的前提下，降低在制品和原料库存，改善资金利用率。

概括来说，APS 成功实施后的应用价值体现在这些方面：减少库存、增加产销量、缩短订单交货周期、提升预测准确性、提升发货能力、降低整体的供应链成本，使得整个供应链体系更加精益、高效。

那么制造企业如何分步实施，利用好 APS 高级计划与排程工具呢？

对于制造型企业而言，想要真正用好 APS 这个工具，可以参考如下流程：a. 对企业现有的生产情况进行评估，分析现有的约束和资源瓶颈，并将分析结果进行抽象；b. 梳理约束条件、优化目标、计划排程逻辑，并建立模型（数学模型、统计模型、工业工程作业研究相关的模型等），定义计划法则；c. 利用 APS 进行运算（对计算机的运算、存储能力、与 APS 软件之间的数据交互与应用接口等，均提出了要求）；d. APS 输出运算结果，辅助生产计划员的计划排程决策。

值得企业注意的是，因为 APS 是基于约束理论的，是通过事先定义的约束规则进行生产计划排程的自动计算，所以，实施 APS 对企业整体的信息化建设水平与数字化水平有很高的要求。如果一个企业不能提供准确的库存信息、BOM 信息、工艺工时等，企业想用好 APS 无从谈起。基于有偏差的约束条件下的 APS 计划排程计算结果是不能科学指导生产实践的。

APS 在以石化行业为代表的流程工业中也有应用。流程工业（Process Industries）是指通过混合、分离、成型或化学反应方式进行连续的、成批的生产，从而使材料增值的行业。流程工业对于制造过程的通用要求是：稳定均衡、安全、低能耗、少污染、全流程工艺优化、全工艺流程高设备可用度，突出特点是生产过程刚性控制和高资本投入。基于流程工业特性（原料需求、配方管理、生产批次管理、计划与排程等），市面上也有供应商提供专门针对流程工业的 APS 系统。流程工业的工艺连续性至关重要，通过 APS 能够自动根据产线标准产能、产品生产优先级、机台清洁时间等静态约束安排加工计划，亦可根据订单优先级、生产变更等动态约束对生产计划进行精确重排，实时安排插单、减单生产。

APS 与 ERP、MES 等其他信息系统相配合，感知生产条件变化，并对异常工况发出实时的自主决策控制指令，实现流程工业生产工艺的智能优化和生产全流程的智能优化，是流程工业智能工厂建设的重要一环。

2. 生产运营管理

生产运营管理包括工单管理、工艺管理、物料管理、车间现场管理、生产设备管理及派工、成品在制品管理等。

生产是由一家企业独立进行或多家企业合作进行的、用于创造产品或提供服务的有组织的活动。如果从应用的观点对生产活动进行概括，生产活动包括生产要素投入、转换过程和有效产品或服务产出三个基本环节。

生产要素包括人员、设备、物料、能源等；转换过程是价值增值的过程，是企业从事产品制造和提供有效服务的主体活动。

生产企业将投入、转换、产出三个环节集成于一体，形成了生产系统，生产管理就是企业对上述生产系统的运行进行管理，主要功能是对生产过程进行组织、计划和控制。

生产现场的数字化管理需要 MES、自动化控制总线、自动化设备三层架构才能实现，MES 系统是其中的关键一环，通过 MES 系统可以初步实现生产的数字化管控，如生产计划、过程控制等环节的数字化管控。

目前，大多工艺部门仍然采用纸质的工艺配方让中控员控制配料过程，整个过程需要由中控员按照产品配方要求，对关键工艺参数（如投料量、温度和流量等）进行手工录入、设定和控制，并对投料操作结果进行手工记录，增加了额外的工作量而且容易出差错，导致质量事故。工艺部门还需要负责对质量检验后得到的检验结果进行分析处理，每天接受质量检验部门纸质的检验日报，发现质量不合格，24 小时内提交报告并分析不合格原因，同时需要协调各个相关部门进行快速协作处理、及时解决。整个过程费时费力，仅靠电话沟通，效率低下，缺乏完整的生产过程追溯数据帮助确定质量不合格的原因。同时还需要对车间质量巡检的数据做大量手工记录，增加了很多额外的工作量。

MES 系统能够提供完整的配方管理功能，包括配方的管理、配方参数的下载、配方执行过程的实时可视化管控、完整的配方过程物料可追溯以及分析报告。整个配方执行过程完全自动化，降低了人工干预可能导致的配料错误，提高了效率。同时，对于工艺部门现场质量巡检，采用移动手持终端的方式及时准确地记录现场信息，现场异常情况能够准确地传递给相应部门的相关人员，自动推动相应标准管理流程，提高协作处理质量异常事件的效率。MES 系统能够准确及时掌握工单执行状态和任务完成进度信息，对每一个机台、工序的产量、原料消耗和加工时间进行准确记录，以此统计分析准确的人员效率、生产计划完成率、机台生产效率、报废率等关键绩效指标，辅助管理人员发现影响整个车间效率的瓶颈，驱动相应的管理流程，提升车间生产效率。

同时利用车间的 LED 显示屏，显示生产线上物料需求信息、生产效率信息、质量信息和通知信息等。

1）工单管理

在制造执行过程中，订单是整个制造执行过程的驱动源头，工艺文件与调度计划是指导生产的重要依据，通过不同角色人员的参与以及设备等生产资源的投入，制造执行过程逐步展开。根据订单要求，转化为生产工单。MES 的工单信息是指导车间进行生产的主要依据，车间中控员根据排定好的工单即可安排组织生产。通过对工单的执行，MES能够收集所有相关的生产、质量、设备、人工、物料消耗等数据，因此工单也是数据追溯的线索。

工单管理主要针对工单计划安排、工单调度和工单下发等，是制造执行的核心。在工单管理数据驱动源头包括工单创建、工单更新、工单撤销、工单任务分配、工单分批、工单下发等。

（1）工单创建

制造执行系统有三种工单任务的来源：从ERP等系统获取数据并进行创建；车间管理人员通过手工录入方式完成；Excel按照规定格式批量导入。工单创建完成后会引发后续操作，包括工单更新、工单撤销、工单任务分配、工单分批、工单下发等。

（2）工单更新

工单创建完成之后，生产情况发生变化，可能需要对原有工单进行更新，以适应生产的需要，如工单生产数量、计划完成时间等。

（3）工单撤销

对于不需要进行后续生产的订单，要进行工单撤销操作。工单撤销会引起工单状态的改变，由于不同工单执行阶段不同，因此与此工单关联的数据也不同，撤销工单会保留此工单已生成的历史数据。

（4）工单任务分配

一项工单创建完成、统筹车间的生产能力以及其他工单的执行进度后，将此任务按照不同类型分配给不同的生产线，为此工单工序指定工人、设备以及加工时间。

（5）工单分批

当一个工单的批量过大，单个车间或单条产线无法满足生产要求的时候，车间调度人员对此工单进行分批操作，以满足生产任务的要求，同时会形成一个工单不同批次的关联数据。

（6）工单下发

完成了工单任务安排后，根据车间整体的生产计划安排，调度任务就可以将工单任务下发至工人进行生产。工单下发的信息包括工艺信息、工单操作工人和设备信息、工单加工时间等。

工单信息可以为以下系统功能提供基础数据来源。

成品标签打印：MES根据排好的工单计划将标签打印计划发送至二维码系统自动进行标签打印，以减少班组长人工数据录入和打印工作量。

物料需求生成：MES根据每日工单、BOM、车间原料库存计算物料需求量，统计员可进行调整，然后在系统中打印车间领料单，无须手工填写。

在防水材料行业，主要的产品包括卷材类产品、聚氨酯产品、水性涂料类产品、沥青涂料产品和保温板产品几大类。每类产品工艺特点不同，工单管理方式也不相同。如卷材车间，由于其常规品种占总产量的70%左右，其生产方式是循环生产按照库存计划的生产方式，所以将采用自动生成工单计划的方式，排产仅仅对于其非常规的产品，严格按照订单生产；对于聚氨酯车间来说，由于其需要经过脱水、反应、灌装工艺及产品的特殊性，生产计划根据各反应釜所能固定生产的产品型号和库存即可生成，因此，为减少工单生成带来的人为工作量，系统可自动生成各反应釜的工单计划，由班组长确认即可。

2）工艺管理

工艺是设计与制造之间的桥梁，工艺数据是企业编制生产、采购计划和进行生产调度的重要依据。MES 的一个主要功能就是将生产计划转化成与车间及可用生产资源实际相符的任务清单，MES 的工艺信息管理侧重于借助工艺信息的桥梁作用，将已编制好的工艺与生产任务、产品技术文档及车间资源信息相结合，并将其传递给生产一线的工人，以指导其更好地执行生产任务。工艺管理针对工单进行工艺文件编制，根据工单工序进行生产准备，包括工艺任务分配、工艺路线创建、工艺路线更改、工时更改、生产准备等。

（1）工艺任务分配

工艺任务分配是在订单完成调度组内任务分配之后进行的工艺组内的任务分配，工艺负责人将订单的工艺技术准备任务下发至不同的工艺人员，工艺人员按照工单要求完成工艺路线创建、工艺文件编制与上传、公式录入、生产准备等。

（2）工艺路线创建

工艺人员按照工艺任务分配的要求进入系统，根据自身的任务要求完成订单的工艺路线创建，工艺路线是进行工单调度排产和制造执行的重要依据。

（3）工艺路线更改

工艺路线更改是针对研制型生产任务的，工艺路线可能会根据实际的生产情况进行调整。由于工单工序准备、工序下发以及工序执行情况不同，工单工艺路线的更改涉及多方面的协同。跟工单撤销类似，工艺路线的更改会形成对历史数据的记录。

对于批量型生产的任务不存在工艺路线更改的情况。

（4）工时更改

工艺路线确定后，为了进行工单调度排产以及后续的工序执行，需要完善工序的工时信息，包括单件工时、质检工时等。

（5）生产准备

生产准备包括两方面：一是针对工单的物料准备，包括物料采购、物料出入库、物料的配套等；二是针对不同工种类型的工序，需要不同生产资源的准备。在完成工序的生产准备后，再经过工序下发，就可以将这些准备的资源下发到生产现场完成生产。

3）物料管理

物料管理是指对企业在生产中使用的各种物料进行的采购、保管和发放进行计划和控制。物料管理是企业生产执行的基础，包括物料跟踪、需求计算、原料领用、物料批次记录四个方面。接受来自生产执行层的物料请求，通过一系列物料管理活动的执行，对生产执行层进行及时的物料响应，生产执行层再根据物料响应结果做进一步的生产执行决策。

企业的生产活动是把物料转化为产品的活动，在转化过程中还会有中间产品或在制品产生，因此，物料管理的对象包括物料、中间产品或在制品。最终制成品管理将在仓储管理中进行叙述。

①在面向库存的生产企业中，生产是按照基于销售预测的生产计划进行，因此物料也是按照计划进行采购，物料管理活动的目标是要满足计划性的生产要求，因此，企业要维持一定量的库存，包括物料库存和产品库存。

②在面向订单的生产企业中，生产是按照客户订单进行的，因此，物料的采购是拉动式的，企业追求零库存，包括物料库存和产品库存，这种生产方式对供应链管理提出了更高的要求，必须能够保证物料供应商及时满足生产企业的物料需求。

MES 物料管理功能可以实现自动计算物料需求、规范领料流程、提高领料效率，实现物料按批次管理和全程物料跟踪。物料管理的流程为：根据生产排产结果自动计算工单物料需求，生成原料领用申请；领料申请自动推送原料库管；通过与 WMS 接口对领料过程进行监控，车间在 MES 系统做中转库入库确认。

现阶段，防水材料行业常见的物料管理现状是：

①根据每日生产详细排程，手工计算车间物料需求，需求计算主要来自经验，结合车间中转库库存，开具纸质的领料单，包括大料（液/粉）、小料等，因此准确性不高；

②领料单通过人工传递，造成原料库管无法及时获取领料需求，影响到原料经常无法及时安排出库；

③缺乏方法支持，车间无法及时掌握领料单执行进展；

④原料物权不清晰，车间存在"借料生产"情况，导致原料账物与实物不符；

⑤原料未按批次管理，无法实现基于批次的物料平衡和盘盈盘亏分析，如聚氨酯、涂料、沥青涂料车间包装桶，人工估算物料需求，原料到货，直接送到车间中转库，没有原料仓库；

⑥物料投料信息和产量信息通过手工记录，工作量大，容易出错。

根据工序物料需求的上述现状，从业务角度分析及改进，MES 可以进行如下优化：

①手工开具的领料单由于没有准确地根据工单配方计算，精度不高。针对这个问题，MES 基于在线的工单和配方，计算物料需求，减去中转库库存，获得领料单。

②由于没有实时的工单及其物料需求管理，存在领料不及时，可能严重影响生产进度。采用定时刷新或者手工刷新的方法，根据生产工单计划生产时间排序，估算每个工单的原料需求是否得到满足。

③很多车间存在"借料生产"，导致原料物权不清晰，仓库管理规程流于形式。MES 向原料 WMS 提交领料申请，仓库根据领料申请安排出库，杜绝"借料生产"。

物料管理的关键流程包括原材料入库和原材料领用两个部分。以工单为主线，实现全程物料跟踪与追溯。

关键流程规划-原材料入库如图 2-5 所示。

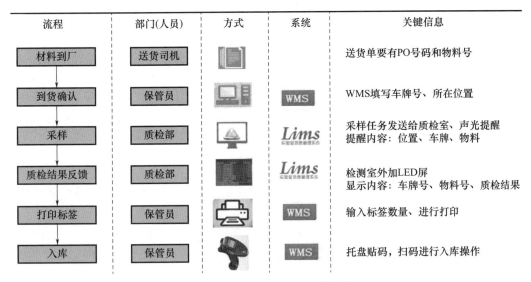

图 2-5　关键流程规划-原材料入库

关键流程规划-原材料领用如图 2-6 所示。

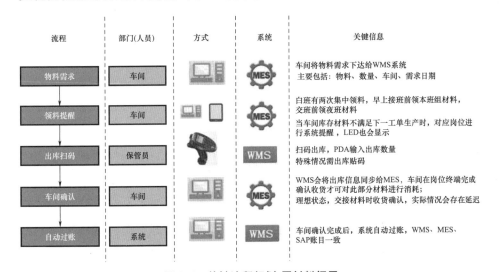

图 2-6　关键流程规划-原材料领用

从生产活动来看，不同岗位人员、不同生产模块将会跟物料管理存在见表 2-4 所列的各类活动。

表 2-4　物料管理各类活动

序号	岗位	模块	活动
1	车间主任	生产计划	生产详细排程 输入：产品需求； 产品现有库存； 中转库、原料库库存； 生产约束，包括设备能力等。 输出：在制品、成品生产工单排程

续表

序号	岗位	模块	活动
2	无	物料需求	工序物料需求计算 场景： 　　a. 中转库变化，包括工单消耗、入库和盘点； 　　b. 原料库库存变化，包括出库、盘点； 　　c. 工单变化，包括品种、数量和排程；正在运行的工单中还未执行的原料消耗计划；计划工单相关的原料消耗计划； 　　d. 出库申请单变更。 输入：生产工单排程； 中转库、原料库库存。 输出：工序物料需求（其中，一些物料有车间中转库，另一些则只有原料库，没有车间中转库）。 　　a. 如果中转库充足，MES 标记已就绪； 　　b. 如果中转库库存不足，而原料库充足，MES 标记之，车间将提交原料申领单； 　　c. 如果原料库也不充足，MES 标记相关工单不适宜开始生产
3	统计岗位 车间班组长	物料需求	提交领料单 输入：生产工单。 输出：领料单
4	仓库保管员	原料 WMS	出库 输入：领料单。 输出：领料单状态更新。 原料出库单
5	定时刷新 或手动刷新	工单管理 物料需求	输入：前序输出。 输出：更新计算工序物料需求

　　MES 在物料管理方面，针对大部分防水材料工厂的现状，可以提供的优化有：

　　①基于在线的工单、配方和排程结果，自动计算物料需求。

　　②根据物料需求自动生成领料单，通过 App 向原料库管推送，提示及时安排原料出库。

　　③通过与原料 WMS 获取实际出库信息，对领料单执行情况动态跟踪，库管员能够及时获取领料通知，并安排原料出库计划。

　　④明确原料库与中转库划分定义，规范原料领用业务，杜绝"借料生产"。

　　⑤根据不同车间的物料类型，明确定义物料按批次管理模式，实现物料按批次进行管理，原料 WMS 进行领料出库确认，并将出库信息通知 MES 系统进行跟踪，车间进行入库确认。

　　⑥通过系统采集 PLC 计量信息，记录物料消耗批次和质量，自动形成物料产出和消耗数据。明确定义不同物料的按批次管理模式，与 WMS 系统、手持设备等结合，实现物料按批次管理。

　　4）车间现场管理

　　车间现场管理包括配方管理、生产过程管理等几个部分。

（1）配方管理

配方是生产的核心机密，配方管理是车间现场管理的重要组成部分。一份完整的配方包括工艺操作过程、所有参数设定、配料数量和质量要求，并只能由车间工艺员完全掌握和接触，车间的其他岗位只能接触与自己岗位相关的部分，但不能看到一份完整的配方。

防水涂料行业常见生产的现状（根据东方雨虹唐山工厂防水涂料车间现状举例）如下。

①技术保障部根据集团统一标准，结合原料等特点，编制车间各产品的配方。

②如果是自动配料，中控员根据工艺下达的纸质配方要求，在 PLC 输入工艺及配料参数，并启动执行；如果存在手工投料，配料员根据工艺下达的纸质配方要求，使用计量秤称重并投料。

③各车间由于自动化程度不同，配方执行方法也不相同：

有的车间（如卷材、沥青涂料车间等）的配料岗位执行纸质配方。大料配料过程是配料员手动远程控制，使用计量仓（罐）称量配料；小料和辅料配料过程是配料岗位通知投料员点包投料，或者称重投料；乳化沥青半成品没有中控系统，配料员根据纸质配方，人工控制加水比例，控制皂液浓度，设定在线研磨进口沥青和皂液的投入比。

配料员根据不同产品的纸质配方，在聚氨酯中控系统中，维护关键工艺参数和配料参数，并启动 PLC 按固定步序执行。大料配料过程是 PLC 根据配方要求，自动控制计量仓（罐）称量；小料配料过程是投料员根据纸质配方手工预称量，由第二人复核后在指定的工序投料。

有的车间（如水性涂料）的配料由 PLC 上位机软件管理粉料配方，并启动 PLC 按配方执行作业：大料配料过程是 PLC 根据配方要求，自动控制计量仓称量；小料配料过程是投料员根据 PLC 指示，选择适当品种的原料，在台秤上称量，当读数符合要求时，PLC 放行投料；上位机软件记录实际配料过程。界面剂配方执行过程与卷材相似，只能进行大料的远程控制。液料、彩色砂浆配料过程与聚氨酯车间类似，大宗液料自动控制，小料人工称量投料。

保温板车间没有中控系统，操作工根据纸质配方，手动设定设备工艺参数。

配方只由车间工艺员完全掌握和接触，车间的其他岗位只能接触与自己岗位相关的部分，但不能看到一份完整的配方，比如中控员知晓工艺操作过程、关键参数设定、自动配料的数量，但是不知道手工投料的数量；配料员知道手工投料数量，不知道物料名称和工艺操作过程；而统计员已知物料编码和名称、配料数量，但是不知道工作操作过程和所有关键参数设定。

SAP 仅出于成本分析的目的，只管理成品 BOM，没有在制品物料编码和配方。

探究配方管理的流程和现状（表 2-5），从中发现一些可以通过 MES 进行改进升级的地方。

表2-5　配方管理的流程和现状

发现	建议
无法跟踪对比实际工艺操作过程与配方定义之间的差异	工艺员使用MES定义不同产品的配方。执行生产订单时，MES根据指定的配方，追溯执行步序、工艺参数等。当实际值与配方中的设定值有较大差异时报警。同时，MES形成完整的过程档案，方便事后分析
无法跟踪对比实际投料数量与配方定义之间的差异	MES、BOM定义不同产品在各工序和步序下的配料数量。在生产过程中，MES将记录自动配料、手工投料的数量，形成物料计量档案，方便事后分析
除粉料配料外，自动配料过程需要手工输入设定值；手工投料过程无法投料防错	MES、BOM定义不同产品在各工序和步序下的配料数量。在生产过程中，MES将自动配料的部分下载到PLC，手动配料的部分利用手持设备，投料防错
手工执行卷材、沥青纸质配方，步序繁杂，配料员劳动强度大；投料品种和数量不能进行复核	工艺员使用MES定义不同产品的配方。执行生产订单时，MES根据指定的配方，通过信息提示的方式，指导操作员配料
SAP成品BOM仅用于成本分析，不能反映生产工艺实际，管理复杂。一旦在制品BOM发生变化，所有相关成品的BOM都需要逐个更新	工艺员在MES系统进行配方修改后，SAP自动同步更新BOM信息

（2）生产过程管理

生产过程管理的目标是实现生产过程透明化，任务计划、生产指令、质检结果等通过MES系统进行传递，避免口头通知、电话传递信息造成不及时或误传的情况发生，提高部门协作水平，提升管理效率。

根据防水材料的种类，生产车间大致可以分成卷材车间、聚氨酯车间、水性涂料车间、沥青涂料车间和保温板车间。对于MES可以在生产过程中进行的改进，我们会在下文中逐个对车间进行分析。

①卷材车间。

防水卷材主要是用于建筑墙体、屋面，以及隧道、公路、垃圾填埋场等处，起到抵御外界雨水、地下水渗漏的一种可卷曲成卷状的柔性建材产品，作为工程基础与建筑物之间无渗漏连接，是整个工程防水的第一道屏障，对整个工程起着至关重要的作用。

卷材车间常见的现状是中控员要全面了解配料步序、工艺参数和物料数量，实时关注监控画面，并采用远控和电钮的方式控制阀门和泵，同时联络现场投料员，告知需要手工投料的原料数量；配方执行情况由纸质配料单记录，投料的步序、数量和工艺条件的执行准确性很难进行核查和跟踪；投料员在现场不能获知当前每个罐的工单执行情况，无法预先备料，需要用对讲机与配料员联络；投料过程中卷材现场计量仪器如果不准确，在投料过程中计量校验就会不准确；生产执行过程中对接头处理时，需要胎基岗位人工标记并口头告知打包岗位，人工通知的模式导致打包岗位发生遗漏接头处理情况。

此外，还会出现一些异常情况，比如：由于配料阀门关闭不严引发"串缸"情况，缺乏监控手段，无法对配料员及时预警；对于可以二次生产的回收料，如 PMA、环保油、无胎废料等，无法计量投料量；废品由涂油岗位（危废）、包装岗位操作工每班将废品质量报统计员；对于可继续生产的洗缸料，由人工记录洗缸后质量，并根据产品配方继续投料以满足配方要求；洗缸可视同投料过程中的一个业务操作步骤；工单切换时，由于质量原因，无法按原定切换后工单的产品进行产出，工单结束，原料消耗无法准确及时计算；生产过程中，如发生工单切换，无法及时准确地提醒涂油和打包岗位切换工单；投料过程中，由于计量罐旁边站人，导致计量结果出现误差；无法及时提醒中控进行工单开启与结束操作等。

汇总以上现状，我们发现可以将常见的问题总结为以下关键字，并通过 MES 进行改善（表2-6）。

表 2-6 常见的问题总结

关键字	发现	建议
配料协同	配料及操作岗位缺少系统有效支撑，配料员需要同时手动进行配料管理和执行监控，同时又需协调现场，工作负荷较大，容易由于精神疲劳、疏忽大意带来操作失误	MES 系统提示配料人员根据系统确定的配方进行配料，对配料执行进行跟踪报警，系统记录报警关闭履历，记录报警关闭的具体操作人和操作时间；同时，将工单执行情况反馈给现场，投料人员及时了解需要投料的物料数量信息
串料	"串料"原因在于现场缺乏监控手段，无法在投料、打料或倒料过程中根据配方及时进行配料提示，以及在当前配料步序结束后进行超量报警；配料罐质量偏差设定值进行报警	在配料罐打料和倒料过程中，监控系统没有工单执行的配料罐质量变化情况，超出设定值予以报警
回收料	回收料生产和投料都没有相关记录，物料平衡和成本分析困难	MES 辅助配料员登记回收料投料数量，用于每罐的物料平衡。由于投料数量不大，暂不分摊回收料成本
洗缸料	洗缸料作为正常配料的一部分进行管理	洗缸可以理解为配料的一个中间环节，洗缸料作为中间库物料进行管理，待洗缸完毕后继续投入满足配方的原料
废料	废品由涂油岗位（危废）、包装岗位操作工每班将废品质量报统计员	提供涂油岗位、包装岗位按班录入废品质量的功能
接头提示	如果打包岗位遗漏任何一个接头的切割处理，则引发质量事故。目前，打包只记录何时处理接头，而且只能人为保证所有接头已得到处理	MES 采集胎基岗位自动"接头"信号，按设定预警时间，对包装岗位打包工进行提前预警
强制投料	生产过程中，存在超过配方设定值进行投料的情况	MES 提供强制投料功能。对允许强制投料的操作工进行权限控制，系统强制投料结果跟踪与追溯

续表

关键字	发现	建议
联产品	工单切换时，由于质量原因，无法按原定切换后工单的产品进行产出	输入联产品产量，MES 根据两种方案进行原料消耗分摊： 1. 按联产品配方分摊； 2. 按产品和联产品的产量比例分摊
切换工单提醒	目前由人工进行产品切换提醒，容易发生差错	根据排定的生产计划，对比生产线当前工单的计划产量和实际产量的差异，结合生产速度，通知涂油和中控岗位准备工单切换
计量误差	如在投料过程中，计量罐有干扰（如站人），则可能导致计量结果误差	规范管理，避免在投料过程中对计量罐进行干扰而导致误差
工单启停	产线工单启停自动提示报警，提示操作工结束、开启工单	MES 针对以下情况进行报警：生产装置在顺控执行过程中，但是 MES 没有任何一个工单在执行；打包机或贴标机计数增加，但是 MES 没有任何一个工单在执行
管线滞留物料	切换罐时，管线和涂油池会滞留部分涂盖料、预浸油。目前没有计量设备采集相关质量，且统计员也不对其进行物料平衡	管线和涂油池滞留的部分涂盖料和预浸油不参与物料平衡和消耗计算

②聚氨酯车间。

聚氨酯车间主要生产单组分和双组分桶装聚氨酯涂料，主要生产工艺包含脱水反应和灌装。

脱水反应：在不同的计量罐称量好所需的粉质或者液体原材料，并将其投入脱水釜进行 12h 脱水；然后转移至反应釜，添加 TDI/MDI 和催化剂等进行反应；聚氨酯车间也有兼具脱水和反应功能的独立釜，不需要在脱水釜中事先脱水。灌装：待检验合格后，灌装为桶装成品。

a. 脱水反应。

MES 管理工单，派发新的批次作业交 PLC 执行。MES 实时跟踪 PLC 执行步序，记录操作时序、实际设备工艺操作条件，指导投料员适时备料和投料；MES 根据阀门的反馈信号和计量仓（罐）称重信号记录，自动收集原料消耗数据，包括液料、分散剂、粉料、TDI/MDI 等，MES 捕获 PLC 的执行指令并进行记录，或者投料员收到 MES 中的备料、投料指令，按顺序执行。

概要分析脱水反应生产操作过程包括脱水生产操作过程和反应生产操作过程两个部分。

聚氨酯车间脱水流程：启动→添加液料→添加分散剂→添加粉料→结束。

启动：操作工选择工单启动；MES 根据罐容启动新的作业，根据规则生成批次号，同步在 MES 中创建并启动配方；MES 执行配方，下载配方，启动工单。

添加液料：PLC 发起。液体计量罐获得令牌，液体计量罐连通液罐，完成后通路关闭；MES 记录相关移动；液体计量罐连通脱水釜，当液量达到配方的需求时，通路关闭；MES 记录相关移动。

添加分散剂：MES 发起。MES 通知配料工根据配方预称重；配料工执行；MES 通知添加分散剂，操作工扫条形码，验证配方，如果失败则退出；操作工确认完成投料，MES 记录消耗。

添加粉料：PLC 发起。小粉料计量仓获得令牌，MES 启动小粉料计量仓作业；小粉料计量仓连通小料仓，完成计量后通路关闭；MES 记录小粉料消耗，结束小料仓的作业。粉料计量仓获得令牌，MES 启动粉料计量仓作业；粉料计量仓连通小粉料计量仓，完成后通路关闭；粉料计量仓连通料仓，完成后通路关闭；MES 记录粉料消耗，结束粉料计量仓的作业；执行脱水流程，并取样化验水分。

结束：操作工发起。操作工选择正在执行的工单，完成作业。

聚氨酯车间反应流程：启动→物料移动→添加 TDI→添加催化剂→结束。

启动：操作工选择工单启动；MES 根据罐容启动新的作业，根据规则生成批次号，同步在 MES 中创建并启动配方。

物料移动：操作工启动 PLC，脱水釜连通反应釜，从脱水釜加料。

添加 TDI：TDI 计量罐获得令牌；TDI 计量罐连通 TDI 中转库，完成后通路关闭；MES 记录 TDI 的移动；TDI 计量罐连通脱水釜，完成后通路关闭；MES 记录 TDI 的消耗。

添加催化剂：MES 通知配料工根据配方预称重；配料工执行；MES 通知添加催化剂，操作工扫条形码，验证配方，如果失败则退出；取样化验黏度，脱气。

结束：操作工选择正在运行的工单，完成作业。

b. 灌装。

MES 充分利用现场的阀门反馈信号和计量仪表，自动计量成品产量和原料消耗，并对包材、反应釜库存液料等进行投料验证。

利用反应釜出料阀门、生产线灌装头上的阀门反馈信号，以及灌装机称重仪记录在制品产量（千克），用于物料平衡核算和单耗分析；验证 BOM 的正确性，一旦反应釜不是灌装线当前工单所需要的在制品，则立即报警。

利用贴标机计数器记录灌装成品产量（桶），用于成品入库。操作员通过 MES 确认正品、待回釜料和包材消耗，并结束工单。

③水性涂料车间。

水性涂料车间主要生产粉状防水涂料（粉料），液体防水涂料（液料），水泥防水砂浆（彩色砂浆）和界面剂。

水性涂料车间 4 类产品分别对应 4 个独立的生产区域，没有上下游关系。

a. 粉料：在计量仓中，称量配方规定数量的水泥、天然砂以及其他助剂后，倒入搅拌机充分混合，并加入其他预称量的助剂。一旦搅拌完成，通过可移动的小车倒入底部的 6 个成品料仓，准备包装。自动化系统按照工艺员预先设计的配方，根据中控员下达的配料数量指令，自动称量大料，并指导中控员准备小料。MES 识别自动化系统启动配料，自动创建作业，并采集自动化信号和上位机关系数据库的数据，收集原料消耗数据。MES 记录操作时序、实际设备工艺操作。

b. 液料：在计量罐中，称量配方规定数量的水、乳液以及其他小料后，倒入搅拌釜充分混合，一旦搅拌完成，如需加颜色，则将物料转储至分散缸，否则直接灌装。MES 管理工单，派发新的批次作业交 PLC 执行。MES 实时跟踪 PLC 执行步序，记录操作时序、实际设备工艺操作条件，指导投料员适时备料和投料；MES 根据阀门的反馈信号和计量仓（罐）称重信号记录，自动收集原料消耗数据。

在生产双组分成品时需开启组合生产线，组合生产线接收来自粉料袋装机和液料灌装机的袋装物料，再进行贴标、打盖和码垛的工序。

c. 界面剂：在半成品罐中，加水溶解 PVA 溶液和乙酸乙酯袋装粉料，并临时存放在 2 个不同浓度的中转罐中。成品罐以 PVA 溶解液为基础，加入白胶和助剂等，搅拌均匀后灌装。MES 分别管理界面剂的半成品和成品工单，派发新的批次作业交 MES 执行。MES 根据工艺员预先设计的配方，指导中控员和投料员配料，并记录操作时序、实际设备工艺操作条件。

d. 彩色砂浆：相对简单，与粉料类似，预称量配方规定数量的天然砂、水泥，再加入其他预称量的小料，搅拌均匀后，准备袋装。MES 管理工单，派发新的批次作业交 PLC 执行。MES 实时跟踪 PLC 执行步序，记录操作时序、实际设备工艺操作条件，指导投料员适时备料和投料；MES 根据阀门的反馈信号和计量仓（罐）称重信号记录，自动收集原料消耗数据。

④沥青涂料车间。

沥青涂料车间生产 3 种产品：非固化沥青、溶剂沥青和乳化沥青，没有上下游关系。

a. 非固化沥青：在配料罐中，称量配方规定数量的沥青，并投入其他粉料，如 8903 助剂、SBR，加热搅拌研磨后，倒入冷却罐冷却，等待灌装。MES 管理工单，派发新的批次作业交 MES 执行。

MES 根据工艺员预先设计的配方，指导中控员和投料员在配料罐中配料，并记录操作时序、实际设备工艺操作条件；MES 根据阀门的反馈信号和配料罐称重信号，自动收集原料消耗数据。

大宗液料-沥青：中控员从 MES 收到通知，人工确认自动打开阀门，手工启动泵，通过管道输送投料，配料罐称重计量。

袋包装料-SBS、石粉、重钙等：投料员从 MES 收到指令，扫二维码，点包或称重投料计量。

b. 溶剂沥青：目前由于溶剂沥青配料罐没有直接管线连接罐区，因而，先从非固化沥青处称量一定数量的沥青，再用小计量罐称量配方规定数量的二甲苯，充分搅拌后，降温冷却，等待灌装。

MES 管理工单，派发新的批次作业交 MES 执行。MES 根据工艺员预先设计的配方，指导中控员和投料员在配料罐中配料，并记录操作时序、实际设备工艺操作；MES 根据阀门的反馈信号和配料罐称重信号，自动收集原料消耗数据。

大宗液料-沥青：中控员从 MES 收到通知，人工确认自动打开阀门，手工启动泵，通过管道输送投料，配料罐称重计量。

其他液料-机油、溶剂油：中控员从 MES 收到通知，人工确认手动打开阀门，小计量罐计量称重。按照作业步序执行顺控，依次打开小计量罐出口气动阀和配料罐三通阀，最后人工打开手动阀注入配料罐混合。

袋包装料-SBS、10 号沥青等：投料员从 MES 收到指令，扫二维码，点包或称重投料计量。

c. 乳化沥青：选择阴（阳）离子罐中的 1 个，加软水稀释润滑剂，然后打开循环胶休研磨机，使皂液和沥青以 定的比例调和，乳化后的半成品打入半成品阴（阳）半成品罐，或直接打入成品罐，待成品罐加入小料完毕，等待灌装。

部分企业乳化沥青成套设备没有接中控，MES 分别管理乳化沥青的半成品和成品工单，派发新的批次作业交 MES 执行。MES 根据工艺员预先设计的配方，指导中控员和投料员配料，并记录操作时序、实际设备工艺操作。

袋包装料-稳定剂、润滑剂：投料员从 MES 收到指令，扫二维码，点包或称重投料计量。

大宗液料-沥青：中控员从 MES 收到通知，人工确认自动打开阀门，手工启动泵，沥青罐连通调和设备并记录当前流量计数器。

⑤保温板车间。

保温板车间主要生产 EPS 保温板材料。根据原材料不同分为白板和黑板，又按密度和切割规格分成不同的成品型号。

关键工序描述：操作工投入 BOM 规定数量的聚苯乙烯颗粒，经过预热发泡后，进入熟化料仓熟化，通常熟化 6h。然后将熟化料再加热、压制成型为固定规格的大板；大板需要放置一定周期后（通常 40d 左右，最短 7d），再根据销售订单要求，将大板按需切割成不同规格的产品。

保温板目前的原材料和成品都没有进入 WMS 管理。成品由物流从现场发货后，将发货体积（包数）上报给统计。原材料直接在车间中转库管理。切割后未销售板材、边皮料等均在车间进行存放。目前均无法准确知道生产批次、规格等信息。

a. 预发 20 多次通常会注满 1 个熟化仓。熟化仓在生产结束后一般不会剩料。一旦剩料不够做一个大板，会剩在底部。下次生产相同密度大板时还会使用，但是不会全部用于 1 块大板，以手工按阀的方式掺在多个大板中。

b. 在成型工序，熟化仓与回收仓的进料比例可以在 PLC 设置，回收料最大使用比例不超过 8%。

c. 预发和熟化过程都没有记录产出，只在大板成型后记录产量。在相同密度下，原材料与大板之间也没有一个稳定的产耗比。产耗比与蒸汽压力、水分等有关。

d. 切割时，会根据不同的长×宽×高，切割为保温板成品。长通常为 1.22m 或 1.2m，宽度相同，厚度有 1cm、3cm、5cm、8cm 多种规格。

e. 为了把损耗降到最低，会切出多个规格（厚度）的保温板。因而，车间中转库会存储一部分规格的保温板，未来有客户需要相同规格的保温板，车间再入成品库。

f. 在切割工序会通过 PLC 设定切割厚度，但设定值不够精确，需要手工测量厚度等参数，并进行调整。

MES 的应用会参与保温板车间的生产。

⑥保温板预发成型。

预发、熟化：操作工选择工单启动；MES 启动新的作业，下载参数；扫描原料条形码，验证投料的准确性；验证成功，记录批次号（相同密度的熟化料为同一物料编码）；称量完成，MES 记录聚苯乙烯的消耗；预化连通熟化仓进行熟化。MES 记录批次；结束作业。

成型：操作工选择工单启动；MES 启动新的作业，下载参数；成型连通熟化仓；MES 记录产量和消耗（熟化料和回收料）；打印大板条形码；结束作业。

⑦保温板切割打包。

生产：操作工选择工单启动；MES 启动新的作业，下载参数；扫描大板条形码，验证投料的准确性；验证成功，完成投料（相同密度的熟化料为同一物料编码）；操作工投料完成，MES 记录大板的消耗；操作工结束作业，确认产量，打印成品标签。

5）生产设备管理

工厂生产设备主要分为三大类：第一类设备实现原材料、半成品、成品的存储、调配、输送；第二类设备实现产品的生产、包装、标记；第三类设备属于公共设备，对多个车间生产提供支持。工厂多数设备由现场人员手工操作，部分设备具备现场操作平台，通过操作平台控制，部分设备可以通过中控进行操作。工厂多数设备的操作是在设备旁边进行现场操作，操作集成度较低。工厂的设备有专门的部门负责维修和管理，生产车间属于设备的使用者，负责简单的日常养护。

设备管理的内容包括停机记录管理、设备维修记录、设备巡点检记录、设备养护提醒等几个方面。

（1）停机记录管理

①现状。

工厂大多数设备不具备提供开停机信号和故障代码的功能，设备开停机信息、停机位置、停机原因都需要车间或维修人员手工记录。部分设备具备开停机信号，但多数情况车间采用手工记录停机信息，SAP 系统 PM 模块也没有提供通过开停机信号自动产生停机记录功能。部分设备具备自动提供故障信息功能，但故障信息对故障位置和故障原因表述不够精确，无法达到设备管理需求，通常以维修人员提供的信息为准。车间会手工记录所有停机信息及维修信息并进行统计，形成停机记录表以及相关的分析报表。有设备管理部门参与维修的停机记录在设备部门会有手工记录的设备维修单，并进行有关维修的统计分析。

设备停机记录还处于手工状态，效率低，针对性管理没有实现。维修人员、班组长、车间主任通过手工方式记录，效率比较低。无法高效地对历史信息进行统计分析，只能被动地应对已经出现的问题，而无法有针对性地预防问题出现或通过加强管理有效规避问题产生。

②解决方法。

针对停机现状的问题，可以通过 MES 实现工厂生产设备维修登记录入及查询统计功能，对于可以采集运行状态的设备，全部自动采集形成停机的时间记录；对于不可以采集运行状态的数据，创建手工录入页面，可以让设备操作人员方便地录入停机时间信息。同时和工厂精益管理结合，创建停机位置的维护页面，使工厂的设备能够按照工厂→车间→生产线→设备→第一级子设备→第二级子设备→第三级子设备的层级结构进行维护，以此实现故障位置的精准定位。例如：

工厂→聚氨酯车间→1 号包装线→封口机→传动电机→传动轴承

和工厂精益管理结合，创建停机原因分类和具体原因的维护页面，标准化工厂设备的停机原因，使统计的录入能够按照原因分类→停机原因的层级关系进行录入，方便操作员录入，也方便进行后续统计。例如：

计划停机→无订单；机械故障→轴承磨损

在以上基础数据维护和采集的基础上，创建停机记录录入页面和停机记录确认流程。在录入停机记录时，可以对系统自动生成的停机记录进行拆分，适应一次停机多个原因的情况，提高数据统计的精确性。

（2）设备维修记录

①现状。

设备检修记录的流程如图 2-7 所示。

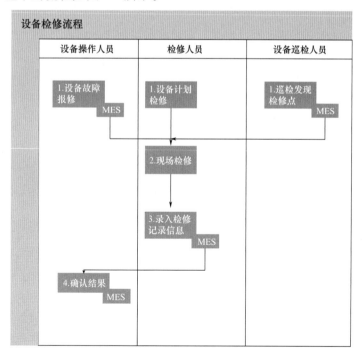

图 2-7　设备检修流程

正常情况下，设备人员负责维护自己管辖范围内的设备，但在特殊情况或车间大修情况下，可以按照工作量的大小来进行调配。设备维修记录基本上处于手工管理阶段，容易造成信息遗漏和信息缺失。车间自行处理的设备问题，在设备部门没有设备维修记录，导致当次设备维修不会存在记录，造成数据分析和统计缺失。设备维护信息不能全面、完整、及时、有效地录入系统。主要原因包括：车间和维修人员主要使用对讲机来沟通设备停机及维修情况。事后填写纸质的设备维修情况表；车间报修人员不能及时将设备报修信息录入系统；设备维修人员日常维修任务重，维修信息都是事后补录。

②解决方法。

在 MES 实现维修记录功能，创建维修记录模块，每次统计分析功能，形成可供业务用户进行预防性维护分析使用的报表，统计分析的内容和口径在设计阶段细化定义。通过维修记录的统计分析，为设备的预防性维护提供数据支撑。

（3）设备巡点检记录

①现状。

工厂设备巡点检工作分为两部分：车间对设备的巡点检工作；设备能耗部对全厂设备的巡点检工作。车间的巡点检工作由各个岗位的岗位工来完成；设备能耗部将工厂划分为数个责任片区，人员分工负责全厂设备巡点检工作。设备能耗部人员在完成对设备的巡检同时，需要检查车间巡检人员的巡检工作质量。设备巡点检的位置和频率由设备能耗部和车间确定，在一段较长时间内，会保持固定不变。在设备巡检过程中，发现设备问题后，可能现场进行维修，也可能在设备停机后进行维修。巡点检工作完成与否和完成质量，工厂可监控和控制的方法很少，主要取决于巡检人员自身。

②解决方法。

设备巡点检记录无论是手工进行还是通过系统进行，都没有达到工厂设备巡点检工作的最终目的——保证设备的正常运行。

通过系统录入设备巡点检记录，可以将巡点检数据信息化，但增加了巡点检人员的工作量和操作复杂性。从巡点检的最终目的（标准化工厂设备的停机位置和停机原因）出发，当某个停机位置发生了需要巡点检预防的停机原因后，则对巡点检人员进行绩效考核。

目前工厂巡点检工作还是通过纸质单据实现，要使巡点检使用的纸质单据进入系统，可以使用的方式有两种：一是巡点检完成后，通过固定的工作站将结果录入系统；二是通过手持设备，在巡点检过程中直接将结果录入系统。

和工厂精益管理结合，创建设备巡点检工作内容的维护页面。维护内容包括：巡点检责任部门（车间、设备能耗部）、巡点检责任工位（车间岗位、设备维修部维修人员）、巡点检位置、巡点检工作内容、巡点检频率。在 MES 中根据巡点检维护的内容生成不同的巡点检表格，由相应巡点检人员进行录入工作，并可以对巡点检录入内容进行查询。在设备巡点检过程中，可以启动设备维修流程，启动流程中的触发方式为巡点检报修。

（4）设备养护提醒

①现状。

工厂设备养护工作由车间和设备能耗部两个部门分别完成。设备初级养护工作由车间岗位工完成，每个养护位置都规定了养护方法和养护频率。设备高一级的养护工作由设备能耗部检修人员完成，每个养护位置都规定了养护方法和养护频率。设备的养护位置和养护频率不同，容易造成养护工作不及时或漏项。

车间和设备能耗部在进行设备养护工作时以车间和设备部门一起制定的养护表为基准进行，但由于涉及的人员及设备数量繁多，维护频率各不相同，容易造成养护工作的遗漏和缺失。针对这种情况，可以通过实现养护工作的提醒功能，帮助车间和设备部门更好地实现设备养护工作。

②解决方法。

在 MES 系统中创建设备养护工作内容的维护页面。维护内容包括：养护责任部门（车间、设备能耗部）、养护提醒人员、养护位置、养护工作内容、养护频率、初始养护时间、养护提醒时间、是否完成、保养人员等信息。在 MES 中根据设备养护维护工作需要的养护频率、初始养护时间、养护提醒时间等工作内容，能够在系统中提醒维护人员需要养护的设备，在维护完成后，在系统中进行完成确认。可以对反应釜等顺控设备在每个工序段的实际使用时间和工序要求时间进行统计，计算当前工序段的时间利用率，为养护时间和养护频率提供依据。

6）质量管理 QMS

MES 质量管理是指对车间内生产过程质量进行及时的监控与管理，对质量信息进行相关分析、统计，支持质量追溯等功能。MES 接收经过审批的检测结果，并与产品批次及生产过程数据关联，便于质量追溯和改善。同时能够对样本的检验数据进行在线 SPC分析，及时发现质量问题；触发标准响应流程（如邮件等形式），及时协调相关部门和人员快速响应，减少浪费。

质量管理模块主要解决车间层面生产过程中的质量活动及质量管理等工作，涉及原料、在制品和成品的检验计划定义、采样检验执行和检验登记及分析，其包括检验室检验和车间检验两种方式。

（1）现状

传统的产品质量管理存在的问题包括：质量数据采集与统计多采用手工方式，效率低下，一致性差，可信度低；质量信息处理过程相对孤立，数据分散，缺乏规范化；缺乏质量数据的组织形式和载体来有效组织和管理产品的相关质量信息，以便尽可能地利用统计分析工具和方法实现质量不断改善的目的。传统的生产过程质量控制中，常见的场景很多主要依靠现场质检员和工艺工程师完成。大量采用人工询问的方式决定现场抽检的时间，当配料系统换产品时，由车间通知开始质量检验工作，也有按照反应罐"吨缸数"决定抽检次数，每天检测员都需要用对讲机去问是否需要抽检了，而且也不知道产线中在生产什么产品。无法直接简便地将质量检验与生产数据进行关联管理，导致质量检验数据不易追溯，无法为工艺的优化和产品质量的改进提供支持。检验结果数据手工记录，大量依靠纸质的质检报告返回车间控制生产过程，费时费力，往往导致延误，造成浪费。

防水涂料车间现状举例如下。

①某防水涂料厂已经建成 LIMS，各工厂检验室检验业务流程和数据都在 LIMS 中统

一管理，但是，LIMS 还没有和其他系统进行集成。

②LIMS 没有同步 SAP 主数据，原材料和成品物料编码与 SAP 物料主数据尚不一致。

③检验员接收样品，手工登记样品信息，根据检验计划和规定的检验标准，执行检验流程，在 LIMS 中手工登记检验结果并审核。如果有检验项目不合格，检验员通过微信等方式通知车间的工艺员、班组长和车间主任。

④车间的工艺员、班组长和车间主任可以登录 LIMS，通过样品信息的各种维度，查询和分析检验结果。

⑤车间自检主要以视检、物理测量为主，采用人工或机器在线测量两种方式，车间自检并不纳入 LIMS 管理范畴。

（2）分析

传统的质量保证技术与手段已难以适应现代质量保证的要求，采用 MES 与质量管理相结合的手段，可以优化传统质量管理存在的问题，具体可以实现以下几个方面的优化：

MES 为制造车间提供了小批量制造环境的统计过程技术，可以实现质量信息及时准确采集与处理，针对产品进行事前预防，减少质量事故所造成的大量人力物力财力的浪费；MES 中的质量管理可以实现数据快速流动，信息通道畅通，可以提高质检部门与计划调度部门的及时反馈和工艺部门的及时交流，车间对质量信息的综合处理能力得到提升，同时可以对产品质量全过程进行有效控制及持续性改进；软件系统辅助的质量管理和流程固化的过程控制将制造质量信息同人的操作活动紧密联系起来，在物料进入车间加工后，可以对车间的加工质量状况进行信息追踪，并为企业计划层的质量决策提供可靠的依据，从而可以提高车间质量管理效率，有效地控制产品的不合格率。

MES 系统能够按照产品质检规范要求，以固定频率自动生成每个工序的样本抽样计划，能够从各个工序的检验仪器中获取质检数据，根据产线及设备发生的异常情况，按照工艺工程师的质量管控要求，灵活生成相应的质量检验计划，同时方便质检员录入产品质量检验结果，并按照检验结果控制生产过程或者暂停工单执行、隔离在制品，做到产品质量数据的不同部门人员和系统配合工作，减少人工干预，提高工作效率。

下面介绍产品质量检验。

MES 提供的质检内容，从作业环节来讲分为来料检验、上料检验、成品入库检验、产品出库检验四部分。

来料检验，对采购进来的原材料、部件或产品做品质确认和查核，即在供应商送原材料或部件时通过抽样的方式对品质进行检验，并最后做出判断该批产品是允收还是拒收。

上料检验，批量生产前对首件制成品进行检验，并根据检验标准判定合格与否，如果符合要求则予以批量生产。

成品入库检验，末道工序输出产品后，在产品入库前须经过成品入库检验，根据检验标准判定合格与否。若符合要求，则入成品库。

产品出库检验，在产品出库前，进行出库检验，包括核对出货单和出货料箱。

防水涂料车间现状分析及建议举例见表2-7。

表2-7 防水涂料车间现状分析及建议举例

发现	建议
MES上线，涉及生产管理和质量管理部分流程再造，需要系统定位和流程梳理	LIMS是集团级质量管理的IT平台，负责各工厂检测室质量计划执行和跟踪。MES是各工厂生产过程管理的基础设施，负责触发中控检验采样计划，接收检验结果
LIMS料号缺乏统一管理	原材料和成品料号，由SAP统一管理； 在制品料号，由MES统一管理
LIMS没有管理车间自检的部分	这部分由MES管理
有的成品由检测室取样，但是检测室需要车间电话通知，否则检测室不知道何时切换工单、批次	在成品检测室，安装消息推送客户端和样品标签打印机，检测员接收到取样通知，拿着已打印好的样品标签去车间取样
LIMS对中控质检不合格品的后续处理无法进行跟踪	中控质检不合格，通过LIMS与MES系统接口通知车间，车间通知工艺员进行处理，工艺员录入处理信息及进行后续处理，后续人工进行质检报样。 成品不合格：车间工艺员接收产品不合格判定信息（消息推送），先控制发货，对成品材料进行质量判定，主要处理方式包括可控发货、重工（包括：回炉/回釜）、报废。对于可控发货流程，经和客户协商确认后，继续入库发货流程；对于重工流程，由工艺员制定重工方案，车间接收工艺员处置意见，在需要重工的设备开启工单进行回炉或回釜处理；重工结束后人工进行报验，如最终仍不合格，则进行报废处理

（3）实现功能

MES系统的质量管理功能包括质量标准管理、过程质量控制、检测数据采集、质量统计分析、质量指标考核等功能，由统计过程控制（SPC）负责生产过程的一切管理。而SPC由Statistical（统计）、Process（过程）、Control（控制）构成，其中：Statistical以数理统计为基础，基于数据的科学分析和管理方法，识别企业生产过程中的变差，从而消除特殊原因引起的各种问题；Process负责生产的输入和输出活动；Control通过掌握规律来预测未来的发展并预防。

制造车间质量管理活动涵盖车间检验（包括车间自检、车间送检和检验室取样）、采样计划、结果接收、统计分析4个环节。MES系统和LIMS系统高效集成，满足工厂和车间质量管控和提升要求，实现工厂质量全流程闭环管理。MES与LIMS系统按照规则，对车间自检进行自动提示预警，提供车间自检维护与跟踪功能；根据实验室取样规则，自动生成采样计划，通过接口发送LIMS系统；自动接收LIMS质检结果，通过短信、App、LED屏等方式，向车间推送结果信息；根据车间质检数据和LIMS质检结果，自动形成质量分析报表。（IAC培训PPT）

防水涂料车间质量管理举例如图 2-8 所示。

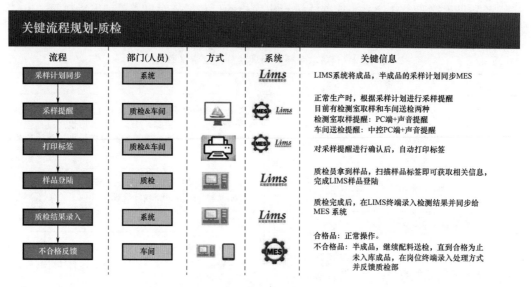

图 2-8　防水涂料车间质量管理举例

①过程质量控制举例。

聚氨酯产品生产过程中需要进行水分和黏度检测，检测合格后才能进行下一步操作，检测不合格则继续进行上一步操作直至检验合格。由中控员取样，取样完毕后通知质检人员到车间来进行检测，检测结果直接告知中控员并在 MES 系统中进行记录，方便进行质量追溯。

聚氨酯和涂料在灌装过程中均需要对灌装质量进行控制，避免出现灌装过少或灌装过多的情况出现。MES 可实时提取灌装机灌装量数据，对每次灌装质量进行记录，进行质量精准度统计，及时发现可能存在的少灌装和过灌装事件。卷材车间 MES 能够对关键的质量控制点如卷材厚度进行实时数据的监控和历史趋势分析，发现偏离及时报警，便于操作员做出及时的调整，减少浪费，提高产品品质。

②产品质量检验举例。

产品质量检验主要用于针对产品的质量数据进行采集、记录，实现对产品质量状态的全面跟踪，及时反映生产现场的产品质量情况，通过对现场产品质量数据的汇总、分析，可实现制造过程的质量监控和质量追溯，并对关键质量参数进行统计过程控制，为管理决策提供支持，满足企业对产品质量优化的要求。

目前，检验结果均记录到纸质单据上，再通过专人送至车间和厂级领导，耗时费力，且不利于进行质量数据分析。

实施 MES 系统后，检验结果由质检人员录入至 MES 系统，车间及厂级领导可及时通过电脑终端查看质量检测报告，发生质量异常时进行报警提醒，提示领导进行关注，并可通过短信或邮件的形式通知。同时，MES 能够将生产的采样计划、样本批次、需要检验的规格等信息传递给 LIMS 系统，由 LIMS 系统完成相关的检验，并将检验结果传

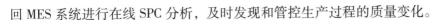

回 MES 系统进行在线 SPC 分析，及时发现和管控生产过程的质量变化。

③小结。

MES 在质量管理方面的特点主要包括以下几点：

a. 管理产品和原料的质量检验规范，在规范中定义产品的质量检测项目、检测标准等。

b. 按照产品质量检测要求通过数据采集接口或手工录入，实时记录产品的质量检验结果，并进行在线 SPC 分析，辅助完成质量判定。

c. 能够通过多种 SPC 分析图表工具，实时监控质量数据，使生产管理人员实时了解生产状态，全面掌握质量动态，通过异常质量数据的提示，及时发现质量问题；并启动标准质量问题响应的流程，快速协调相关部门和人员进行响应。

d. 支持多种检验管理方式（例如全数检验、抽样检验、批次检验），对工序检验、半成品检验、成品检验过程进行管理。

e. 能够显示某一时间段某工位/设备的在线质量检测数据，并对合格数量、不合格数量和合格率进行统计；支持对原料质量的追溯并且可以信息共享，发现质量问题，可以通过工艺流程进行追溯，找到引起质量问题的根源，并且以发现的质量问题为维度，进行二次追溯。

f. 对过程质量检验的结果进行 SPC 分析和报警，同时设定相应的预警规则，一旦有任何质量异常，平台在第一时间通知相关质量人员，让用户能实时把控质量变化趋势，从而可以预防重大质量异常，达到改进与保证质量的目的。

g. 库存是指暂时闲置的用于满足将来需要的资源。在整个仓储中心的运作中，信息流一直伴随着各项物流活动及其他行政支持活动的进行。仓储中心的信息化建设一般以业务流程重组为基础，在一定的深度和广度上利用计算机技术、网络技术和数据库技术，控制和集成化管理企业物流运营活动中的所有信息，实现企业内外部信息的共享和有效利用，提高企业的经济效益和市场竞争力。

7）仓储管理

仓储管理是指对仓库和仓库中储存的物资进行管理。仓库是企业连接供应方和需求方的桥梁。从供应方的角度来看，仓库从事有效率的流通加工、库存管理、运输和配送等活动；从需求方的角度来看，作为流通中心的仓库必须以最大的灵活性和及时性满足各类顾客的需要。因此，对于企业来说，仓储管理的意义重大。仓储在企业的整个供应链中起着至关重要的作用，如果不能保证正确的进货和库存控制及发货，将会导致管理费用的增加，服务质量难以得到保证，从而影响企业的竞争力。传统简单、静态的仓储管理已无法保证企业各种资源的高效利用，如今的仓库作业和库存控制作业已十分复杂化多样化，仅靠人工记忆和手工录入，不但费时费力，而且容易出错，给企业带来巨大损失。

通过仓储管理系统（Warehouse Management System，WMS）的导入和实施，可以大大降低企业的仓库成本，包括作业成本、存储成本、库存成本、人工成本等，同时将传统相对粗放的管理进一步深化和精益化，如减少无效作业、优化仓库流程、精益控制等，从而降低成本，提高管理效率和水平。

（1）WMS的主要功能

WMS可以提高企业运营效率，降低企业库存，增加出货准确率，为企业内部运营提供轻巧、灵活、全面的仓库管理解决方案，内嵌成品入库、存储、拣选、成品出库、库存控制、盘点和RFID支持等核心功能。用户自由选择存储策略，实现物料批次管理和到件箱的全程跟踪；可定义到物料、区域、容器的不同存储策略；并且用户自定义报表格式。

实现仓库与生产现场的协同作业，实时对物料消耗进行管理，以及实施物料的有效配送，消除物料造成的生产等待。MES与WMS系统的交互：按照每个工序BOM物料需求，能够自动向WMS工序级要料，或者产线级要料。成品下线后，能够自动按照每一种原料的用量去WMS扣料。MES在消耗到线边仓的一个补货点时，能够发送生产线/工序/物料名称给到WMS，启动一个物料拉动过程，由WMS负责按需发货。成批入库时，由MES系统向成品WMS提交成品产量，实现不同系统的数据联动（图2-9）。

图2-9　仓库管理系统WMS流程

WMS能精准地反映库存当前状况和定期活动，为衡量库存水平提供可靠依据。平稳的物流作业要求实际的存货与物流信息系统报告中的存货相吻合，当存货和信息系统中的存货之间存在较低的一致性时，就有必要采取缓冲存货或安全存货的方式来适应这种不稳定性。WMS能及时提供快速的管理反馈，从而减少不确定性，同时识别种种问题，减少存货需求量，增加决策的精准性。WMS将历史信息与预测信息进行结合，包含现有库存、最低库存、需求预测等，当现有库存下跌到最低库存水平时，有助于计划人员把注意力集中在此种产品上，进行必要的生产调度。

①业务批次管理。

该功能提供完善的物料批次信息、批次管理设置、批号编码规则设置、日常业务处理、报表查询，以及库存管理等综合批次管理功能，使企业进一步完善批次管理，满足经营管理的需求。

②保质期管理。

在批次管理基础上，针对物料提供保质期管理及到期存货预警，以满足食品和医药行业的保质期管理需求。用户可以设置保质期物料名称、录入初始数据、处理日常单据，以及查询即时库存和报表等。

③质量检验管理。

集成质量管理功能是结合采购、仓库、生产等环节的相关功能，实现对物料的质量控制，包括购货检验、完工检验和库存抽检3种质量检验业务。同时为仓库系统提供质量检验模块，综合处理与质量检验业务相关的检验单、质检方案和质检报表，包括设置质检方案检验单、质检业务报表等业务资料，以及查询质检报表等。

④即时库存智能管理。

该功能用来查询当前物料即时库存数量和其他相关信息，库存更新控制随时更新当前库存数量，查看方式有如下几种：

a. 所有仓库、仓位、物料和批次的数量信息；

b. 当前物料在仓库和仓位中的库存情况；

c. 当前仓库中物料的库存情况；

d. 当前物料的各批次在仓库和仓位中的库存情况；

e. 当前仓库及当前仓位中的物料库存情况。

⑤多级审核管理。

多级审核管理是对多级审核、审核人、审核权限和审核效果等进行授权的工作平台，是采用多角度、多级别及顺序审核处理业务单据的管理方法。它体现了工作流管理的思路。

⑥系统参数设置。

该功能初始设置业务操作的基本业务信息和操作规则，包括设置系统参数、单据编码规则、打印及单据类型等，帮助用户把握业务操作规范和运作控制。

（2）WMS 的主要模块

①成品入库管理。

a. MES 向成品 WMS 提交成品产量。成品到货直接进仓库，验收人员将随货同行条码导入 WMS。

b. 条码打印机管理。数据导入后形成了详细的产品资料，只需要条码枪扫描条码，系统搜索产品信息，操作员进行核对，确定入库的数量。条码打印及管理的目的仅为了避免条码重复，以使仓库内的条码跟货物一一对应，成为货物的唯一标志。

c. 入库登记。入库单的库存管理系统可支持大批量的一次性到货。运行过程大体是：批量到货后，进行分组登记，每组货物分别给一个条码标记，登记时将每组货物的种类、数量、入库单号等信息与唯一的条码标记联系起来；登记完成后，条码标记成为在库管理的关键，通过扫描该条码得到该组货物的相关库存信息及动作状态信息。

d. 货位分配及入库指令发出。每组货物登记完成后，该组货物即进入待入库状态，系统将根据存储规则（如货架使用区域等）为每组货物分配合适的货位，并向手持终端发出入库操纵的要求。用户可以自定义货架使用规则，自定义入库统计视图，根据自己的习惯和需要设计视图，做到人性化查询。

e. 入库成功确认。从登记完成至手持终端返回入库成功的确认信息前，该组货物始终处于入库状态，直至收到确认信息，系统会把该组货物状态改为正常库存，并更改数据库相关记录（图 2-10）。

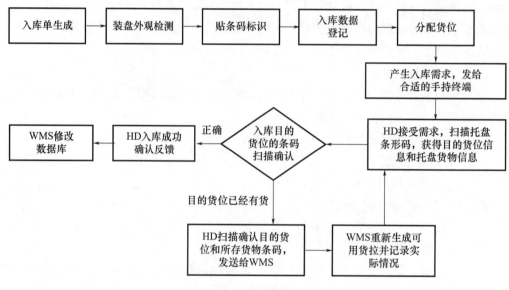

图 2-10　入库操作流程

入库后首先生成入库单，人工检验合格后贴上条形码进行标记，通过扫描条形码确认货物的种类和数量，完成入库信息的登记录入。此时，这些货物为"待入库"状态，登记完成的货物状态会一直被 WMS 系统跟踪和监控，直至出库成功为止。登记完成的货物会被 WMS 系统分配一个存储库位，同时该操作需求会被发送到手持终端，手持终端扫描待入库货物条码，即可获得该组货物的目的操作货位和货物信息，然后操作人员或者 AGV 小车运送货物到达目的货位，扫描确认货位以及货物信息，WMS 管理系统收到操作成功确认后，修改系统数据信息，完成入库操作。如果目的货位已经有货物，手持终端扫描现有货物条码发送给管理系统，管理系统将该异常情况计入数据库，并生成新的目的货位，指挥重新开始操作，直至完成入库。

②成品出库管理。

a. 建立出库的基础数据。录入客户资料，建立出库序号。

b. 出库单数据录入。每份出库单可包括多种、多数量货物。

c. 出库品项内容生成及出库指令发出。系统根据出库内容以一定规律（如先入先出、就近等）生成出库内容，并发出出库指令。

d. 条码枪扫描条码，系统搜索产品信息，操作员进行核对，确定出库的数量。确定出库数量后，为了配合物流配送，同时形成箱号，当商品装满箱后，就可以进行封箱操作。用户自定义出库统计视图，根据自己的习惯和需要设计视图，实现人性化查询。

e. 出库成功确认。手持终端确认货物无误后，发出确认信息，该组货物进入出库运行状态。在出库区现场终端确认出库完成后，该组货物条码显示出库完成状态，并且修改相应数据库的记录。

图 2-11 为出库操作流程。

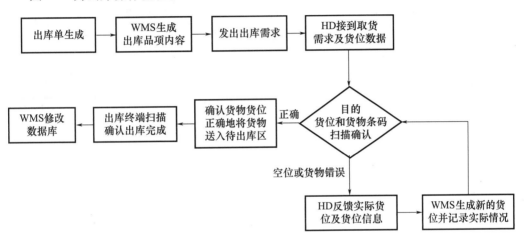

图 2-11　出库操作流程

f. 出库单的生成标志着出库流程的开始。WMS 系统将根据出库单的货物信息生成出库货物和数量，同时给出货位信息。手持终端接收到货位信息后，由操作人员或者 AGV（自动搬运车系统）小车驾驶至目的货位，扫描确认货位货物信息，经确认后，操作人员取出货物或者由自动立体仓库将货物运送至 AGV 小车上（系统检测是否正确），之后货物被运送至待出库区。此时货物的状态为"待出库"。出库扫描终端进行扫描确认后，发出操作完成确认信息给系统，管理系统收到此确认信息，更改数据库中相关记录。如果取货时堆垛机行驶至取货位，扫描发现空货位或货物错误时，手持终端将此信息发送给管理系统，管理系统将该异常情况进行记录并生成一条信息，指挥重新开始操作，直至成功完成此操作。

③库存管理。

a. 货位管理查询：查询货位使用情况，可以知晓货位状态，包括空闲、占用、故障等。建立成品的分类数据、库位号、批次等基础数据。

b. 货物编码查询：查询某种货物的库存情况。

c. 入库时间查询：查询以日为单位的在库库存。

d. 盘点作业：进入盘点状态，实现全库盘点。

④数据管理。

a. 货物编码管理：提供与货物编码相关信息的输入界面，包括编码、名称、单位等信息。

b. 安全库存量管理：提供具体到某种货物的最大库存、最小库存参数设置，从而实现库存量的监控预警。

c. 库存与实际不符记录的查询和处理：逐条提供选择决定是否更改为实际记录或手工输入记录。

d. 利用接口导入数据，解决库房大量的数据需要人工输入的问题。把最基础的数据录入的差错率降到最低，为库房数据的正确性提供了可靠的保证。

（3）WMS带来的具体效益

仓储管理的作用表现为进货接收、分拣配货、发货运送等，WMS带来的具体收益表现在如下几个方面。

①作业有计划。

对于企业来说，仓库的日常出入、盘点、调拨、补货、退货等作业一定要有计划，不能盲目去执行，那样会带来很多麻烦，而且还会造成成本消耗。有效替代传统的人工管理模式，规避因为工作疏忽等人为因素而产生差错，确保商品库存数据的准确，提高仓库存储的整体效率，通过固化全流程简化烦琐的工作，解决仓储难管理、流程复杂、费时费力等弊端。WMS系统则可以对仓库作业有一个较好的整体把握，合理安排各种作业任务及对应的员工，优化作业计划，提升整体作业效率。

②降低库存成本，减少库内出错率。

库存是企业的存储资金，只有合理的库存计划才能让企业有更充足的资金准备和利润。WMS系统对于库存成本的降低是很明显的，包括实时掌握库存动态，了解每个物料/成品的入库时间、效期时间、库存数量、存放位置等；实施先进先出的出库策略、库存预警管理，优先下架入库更早的商品，降低呆滞料，提升库存周转率；实施流程化、标准化的管理模式，弥补传统仓库管理的缺陷。在提高仓库员工作业效率的同时可以极大减少由于人为因素而产生的错误。

③简化操作，流程自动化。

WMS系统存储和跟踪整个仓库中的数据，从货品入库到出库发货。尽管默认的WMS系统解决方案软件中包含许多功能，但也支持许多第三方软件集成，打破信息孤岛，让数据共享更快更精准。通过条码采集设备的使用，WMS系统可以使日常业务流程自动化，并释放人力资本以专注于更复杂的任务，提升整个仓库的处理能力和运营水平。

④精准分析可追溯。

可以查看仓库作业的全流程，清晰了解每一环节对应的操作，在出现问题时方便追溯。WMS系统还支持生成各种精细化报表，可及时洞察潜在问题，抓住市场先机，及时与生产互动产生作用，根据库存量拉动生产，方便制定企业战略及计划。WMS系统具有强大的分析深度，可将整个仓库中的大量数据整合、统计，并导出到EXCEL进行打印，让管理者在办公室也能了解仓库的运营情况。

（4）成品 WMS 系统带来的改变

东方雨虹 WMS 系统上线带来的改变及实现的功能如下：

①WMS 实现以二维码扫码进行出入库操作，产品信息详细齐全（产品名称、数量），准确度高，无须纸质交接，记录齐全且后台自动备案，物资部与车间在系统上完成确认，一目了然；

②WMS 实现了产品自生产线下线至客户手中的生产流、发运流信息查询功能，如产品防伪、串货、追溯等；

③WMS 实现了产品的实际货位与系统货位一一对应关系，缩短找货及盘点时间，提高工作效率；

④WMS 实现了系统自动匹配产品生产日期并按照先进先出原则使货出库功能，避免日期靠前的产品因人为遗漏而造成的积压和冗余；

⑤WMS 实现了产品库位可单独设置和标记功能，区分不同客户需求的不同产品，如万科、恒大、中海等项目以及可控产品，避免了产品交叉和混淆；

⑥WMS 实现了对库位产品的冻结与解冻功能，可以有效控制异常产品的流出；

⑦WMS 实现了库存自动核对功能，能够在 WMS 系统中快速与 SAP 系统针对某一产品实现数量核对，并显示出差异值，方便盘点问题的查找。

2.2.3　预期的效果和收益

制造执行系统（MES）预期效果为：通过信息的传递，对从订单下达开始到产品完成的整个产品生产过程进行优化管理，对工厂发生的实时事件及时给出相应的反应和报告，并用当前准确的数据进行相应的指导和处理。

在此定义上，我们可以简单将制造执行系统（MES）的预期收益归纳为以下 3 类。

1. 优化企业生产管理模式，打通各系统层级，实现精细化和实时化管理

通过实施制造执行系统（MES），将控制系统与管理系统有机结合。在数据和信息共享的基础上，实现精细化管理、实时化管理和全员参与的生产过程协同。生产过程中的各层级系统和人员，共同参与订单定义—技术准备—生产准备—下发控制—制造执行—质量管理—产品入库的协作，实现制造车间全过程复杂生产信息的关联与多业务协同管理。

2. 提高生产效率，精准投入企业资源，实现产出最大化

通过制造执行系统（MES）与其他系统的集成，为复杂的生产和供应关系问题找出最优解决方案。将企业的生产资源（包括原料资源、设备资源、时间资源和人力资源等）、设备状态、产品、约束条件、逻辑关系等生产中的真实情况同时考虑，通过专用算法进行实时和动态响应，保证了供应链计划和生产排产的精确性和有效性，解决了企业计划不能实时反映物料需求和资源能力动态平衡的问题，最大化利用生产能力，减少了库存量，提高了市场反应速度。

3. 提升产品质量，实时掌握生产状态并追踪品质历史，建立规范有效的产品质量体系

制造执行系统（MES）可以对生产全流程进行质量数据采集和记录，实现对产品质量状态的全面跟踪，及时反映生产现场的产品质量情况。通过对现场产品质量数据的汇总、分析，实现从生产到销售各个环节的质量监控和质量追溯，并对关键质量参数进行统计过程控制，洞察潜在问题，为管理决策提供支持，实现产品全生命周期的管理，从而帮助企业构建良好的品牌形象，提升客户体验。

3 防水行业智能制造核心技术研究与应用

3.1 **智能设计技术研究**

数字孪生技术顾名思义，就是通过数字化手段构建与实体世界中完全一致的孪生体，并通过信息世界与物理世界之间的交互，获取对物理实体更加透彻的理解。数字孪生的概念最早由密歇根大学教授 Dr. Michael Grieves 提出，他认为可根据物理实体的数据，在信息世界中构建出虚拟的实体，并且两者之间存在贯穿生命周期的联系。随着人工智能、通信、物联网等技术的发展，数字孪生也逐步应用在仿真建模、设计制造、虚拟工厂、设备性维护等不同领域。数字孪生技术在产品设计阶段的应用最为成熟。

对于传统型制造企业来说，设计人员依赖物理实体对设计进行验证，产品稳定性需经过大量复杂的试验才能得以验证，并且产品在试制之前，很难预测产品生产时可能面对的问题。在传统设计模式下，各部门之间相对独立，上游设计团队与下游开发部门相对隔离，整个研究流程需不断迭代，导致研制时间过长，设计成本提升，时效性下降，质量难以保障。研发过程离散化，难以把控，产品设计出现问题时，难以及时追踪解决。

概念设计阶段的迭代速度直接影响产品的研发成本，通过数字孪生技术，企业能通过最小的成本以最快的速度将新产品推向市场。通过信息世界的孪生体，进行仿真实验，以验证产品稳定性并不断进行优化。通过所构建的产品模型，不断对产品设计进行迭代创新升级，增强产品竞争力。如今产品制作流程越来越复杂，通过数字孪生技术，可提前规划产品制造方式与工艺，优化产品设计。通过数字孪生模型，提前规划生产布局、生产设备、相关资源，将生产环节与设计环节紧密结合。

随着客户个性化需求的增多，产品的种类与设计也变得复杂多样，因此产品的设计研发需要实时动态响应。数字孪生技术，可在产品研发阶段及时获取构型数据并进行优化。通过数字孪生技术，产品的设计研发可由依赖个人经验转为数据驱动。规避人为造成的失误，利用数据推动产品迭代创新。在制造业，数字孪生技术为生产提供了全新解决方案，并将成为智能制造的重要推动力。虽然数字孪生技术有很大发展潜力，但仍有许多方面有待发展与改善。例如数据的采集、传输与交互、虚拟仿真、数字孪生平台的构建，仍存在较大困难。同时，数字孪生模型的构建投入较大，实际产出率仍有待优化。

3.2 新一代信息技术——大数据、云计算、边缘计算与物联网技术

3.2.1 大数据

工业大数据是制造业数字化、网络化、智能化发展的基础性战略资源。随着新一代信息技术与制造工业加速渗透融合，工业数据量激增，大数据是数字时代下制造业生产力提升、技术创新、激发应用潜能的新型生产要素。

工业大数据的来源有 3 大类：企业运营管理数据、工业生产数据及外部跨界数据。企业运营管理数据如 ERP、SCM（软件配置管理）、PLM（产品生命周期管理）、EMS 等；工业生产数据的来源有 MES 系统数据，装备、物料、产品加工过程中的工况状态参数、环境参数等；企业外部数据范畴更为广泛，包括宏观行业政策信息、市场营销信息、售后服务信息、产业上下游供应商和客户信息……

工业大数据具有典型的 4V 特征：大规模（Volume）、速度快（Velocity）、多类型（Variety）、低质量（Veracity）。

"大规模"：随着生产制造企业内外部海量数据的不断涌入，数据存储量将达 TB 甚至 EB 级别，而且面临着大规模增长。

"速度快"：对数据处理的速度要求大致分为"实时""准实时""离线"3 种，生产层级对实时性要求较高，需要达到毫秒级别。

"多类型"：数据有结构化、半结构化、非结构化数据，类型复杂（例如设计加工图纸、试验数据、多维度工程数据、维修计划、图片、视频、文件等）。

"低质量"：工业领域的大数据价值同样符合"二八法则"，80% 的数据仅有 20% 的价值密度，20% 的数据具有 80% 的价值挖掘空间，工业大数据整体的质量比较低，在做进一步数据分析时应该注意。

多源性数据与具体工业领域、工业机理密切相关，数据间的关联性复杂，数据持续采集对数据采集、存储、处理的实时性要求非常高，数据具有动态时空特性。这亦是工业大数据区别于移动互联网的鲜明特征。

只有在"数据驱动 + 机理驱动"的双驱动模式下，工业大数据对于产品全生命周期和企业生产运营服务等多个业务场景的价值，才能得以真正激发和显现。结合不同工业应用场景下工业机理的确定性和数据处理的复杂程度，大数据分析也呈现出不同的价

值：①描述型分析，（可视化）描述"发生了什么"；②诊断型分析，揭示"为什么会发生"；③预测型分析，回答生产经营中"将要发生什么"；④决策辅助型分析，为企业管理决策层及工业应用的关键用户回答"下一步怎么做"……

不同行业中工业大数据具有不同的价值。在流程制造业中，典型的应用场景有工艺参数寻优、能源平衡预测、设备预测性维护等；在离散制造业中，智慧供应链管理、个性化定制等新型商业模式有赖于贯通产品全生命周期的大数据分析。

从真正实现大数据价值的角度而言，企业业务需求应放在首位考虑，智能制造（智能化设计、智能化生产、协同制造、智能化服务）才是工业大数据分析最终的应用场景和目标。对企业转型升级需求，分析是"道"，而具体的工业大数据建模、算法、分析技术是"术"。唯有以业务需求为本，才能将海量工业数据转化为信息，信息提炼积淀为行业知识，行业知识转化为辅助决策，解决制造过程中的复杂性和不确定性等问题。

3.2.2 云计算

云计算（Cloud Computing）是IT届的一场巨变。云计算是分布式计算（Distributed Computing）、并行计算（Parallel Computing）、效用计算（Utility Computing）、网络存储（Network Storage Technologies）、虚拟化（Virtualization）、负载均衡（Load Balance）、热备份冗余（High Available）等IT技术和网络技术相互融入、相互促进发展的产物。

对于云计算的概念定义有很多，国外云计算生态发展较成熟。这里为大家介绍美国国家标准与技术研究院（NIST）对云计算的定义："云计算是一种按使用量付费的模式，这种模式提供可用的、便捷的、按需的网络访问，进入可配置的计算资源共享池（资源包括网络、服务器、存储、应用软件、服务），这些资源能够被快速提供，只需投入很少的管理工作，或与服务供应商进行很少的交互。"从云计算的使用者角度，即可以通过互联网来提供动态易扩展的（可能是虚拟化的）资源。

云计算对企业的降本增效有显著的效果。使用云计算可以降低企业的IT资源投资成本，减少IT运维工作量，提升IT运行效率。

除为企业降本增效之外，以容器和微服务为代表的云原生技术，也为构建数据中心、多快好省地构建和部署云原生应用程序提供了基本的底层架构，成为企业数字化转型的关键要素。基于云原生技术的底层资源系统容错性好，容器编排技术可以解决应用开发环境的一致性问题；践行微服务对单体应用拆分、松耦合应用开发框架的设计理念，帮助企业快速便捷地实现对独立应用/服务的开发、升级、拓展、部署。此外，云原生中间件，作为一种连接系统软件（如操作系统、数据库等）和应用软件之间的分布式软件，亦能够在公有云、私有云、混合云部署的计算资源动态环境中，为异构网络环境下的分布式应用软件互连与互操作赋能。

近年来，我国出台政策大力支持云计算的创新发展。2015年密集出台了《国务院关于促进云计算创新发展培育信息产业新业态的意见》和《国务院关于积极推进"互联网＋行动的指导意见"》，2017 年工业和信息化部信软司发布了《云计算发展三年行动计划（2017—2019 年）》，2018 年 8 月工业和信息化部信软司又颁布了《推动企业上云实施指南（2018—2020 年）》……云计算与应用云化逐渐成为企业发展信息化的必然趋势，传统行业上云的需求也日益迫切。

我国云计算政策环境日趋完善，云计算发展已经进入了应用普及阶段，越来越多的企业也选择采用云计算模式部署信息系统。

从企业上云外部推动力来说，5G 商用加速、IaaS 层不断发展、云计算上游基建设施持续完善，企业更容易结合自身的行业特征与生产运营特色，以较低成本搭建部署适合自身的轻量级云应用；从企业上云的内驱力而言，云上软件或云平台作为整合性的信息化工具，可以促使企业对各类信息技术、信息流、技术流、资金流、业务流等进行全局整合优化设计，并为企业培育新产品、思考新商业模式和业态提供辅助智慧决策，对于企业而言，上云是驱动数字化转型的新引擎之一。

然而，要真正实现大规模的企业上云，云服务安全性是不可绕开的话题。云安全重视端到端的全链路安全性，对基于服务的身份及权限管理、容器级别进程级隔离、主动查杀恶意软件、漏洞修复与部署等技术都提出了新挑战，云安全架构与云安全技术都在不断发展的过程中。未来，云计算与云服务将能实现对企业生产运营全生命周期的安全管控，让企业没有后顾之忧。

3.2.3　边缘计算

当前，网络侧海量终端设备的连接数量正在以指数级的规模增长。海量用户与爆发式的应用服务，使得云计算在响应对时延要求较高的应用时，算力难以对集中的用户访问提供好的服务质量（QoS），往往会出现卡顿、宕机、死屏、延迟等问题，严重影响用户体验。由此可见，云计算不能完全满足所有场景。物联网场景给云计算模式带来了挑战，同时，也催生了边缘计算技术的发展。

边缘计算实现 ICT（信息与通信技术）与 OT（操作技术）融合的使能技术，是传统工业自动化架构转向分布式自治控制的重要支撑技术，将对数据的计算、存储、带宽等能力从云端延伸至设备侧／边缘侧。边缘计算重新定义"云—网—边—端"的关系，是解决海量数据处理的新型计算模型。

产业界对边缘计算的认识存在差异，此处介绍边缘计算产业联盟 ECC 对边缘计算的定义："边缘计算是在靠近物或数据源头的网络边缘侧，融合网络、计算、存储、应用核心能力的开放平台，就近提供边缘智能服务，满足行业数字在敏捷联结、实时业务、数据优化、应用智能、安全与隐私保护等方面的关键需求。"

与此定义相对应的，边缘计算参考架构中有 4 个功能域，依层次划分由上至下分别为应用域、数据域、网络域和设备域。应用域实现边缘侧行业应用，并提供开放接口；数据域提供数据的全生命周期服务，包括数据提取、语义化、聚合、互操作、分析、呈现等；网络域为系统互联、数据聚合与承载提供联结服务；设备域连接终端智能设备，或通过嵌入式传感器实现智能感知，支撑设备实时互联。

从技术架构来看，边缘计算和传统的云-网-端三层模型具有架构上的相似性，但区别在于边缘计算本质是一种动态的、自动的、全局的资源配置调度架构。边缘层向下连接支持各种现场设备，向上与云端连接，边缘层主要由边缘节点和边缘管理器构成。边缘节点，可以是设备硬件实体，也可以是具备数据存储、计算、网络通信能力的功能模块，如边缘网关、边缘云、边缘控制器、边缘传感器等。边缘管理器以边缘侧软件为载体，对边缘节点功能和边缘侧资源进行统一的管理和调度，并将部分业务数据上传至云端进行深度分析，使云端形成的优化算法直接指导边缘侧的生产实践成为可能。

边缘计算的价值在于优化数据存储与算力资源布局，避免将海量的低质量数据盲目汇聚至云端分析，避免造成云端过多带宽消耗、过量的数据传输与访问压力。边缘计算实现了对数据的分散和灵活处理，在终端设备趋向自治的背景下，不需要上传至云端分析的数据完全放在边缘侧小型数据中心或前端缓存中进行预处理，再将边缘侧分析后的结论性数据上传至云端，以供进一步的深入分析。这样一来，节省了大量计算、存储、传输的成本，运行效率大大提高，同时保证了边缘侧数据的安全与私密性。

现在众多的物联应用场景中，均有边缘计算参与的身影：手游电竞、移动广告、人脸识别、语音识别、智慧园区、VR（虚拟现实）/AR（增强现实）头盔、车联网⋯⋯这些应用很大程度上依赖服务的可靠性、高效性，具有较低的网络延迟、较快的反应速度。

在未来的"多云时代"，单一的架构必然难以满足越来越丰富的物联网场景化应用需求，公有云、私有云、混合云、边缘云架构的多架构融合共存、优势互补是未来计算模式的必然趋势。中国拥有全球体量最大的物联网市场，中国在5G和物联网领域的领先地位将为培育边缘计算产业创建良好的产业发展环境，各产业组织、三大电信运营商、网络运营商（华为、中兴、爱立信等）均全力推动边缘计算的发展。

3.2.4　物联网

物联网（IoT）这一概念被首次正式提出是在1999年。在当时召开的移动计算和网络国际会议上，麻省理工学院的凯文·阿什顿教授（"物联网之父"）提出了在互联网、RFID技术、EPC（工程总承包）标准基础之上的，利用射频识别、无线数据通信等技术的全球物品信息实时共享的物物互联网"Internet of Things"（简称"物联网"）。

物联网作为一种新型网络模式，能够实现人—物、物—网、物—物之间的更广泛连接，互联网产业"万物互联"是不可逆的时代潮流。随着传感器、模组、芯片、5G网络通信技术的日臻成熟，使得设备联网的成本降低，在传输速率和带宽容量等方面能够支持海量设备联网，催生了更多的设备联网，物联网在各个垂直行业内的应用渗透也在不断加深。

物联网，可以简单理解为物物互联的互联网。从技术层面理解，物联网是指通过信息传感设备，将有通信能力的终端设备与互联网连接起来，按照约定的协议进行信息交换和通信，以实现对终端的智能化识别、定位、跟踪、通信、报警、调度、监管的一种网络。

物联网的关键技术涉及传感器、芯片、通信模组、网络通信、物联网平台技术等，物联网的整体架构包括感知层、网络层、平台层、应用层。

感知层：感知层的功能是实现智能终端的信息采集，传感器厂商、传感类设备厂商、芯片厂商（如系统级芯片、传感器芯片、定位芯片等）为设备感知层的技术发展赋能。

网络层：实现数据和信息的上传下达，以通信网络和通信技术为核心，如通信模组、通信网络、通信芯片、射频芯片等。

平台层：以物联网平台、操作系统、平台的应用软件开发能力为核心技术实力，对数据、信息进行存储分析，是物联网架构中的关键一环，与上层应用层关系紧密。

应用层：物联网目前主要有 2C、2B、2G 的三大类应用场景，对应用层内涵的理解可以大致分为两类，一类是将智能控制器、物联网智能应用 App 嵌入设备，使设备成为智能硬件；另外一大类是指应用服务，如智能家居、智慧城市、智能制造、智慧农业等，这一概念就更为广博。

物联网的各项核心技术也在不断发展。传感器不断向集成化、小型化、智能化的方向发展，MEMS（Microelectro Mechanical Systems，微机电系统）与智能算法将与硬件更加深度地融合。作为物联网"大脑"的半导体芯片也向着高可靠、高性能、低功耗、低成本的方向发展，其中，MCU（Microcontroller Unit，单片微型计算机）和 SoC（System on a Chip，系统级芯片/片上系统）因为在性能、成本、功耗、生命周期方面的明显优势，在对功耗较敏感的终端设备中有广泛应用，值得关注。物联网的通信和网络技术具有鲜明的特点，也是目前物联网产业链成熟度最高的一个环节，低功耗广域网（LPWAN）尤其适用于低功耗、远距离、低带宽、大量连接的广域网，NB-IoT（窄带物联网）是低功耗广域网中耳熟能详的主要技术标准之一，除 LPWAN 之外，还有 Wi-Fi 6 可满足高宽带的局域物联网要求，5G 满足面向大区域、大连接、高速度的物联网要求。物联网云平台 PaaS（Platform as a Service，软件及服务）的理念受到产业界的热捧，平台与感知层相连，对汇聚的信息和数据进行分析、处理、优化，并为开发者提供基础开发平台和统一的数据接口服务。

未来，随着人工智能技术与物联网的深度融合，万物互联将向万物智能互联发展。通过智能物联，我们可以发掘隐藏的数据价值，推动物联网产业与各垂直行业的协同与深度应用，为各行各业包括 2B、2C、2G 物联网应用场景下的企业数字化智能化转型赋能。

3.2.5　工业互联网

随着全球化的"互联网＋先进制造业"融合进程的不断深入，实现工业制造全层级的数字化、网络化、智能化进程，推动工业虚拟世界与实体世界深入融合，建设基于工业互联网平台的创新生态，已成为培育实体经济新动能的关键抓手。

德国在推进工业4.0的进程中，依托已有的工业智能底层基础，积极探索工业互联网边缘智能应用新模式，以此作为推动第四次工业革命进程的核心资产。在美国，基于工业互联网实现"再工业化"的进程中，利用协议转化、高性能芯片、操作系统等技术，开展平台边缘侧数据预处理、存储以及智能分析则被认为是汇聚制造业生态、重构制造业竞争格局的关键抓手。因此，如何借助工业互联网，从而推动自身业务系统和流程的全面升级，是现阶段我国制造业适应全球"互联网＋先进制造业"深入融合的首要任务。

然而，在深入融合的过程中，企业可能面临以下挑战：

①缺乏满足工业垂直行业通用需求的多元异构数据归一化和边缘集成解决方案，工业互联网底层设施难以实现灵活快速部署；

②缺乏自主可控协议转化、高性能芯片和操作系统等边缘计算基础设施，难以为工业互联网平台边缘侧数据预处理、存储以及智能分析形成有效支撑；

③缺乏组态化、可复用的边缘设备实时异常检测、实时运行分析微服务，无法实现对生产资源的边缘端自主决策和精准配置；

④缺乏有效、可复用的多工业通信协议兼容及数据间互通工具，难以最大化地发挥工业互联网平台的协同能力。

工业互联网是深度影响制造行业的时代浪潮。

智能物体，指具有通信能力、可以连接到互联网的物理世界中的物体；许多非智能物体可以通过添加模块变成智能物体。智能物体应在整个系统中有唯一标识，能拥有感知能力，如果边缘侧有更加高级的功能，智能物体处理除了实现自感知的功能之外，还能实现自分析、自决策、自执行功能。工业4.0是以工业互联网为代表的信息革命浪潮，为制造业迈向数字化、网络化、智能化的智能制造先进方向提供新型技术架构和生产力工具，带动人类社会生产水平的极大提升。

工业互联网（IIoT）的概念最早由美国通用电气公司（GE）在2012年发布的《工业互联网：突破智慧和机器的界限》白皮书中首次提出。自GE提出IIoT后，工业互联网的发展引起了各国政府与企业的高度关注。我国工业互联网产业联盟发布的《工业互联网体系架构报告》中给出了IIoT的定义：工业互联网是互联网和新一代信息技术与工业系统全方位深度融合所形成的产业和应用生态，是工业智能化发展的关键综合信息基础设施。其本质是以机器、原材料、控制系统、信息系统、产品以及人之间的网络互联为基础，通过对工业数据的全面深度感知、实时传输交换、快速计算处理和高级建模分析，实现智能控制、运营优化和生产组织方式变革。

工业互联网平台是新一代信息化架构的核心，融合大数据技术、人工智能技术等，充分发挥数据使能价值，并外延辅助决策、经营管理、生产执行的传统IT架构，共同构建整体信息化应用架构，进而设计集成架构、技术架构。工业互联网应具备OT/IT一体化和云原生技术特性，以云原生技术实现微服务、容器与编排管理体系，范围涵盖云服务和边缘计算，在平台上实现系统级平台应用和工业App产品。例如产线可视化、数

字工厂平台、设备预测性维修、设备巡检、安环监测与预警系统、供应链管理优化和数字孪生应用等。

工业互联网平台为实现以上功能，应具有下列典型的技术特征（工业互联网相关技术涉及面广泛，且细分方向的技术都在不断发展之中，此处仅列举部分）：兼容流程/离散行业主流工业通信协议及通用标准商用协议；具备大容量、高速度实时数据传输与存储能力；具备实时数据处理解析能力；具备边缘计算能力；具备低代码开发工业智能App 的能力；通过数字建模与模拟仿真实现智能工厂数字孪生的能力。

工业互联网也为制造企业带来了多重核心价值。

核心价值一：大数据、机器学习技术驱动工业数据分析能力跨越式提升。

工业互联网带来工业数据的爆发式增长，传统数理统计与拟合方法难以满足海量数据的深度挖掘需求，大数据与机器学习方法正在成为众多工业互联网平台的标准配置。Spark、Hadoop、Storm 等大数据框架被广泛应用于海量数据的批处理和流处理，决策树学习、贝叶斯学习、深度学习等各类机器学习算法，尤其是以深度学习、迁移学习、强化学习为代表的人工智能算法，正成为工业互联网平台解决各领域诊断、预测与优化问题的得力工具。

核心价值二：数据科学与工业机理结合有效支撑复杂数据分析，驱动数字孪生发展。

基于工业互联网平台，数据分析方法与工业机理知识正在加速融合，从而实现对复杂工业数据的深度挖掘，形成优化决策。

核心价值三：工业知识基于平台快速积累并实现高效传播与复用。

通过数据积累、算法优化、模型迭代，工业互联网平台中将形成覆盖众多领域的各类知识库、工具库和模型库，实现旧知识的不断复用和新知识的持续产生。借助这种方式，传统分散于不同企业、不同系统、不同个体的工业经验将能够获得有效沉淀和汇聚起来，并通过平台功能的开放和调用被更多企业共享。

核心价值四：基于边缘的多协议转换使平台具有广泛的数据接入能力。

大部分平台均提出了协议转换和云端协同技术方案，实现设备、传感器、PLC、控制系统、管理软件等不同来源的海量数据在云端的集成与汇聚。基于网关的多协议转换正获得普遍应用。基于操作系统和芯片的原生集成正成为重要创新方向。

核心价值五：边缘数据处理缓存技术提升未来面向海量工业数据的平台承载能力。

工业生产过程中高频数据采集，往往会对网络传输、平台存储与计算处理等方面带来性能和成本上的巨大压力，在边缘层进行数据的预处理和缓存，正成为主要平台企业的共同做法。一是在边缘层进行数据预处理，剔除冗余数据，减轻平台负载压力；二是利用边缘缓存保留工业现场全量数据，并通过缓存设备直接导入数据中心，降低网络使用成本。

核心价值六：边缘分析技术显著增强平台实时分析能力。

为了更好满足工业用户的实时性、可靠性要求，越来越多的平台运营企业开始将计算能力下放到更为靠近物或数据源头的网络边缘侧。一是边缘层直接运行实时分析算法；二是边缘与平台协同，实现模型不断成长和优化。

核心价值七：开发框架、微服务等新型架构大幅降低开发难度与创新成本。

基于微服务架构的开发方式大幅提升工业 App 开发效率；基于微服务的开发方式支持多种开发工具和编程语言，并通过将通用功能进行模块化封装和复用，加快应用部署速度，降低应用维护成本。

核心价值八：基于图形拖曳的开发方式有效降低工业 App 开发门槛。

基于图形拖曳的开发方式降低了对开发人员编程基础、开发经验的要求，使其可以专注于功能设计，从而降低应用开发的门槛。

制造企业可以通过工业互联网平台，支撑在企业内工业设备、信息系统、业务流程、产品与服务、人员之间的互联；实现企业 IT 网络与工控网络的互联；实现从车间到决策层的纵向互联；实现企业与企业之间，上下游企业如供应商、经销商、客户、合作伙伴之间的横向互联。从产品生命周期的维度来看，工业互联网还能帮助企业实现产品从设计、制造到服役，再到报废回收再利用整个生命周期的互联。

工业互联网的浪潮推动了物联网技术从消费互联领域走向工业互联领域，平台建设推动了企业数字化、网络化与智能化改造，是生产制造企业由智能工厂迈向智慧工厂的主要动力引擎。

3.2.6 区块链技术

区块链（Blockchain）最早为人所熟知的应用是比特币（Bitcoin）。2008 年自称中本聪（Satoshi Nakamoto）的人发表了《比特币：一种点对点的电子现金系统》，阐述了以区块链技术为核心的电子现金系统的构架理念。区块链技术是以 P2P 网络技术、加密技术、时间戳技术为基础的新兴数字化技术，这即是区块链技术的开端。

在比特币电子现金系统中，一方能够直接发起并支付给另一方，完全去中心化，中间不需要任何的金融机构。区块链表现为一串相连的数据块/区块（Block），每个区块包含两部分：区块头（Head）记录当前区块的元信息，区块体（Body）记录当前区块的实际数据。在区块头（Head）中包含了多项元信息：当前区块生成时间、区块体 Hash、上一个区块的 Hash⋯⋯ Hash 是通过加密方法得到的哈希数据指针/指针链。这些通过加密算法相关联的数据块中，每一区块均包含了上一批次的比特币交易信息。分布式的核算和存储，使虚拟货币系统中的各个节点实现了信息传递和管理，并验证其信息的有效性（防伪），解决了现金交易中的"可信度"问题。

区块链是什么？

区块链概念丰富，并不等同于虚拟货币。在比特币这个应用场景中，我们可以将区块链简单通俗地理解为"分布式账本"或是"去中心化的数据库"。但实际上，区块链是分布式数据存储、点对点传输、共识机制、加密算法等计算机技术的新型应用模式，融合了分布式核算存储、非对称加密、共识机制、智能合约等多种技术，涉及数学、密码学、互联网和计算机编程等多学科的交叉融合。

区块链技术有着开放透明、信息传递匿名进行、数据安全等特征。其中，区块链本质特征，也是有别于传统分布式存储数据库的革命性特征，是彻底"无中心化"：即不依赖于第三方管理机构或服务器硬件设施的中心管制，每个系统节点的身份信息不需公开验证即可享有完全一样的"读写"权利与义务，节点之间依靠共识机制保证存储的一致性。这意味着，如果不能掌控全部数据节点（在不同的共识机制下，可能是计算能力、股权数或其他特征量）的 51% 及以上，就无法肆意操纵修改系统网络中的数据，避免了主观人为的数据变更风险。

基于公开透明、不可伪造、集体验证、全程追溯留痕等特征，区块链提供了一种新型的信任合作机制，解决信息不对称问题，实现多主体的互信、协作、一致行动。有利于实现跨行业、跨企业、跨平台的数据互信，大大降低了企业间的信任成本，是企业数字化转型及商业模式创新的助推器。

未来，区块链技术或与实体经济逐渐融合，具有丰富的应用场景。例如：数字版权领域的作品鉴权，能源领域中的能源交易与服务，金融领域的支付清算、加密货币、供应链金融，制造领域的供应链管理……

区块链的发展趋势是全球性的，中国也在积极探索。"十三五"中明确区块链作为重点前沿技术，力求掌握新一代信息技术主导权。国内目前已成立了中国 FinTech 数字货币联盟、中国分布式总账基础协议联盟、金融区块链联盟、中国区块链应用研究中心等，以推动区块链产业研究与合作。2020 年 4 月，央行数字货币研究所开展在有限场景下的数字人民币内部封闭测试。

当前区块链项目基本处于设想验证与小范围试验阶段，少有成型、规模化的成熟商业模式。提升我国区块链技术研究、应用和开发水平，建设完善"新基建"数字化基础设施，建立区块链安全保障体系，推动建立实体商业模式与区块链之间跨域的"游戏规则"，将是未来我国在区块链领域的发力点。

3.3 信息物理系统在防水行业的研究与应用

近年来，美国、德国、日本、英国、俄罗斯等国家陆续发布数据经济发展战略。信息物理系统（Cyber-Physical Syetem，CPS）作为信息化和工业化"两化深度融合"的新型综合技术体系，成为各国推进制造业转型升级、竞争全球制造业霸主地位的重要举措。

美国国家自然科学基金会（NSF）在 2017—2019 年的 CPS 研究上投入总计约 1.13 亿美元。欧盟成立 FED4SAE 联盟，旨在建立为欧洲中小型企业提供技术与平台的泛欧洲 CPS 数字创新活动中心（DIHS）生态链，促进 CPS 解决方案走向市场化。我国也积极推进 CPS 的研究、建设与实施，工业和信息化部近三年在 2015—2018 年开展 CPS 试点示范，支持了多项面向行业的 CPS 测试验证平台项目和试点示范。中国电子技术标准化研究院联合中国信息物理系统（CPS）发展论坛成员单位，共同形成了《信息物理系统白皮书（2017）》（以下简称白皮书），对 CPS 概念、价值、应用等理论研究与产业实践认知不断迭代，对推进产业逐步形成对信息物理系统的初步共识有重大意义。

CPS（Cyber-Physical System）的中文翻译有很多，比如"信息物理系统""赛博物理系统""网络物理系统"，但其本质内涵并无差异，在此节中，我们沿用国家政策文件中的用法"信息物理系统"。

《白皮书》中对于信息物理系统的定义是"CPS 通过集成先进的感知、计算、通信、控制等信息技术和自动控制技术，构建了物理空间与信息空间中人、机、物、环境、信息等要素相互映射、适时交互、高效协同的复杂系统，实现系统内资源配置和运行的按需响应、快速迭代、动态优化。"

制造业对于 CPS 应用的本质价值诉求：通过设备、产品、业务的数字孪生重构，实现从产品、服务全生命周期的，基于数据自动流动贯通的闭环业务赋能体系。这亦是制造业建设工业互联网、工业物联网平台的内在思想脉络。

CPS 与新一代智能制造系统：在传统制造中，信息感知、分析、决策、操作控制以及认知提炼、知识积淀等任务，均需要由人来完成。人类有限的劳作精力、工作效率、工作学习能力限制了生产力的进一步发展。随着技术的进步，信息系统（Cyber System）被引入至信息物理系统，至此，信息系统可以渐渐代替人类分担一部分的体力劳动与脑力劳动，人类将部分感知—分析—决策—执行的能力以数字化模型的形式，向信息系统迁移。在新一代智能制造系统中，CPS 内核指导下的制造产业实践形式将发生质的飞跃。信息系统通过大数据智能、人机混合智能等先进技术，具备了对于专家知识、机理模型、业务规划等的"认知"与"学习"能力。此阶段信息系统的突出特征是：具备模型/算法/执行策略自调整、自完善的能力，并能精确、稳定地处理设备—产线—工厂以及更广泛的物理实体空间内的高复杂性、高不确定性问题（图 3-1）。

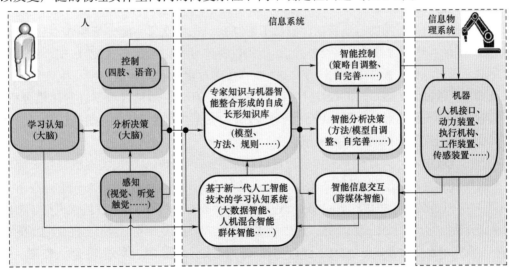

图 3-1　GPS 与新一代智能制造系统

CPS 的四种建设模式和价值：

企业在选择 CPS 的不同建设模式时，需综合考虑企业自身的业务规模、工业机理的确定性及复杂程度、CPS 处理问题的难易程度，以及企业预计的成本投入等，对于 CPS 在辅助企业"认知决策"的应用深度和阶段性成果，做出合理预估，循序渐进、层层递进地发掘"状态感知—实时分析—科学决策—精准执行"的闭环商业价值。

从"感知—分析—决策—执行"的闭环赋能出发，以 CPS 中信息系统的"认知决策"能力高低划分，企业级 CPS 呈现出 4 种不同的建设模式与应用深度，"人智""辅智""混智""机智"。

"人智"：人完成对机器设备、软件的操作。

"辅智"：建立知识库与专家系统，机器或信息系统基于专家知识对已知、确定度高的制造问题进行决策处理；未知问题及操作，仍由人来处理。

"混智"：已知问题通过知识库、机理模型、数据分析模型等决策处理，未知问题，由机器或信息系统给出建议，人机协同处理。

"机智"：建立高级模型分析系统，信息系统从业务需求出发，自主调整数据采集的数据源、范围、频率、质量，通过特征关联、多对象多目标分析等，实现与物理空间实时交互、自主处理应对物理空间的变化。

CPS 在我国的应用与发展现状：

我国企业开展的 CPS 应用已从局部探索进入全面推广期，目前大中小型企业在 CPS 上的应用实践已涉及设备管理、柔性生产、质量管控、运行维护、供应链协同等多类制造场景，覆盖石化、烟草、船舶、电子、轨交等近 20 个行业。企业借助 CPS 将行业工艺、作业机理、专家经验、企业业务流程等多项物理实体，映射至数字空间，将这些行业共性知识代码化、模型化、组件化，将物理实体中的知识转化为数字虚拟的形式进行积淀与开放共享。

以石化行业为例：

石化行业有其鲜明的行业特征，包括工艺复杂、物料复杂（配方精准）、装备复杂（塔类、罐区、热泵、管线等多设备）、运行条件苛刻（高温高压高腐蚀）、安环约束条件苛刻（有毒气体、粉尘、射线、高温）……面向石化行业的智能控制与生产管控系统级 CPS，通过泛在感知的工程设计、设备、工艺、环保、质量等数据进行建模分析、认知学习，为石化企业的计划排程、生产过程管控、工艺质量分析等高价值应用场景提供有准确数据支撑的控制策略和决策支持。

石化行业中的"人智"模式体现为自动化系统（DCS/SCADA）实现机器帮人完成某些固定且重复性的生产过程；"辅智"模式是在原有 DCS 基础上，增加先进过程系统（APC），对石化生产中的塔、罐、锅炉、釜、泵等设备的工艺参数及物理特性进行工艺优化算法分析，给出最优的控制参数，为生产现场工程人员提供参考；当工艺优化的范围由单一设备拓展至多设备的系统级优化时，"辅智"模式下的模型仿真发挥了巨大作用，在虚拟的数字空间进行生态工艺动态特性（温度、压力、适度、浓度、流量等）的模拟推演，当仿真完成并验证后，仿真的算法可导入至 APC 中持续优化生产工艺；"机智"模式在石化行业的应用还需要进一步探索。一种可能的应用场景是，发掘跨生产单元的生产要素中的关联性，将系统中的隐性规律显性化，实现石化制造系统的自我学习认知能力。当然，真正"机智"的时代还未到来，这有赖于行业各界不断的探索与实践。

CPS 作为支撑两化（信息化与工业化）深度融合的思想主线和技术体系，在各行各业的高价值应用场景、CPS 建设阶段必然是不同的。制造企业需要准确把握 CPS 价值定位、自身 CPS 应用成熟度，对企业的数字化转型做出渐进、科学的顶层设计规划。基于一定的数字化水平，生产制造企业通过物联网技术、工业互联网平台等新型架构下的信息系统，利用机理建模与人数据分析，可能获得甚至超越人类智慧的"认知学习能力"，使得走向"智慧工厂"成为可能。

3.4　智能机器人系统研究与应用

3.4.1　工业机器人

随着工业化的推进发展，制造业对劳动力的需求也在不断增长，人工已无法满足劳动力需求的增长。同时人工成本逐年增加，制造业急需机器劳动力来代替人工，由劳动密集型产业转向技术密集型产业。随着控制技术、数据运算能力的提升，机器人在工业领域中的应用更加广泛，其中自动码垛机械手臂是最常使用的工业机器人之一。机械手臂是模仿人手臂与手的运动功能，按照设定程序运行，完成抓取、搬运等生产任务的自动机械装置，它可以替代人工，完成繁重的搬运码垛任务。与传统人工码垛方式相比，自动码垛机械手臂效率更高、费率更低、准确率更高、故障率更低，同时可自动采集生产过程数据，使生产过程透明化。

1. 自动码垛机械手臂组成

自动码垛机械手臂主要有整体机械臂框架，伺服驱动系统，执行机构（末端执行与调节机构），检测机构，控制系统，有些自动码垛机械手臂还包括托盘运输装置。在实际生产使用中需按照码垛物料、码垛顺序、码垛层数等具体要求设置机械臂参数，以完成物料码垛任务。码垛机械手臂可依照坐标系的不同进行分类，例如直角坐标型、球坐标型、圆柱坐标型等。

2. 智能化自动码垛机械手臂

传统自动机械码垛手臂多为固定编程，机械臂运动轨迹单一，只能完成简单重复性工作，且码垛物料不可改变。但如今制造业产品种类丰富、动态性大，这对传统自动机械手臂带来挑战。结合机器视觉及无线射频技术的新一代智能化码垛机械手臂，可满足动态生产的需求。同时新一代智能化码垛机械手，可通过人机交互的方式，学习新的运动路径轨迹，相比于传统依靠编程设置的方法，更加直观快捷。这种设置方法不再依赖专业人员，企业可根据业务需求快速整定机械手臂运行参数，改变码垛轨迹。

如今自动码垛机械手臂技术的发展已趋于成熟，被应用在许多行业中。未来自动机械手臂将结合机器视觉、人工智能算法等更多先进技术，来提升机械手臂工作效率与精度；使自动机械手臂能适用于更加复杂多变的工作环境。

3.4.2 智能转运机器人

智能化自动仓储系统是一个复杂的综合性系统，无须人工直接处理，即可自动完成物料的存储与提取。自动仓储系统是现代物流的核心环节，系统涉及机械、自动化、电气、仓储规划等不同领域的先进技术。自动仓储系统一般由货架系统、堆垛机、自动化仓储信息系统，以及传送系统所组成。

自动化仓储系统，可对物料存放位置进行记忆，并利用传送系统自动存取物料。系统通过算法合理规划存储位置，实现仓储空间利用最大化。仓储管理采用物料先入先出原则，对物料进行持续检测，防止不良库存的产生。系统支持多区域并行作业。

仓储系统的核心是自动化仓储信息系统，它负责物料进出库设备的控制以及信息的采集处理。自动化仓储信息系统又可分为 WMS 仓库管理系统和 WCS 仓库调度系统，两个系统分别与其他系统进行集成（图 3-2）。

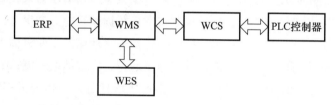

图 3-2　WMS 系统集成

自动仓储系统智能化发展趋势：

虽然自动仓储系统已被应用多年，但产品仍需统一化标准，以促进仓储自动化的推广。未来自动仓储系统将采用模块化设计，仓储容量、转运速度可在仓储控制系统不改变的情况下，根据企业实际库存需求进行快速调整。自动仓储系统的核心在于运转速度、运行效率以及运行稳定性。结合机器视觉、无线射频技术、人工智能算法、寻址技术的自动仓储系统，未来能更加高效快速地完成仓储任务。同时智能化程度也将得到提升。例如系统会自动将出入库频繁的物料储存在搬运距离更短的仓储位置，进而提升仓储效率。未来自动化仓储信息系统将与企业生产、采销环节结合得更加紧密，可依据历史仓储数据，预测原料采购时间和数量，在库存低于安全库存时进行预警。系统可依照过往运行习惯，更加高效地利用传送码垛设备，既可提高系统整体的可靠性与安全性，又能提高能源使用效率，降低能耗。虽然自动仓储系统前期投资较高，但存在诸多直接效益与间接效益，自动仓储系统将成为未来发展必然趋势。

3.4.3 巡检机器人

随着制造业企业生产需求的增加,自动化生产设备种类与数量也随之增多,并且工厂覆盖面积大,这对设备的巡检管理提出了挑战。若不能及时发现并排除设备故障,企业生产安全将存在诸多隐患。传统设备巡检依靠人工检测,采用纸质记录方法。随着设备数量的增多,巡检数量与巡检路程过长,巡检效率与准确性难以保障。有些高危、环境恶劣的车间对巡检人员的生命安全带米威胁,不便于进行人工设备巡检。

可适应不同环境的智能巡检机器人可代替人工完成巡检任务,改变原有巡检方式,实现设备的智能化巡检。通过远程在线巡检,不仅可以节约人力,更能提升设备巡检的频率与效率。巡检机器人可实时回传巡检信息及现场视频图像,并可结合图像识别及智能传感器,无接触地测量设备温度及周围环境指标。例如可燃气体、有毒气体浓度、烟雾、粉尘浓度、气压、湿度等。当巡检项超出预设值时,立即对相关人员发出警示提醒。巡检结果可实时上传,并自动生成报表,巡检项目及巡检路径可根据实际生产需求进行设定。结合智能巡检分析系统,可快速定位并找出设备故障原因。

巡检机器人未来发展趋势:

未来巡检机器人将向智能化方向发展,通过激光导航和视觉导航,实现巡检路线自动规划。同时根据历史巡检结果自动调整巡检频率,对巡检结果较稳定的巡检点降低巡检频率。对巡检结果波动较大、容易出现故障的设备或位置,增加巡检频率。结合机器视觉技术,自动读取仪表数值、指示灯状态、开关位置等信息,从而判断设备是否处于正常运行状态。当出现紧急情况时,可与消防和安防系统联动,及时地做出响应。

巡检机器人的设计将趋向于标准化、模块化、定制化。巡检机器人的功能设计将与实际的应用场景结合更加紧密,如巡检机器人设定在夜间工作,则加装相关夜视设备及传感器,以提升巡检效率与准确性。对于长距离巡检机器人,则采用轻量化设计以提升巡检续航能力,使巡检机器人在特定场景下有更好的应用效果。模块化的设计,可使巡检机器人根据生产需求快速进行调整,以适应不同工作场景,降低企业投入成本。

3.5 智能传感器和自诊断技术的研究与扩大应用

3.5.1 无线射频识别技术 RFID

RFID (Radio Frequency Identification) 无线射频识别技术,通过非接触式射频通信技术对电子标签进行读写,无须人工干预,即可实现目标对象信息的自动识别,并结合数据访问技术实现数据双向通信，通过无线电波快速地对目标对象信息进行标记、存储与管理。RFID 可依据供电方式的不同分为有源 RFID、无源 RFID 以及半有源 RFID 三种。RFID 被广泛应用在物流、身份识别、资产管理、防伪、零售、生产、安防等不同领域。未来，RFID 将向高频化、网络化、多功能化发展。

RFID 系统的主要功能为完成信息的感知，处理与应用。因此，实际 RFID 解决方案通常由软件系统与硬件系统两部分组成。RFID 系统包括电子标签、读写器和应用系统。

依照射频频率不同可划分为低频、高频、超高频以及微波四类。其对应传输距离与传输速度也有所不同，对应射频频率越高，传输距离越远，传输速度越快，但更易受到外界环境干扰。因此，不同频率的射频，根据所具特性被应用在不同领域。

（1）电子标签

RFID 电子标签又被称为应答器，通常由耦合原件与芯片组成。芯片内存有特定格式的电子数据识别码，是 RFID 系统的信息载体。电子标签通过耦合原件与阅读器进行数据通信。

（2）读写器

RFID 读写器可依据系统需求，完成电子标签信息的读取与写入。读写器通常采用模块化设计，由 RFID 射频模块、控制单元及天线组成。

（3）应用系统

RFID 应用系统主要完成射频标签的读写，以及相关数据的存储与管理。应用系统需结合 RFID 实际应用场景进行构建。

RFID 工作原理相对简单，通过读写器与电子标签之间射频信号的耦合实现信息的传递，进而实现自动识别。当电子标签处于读写器有效工作范围内时，读写器发射出的射频信号将激活对应的电子标签。电子标签在被激活后，会将包含自身识别信息的反射信号发射出去。读写器通过信号处理模块将反射信号转化为有效信息，实现对应标签信息的自动识别。后台系统可对读写器采集的信息进行对应处理与管理。同时，系统也可控制读写器将信息写入电子标签。电子标签按照射频信号的耦合方式，可分为电感耦合和电磁反向散射耦合两种。中低频短距 RFID 系统多应用电感耦合。高频长距 RFID 系统多应用电磁反向散射耦合通信。

1. 产品可追溯体系（图3-3）

国际标准化组织把可追溯性的概念定义为：通过登记的识别码，对商品或行为的历史和使用或位置予以追踪的能力。可追溯包含跟踪和回溯两个方向，两种途径分别沿着供应的正向与反向流动。构建完整有效的追溯系统，有助于提升生产效益和产品质量，实现产品全生命周期的管理。制造业通常采用 RFID 电子标签技术构建产品可追溯系统。对物料及产品标记电子标签，并通过识别及应用系统，实现产品全生命周期的监控、追踪以及实时分析。确保出现安全质量等问题时，可及时追溯问题原因。通过无线射频识别技术，实时采集产品供应链中原料、生产、包装、仓储、物流、销售等环节的相关信息并上传至系统数据库。管理人员能对产品从生产到销售各个环节的信息进行追溯，实现产品全生命周期的管理。产品可追溯体系的应用不但能提升产品质量，更能提升客户体验，帮助企业构建良好的品牌形象。

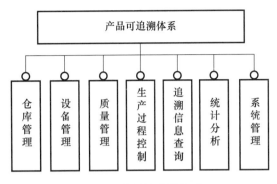

图 3-3　产品可追溯体系

2. 物资管理系统产品出、入库及中转扫码应用

仓储是物流系统的重要组成部分，随着制造业信息化的推进，对物资仓储的管理提出了更多的要求，因此，基于无线射频技术的数字化智能仓储管理系统应运而生。智能仓库货物管理系统通过 RFID 技术，实现对仓储货物信息的采集与管理。管理者可实时了解与监控产品及原料的存储情况。智能自动仓储系统可实现物料入库、转运、出库的智能化管理，并可有效跟踪仓库内物流，完善仓储管理信息采集，增强企业对仓储信息的掌控，实现数字化决策。

数字化智能仓储管理系统不仅要对物料进出库进行批次记录，更要对物料的仓储位置、属性、数量等信息进行采集管理，进而为生产管理、供应量管理乃至企业决策提供必要的数据集信息。结合产品可追溯体系，实现产品的全生命周期管控。通过数字化智能仓储系统，解决传统仓储管理普遍存在的问题，例如库存信息更新不及时、仓储物料信息不准确、人员进出管理不规范等。基于数字化手段进行改造升级，实现仓储信息全自动采集处理。

基于 RFID 技术的仓储管理系统总体架构与主要功能：

基于 RFID 的仓储管理系统主要依靠固定及手持 RFID 读写器进行信息的采集及处理。基于 RFID 的智能仓储系统可靠性高，抗外界环境干扰能力强，并具有良好的保密性。相比于传统仓库管理系统，基于 RFID 的智能仓储管理系统，仓储信息实时更新，并可根据需求快速进行拓展。整个系统包含以下主要功能：物料入出库管理、人员进出库管理、物料仓储位置管理、标签读写器管理、仓储安防报警管理、仓储巡检管理报表管理以及用户操作权限管理等。

3. 厂内智能交通

大型制造企业每天需要进行大量的货物运输，进出厂车辆复杂，且流动性较强。传统车辆管理方法依赖手工登记，效率低下、准确性差，难以对厂内车辆进行有效管控。基于 RFID 技术的厂内车辆管理系统可有效解决上述问题。通过无线射频技术，可实现车辆的实时动态管理，减少人工参与，优化车辆管控流程。无线射频识别技术，稳定性高、识别距离远，并且可在车辆不停车状态下进行信息的快速识别。

　　智能车辆管理系统需结合厂区实际物流情况进行设计，可依据功能划分不同的管控区域：进出厂区域、车辆等候区、货物区、过磅区等。在关键区域的进出口安装读写器，并对相关车辆配发车载 RFID 卡，实现车辆进出信息自动记录、车辆定位动态追踪、车辆作业时间监控、追溯信息记录管理等功能。通过智能车辆管理系统，收集厂内车辆物流数据，为企业供应链管理、厂区规划、运营决策提供依据。

3.5.2　机器视觉

　　随着制造业的发展，更多的企业重视新技术对生产效率的提升，机器视觉是重要发展与应用的技术之一。机器视觉在制造业中的应用十分广泛，在生产流程质检环节，图像识别技术可提升质检准确率与效率，保证产品品质。同时图像识别技术还可在车辆管理、生产辅助、条码识别、物料管理、产品检验、安全安防、预测性维护、员工考勤等领域得到应用。以下内容将结合不同场景介绍机器视觉在生产制造业内的应用。

1. 自动贴标机自动选位贴标

　　制造业每天都要消耗大量物料，但生产过程往往难以追踪，物料管理也十分困难。对于生产过程复杂、消耗物料多样的流程行业，物料的追踪管控更为困难。随着标签技术的应用，企业可将物料、产品相关信息储存在标签内，实时对生产过程进行追踪管控，使企业生产过程透明化、物料管理规范化。在实际应用中，需将大量标签粘贴在准确位置，传统人工贴标的效率及精度已无法适应生产需求。结合机器视觉技术的自动贴标机能够高效精准地完成贴标任务，并将收集的产品信息上传至数据库。

　　自动贴标系统如图 3-4 所示，产品经传送带到达待检区域，传感器在检测到产品后，相机对产品拍照，获得产品图像。上位机通过图像处理后，输出对应控制信号。执行机构依据控制指令完成标签打印与粘贴任务。此时自动贴标机会对目标产品进行二次检测，对贴标效果进行检测，若不符合要求，则重新贴标。

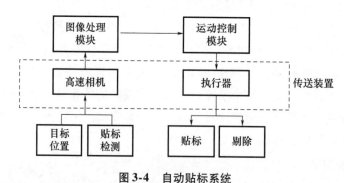

图 3-4　自动贴标系统

2. 配料过程扫码防错

　　随着制造业的发展，对产品质量的要求也逐步提升，流程制造业配料环节需要更精确、更完善的防错解决方案。传统人工核验配料防错方法的效率低、准确率低，配料过程无法追溯，导致成品质量不可控，为产品质量带来风险。结合条码识别的配料防错系统可提升配料精度，实现原料到成品间双向追溯，进而不断优化配料过程，提升产品质量。

配料扫码防错系统可与企业 SAP、MES 等系统集成，在 MES 系统规划好生产计划和物料配方后，下发给配料扫码防错系统。操作员领取生产任务后，根据系统提示配料步骤进行操作。每次称量前，操作员需用扫码枪扫描待称重物料条码，确认物料是否准确。若物料扫描错误或超过质保期，则无法进入后续操作。称重时，系统会进行比对，确保物料质量在合理误差范围内。若物料需要转运投料，操作员需在投料前逐一扫码，进行二次确认。系统会将配料过程进行记录以备后期追溯。

条码扫描配料系统可实现原料的信息化管控，保障原料先进先出，提升原料使用率，降低浪费。整个配料过程按照预设步骤进行，保障投料顺序与投料位置准确无误。通过该系统可大大降低配料人员技能要求，按照系统指示即可准确完成配料。进而促进企业降低运营成本、提升工作效率。

整个条码扫描配料系统流程如图 3-5 所示。

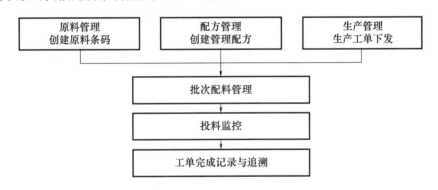

图 3-5 条码扫描配料系统流程

3. 产品外观视觉检测

产品外观检测一直为制造业质检关键环节，需确保成品外观满足要求，否则存在外观缺陷、瑕疵的产品将对品牌形象和销售产生消极影响。传统外观检测采用人工抽检方法，但人工检测准确度、抽检率以及检测效率低下，并且检测结果容易受到主观影响，因此，引入基于机器视觉的产品外观检测技术以解决人工检测存在的问题。外观视觉检测是非接触式自动检测技术，检测效率与检测良率高，检测标准量化可控，并可实时回传检测结果与产品信息。机器视觉可检测范围广泛，包括产品外观完整性、表面平滑度、析出物、污染物、变色情况等。可根据采集的产品表面图像结合算法提取对应特征信息，进而对缺陷部位进行标记、定位、分级。

机器视觉检测系统由硬件与软件系统组成，包括图像获取模块、图像处理分析模块、数据交互管理模块，以及设备人机界面等。系统利用图像传感器对待检测产品进行图像采集，采集图像经图像处理分析模块后得出相应数据。系统会将检测数据与系统内预设标准检测参数进行对比分析，最终输出检测结果。其中图像处理与分析是机器视觉检测的核心部分，将会涉及大量算法，算法的准确性与响应速度直接影响图像检测的效率与准确率。因此，提升算法性能、准确率、鲁棒性成为未来图像识别领域发展的重要方向。

4. 监控联动防非法入侵、关键岗位区域监控及消防联动

1）监控联动防非法入侵

利用自动追踪摄像头，对企业园区出入口及特定防范区域进行跟踪监控。当监控系统检测到目标进入指定区域后，会对自动判别目标运动方向，进行追踪并抓拍上传。监控系统通过数字信号处理芯片对监控图像进行分析计算，若目标触发预设行为分析规则，系统将迅速采取联动响应措施。

2）关键岗位区域监控

有些生产制造环节关乎企业安全，因此设定相应岗位值守人员。但在实际生产环境中，如果关键岗位人员不能保持良好工作状态，可能会导致严重的后果。因此，需要对关键岗位进行监控并依据实际情况进行提醒，最大限度地保障生产安全。还能对特定区域工作人员进行监控，检测相关人员是否按照规定佩戴相关设备，若不符合要求则拒绝相关人员进入指定区域，进而预防人为失误导致的安全事故发生。系统可依据现场采集的视频图像信息，经处理后获得人员工作状态信息，并依据采集信息进行反馈。例如人眼瞳孔尺寸检测技术、行为识别检测技术等。若关键岗位人员处于疲惫或离岗状态，则系统可自动通过声音或灯光进行提醒，并进行记录。也可预设报警等级，根据现场监控分析结果向上级管理部门发送提醒。有些关键岗位需佩戴相应设备，监控系统可根据现场图像进行处理。若操作人员未按照规定佩戴相关设备，则系统会自动向相关管理部门发送报警信息。

3）消防联动

随着图像识别技术的发展，消防报警系统的火灾探测设备已不局限于传统烟雾报警。许多现代化工厂已实现厂区监控全覆盖，对现有视频监控系统进行改造升级，可构建监控和消防联动火灾预警系统，进而及早发现火情，定位起火位置，确定火情信息，以便快速扑灭火情。当视频火灾预警系统检测到火情时，控制器发出火灾警报，同时采集火灾信息，并上报火灾情况。与传统火灾探测系统相比，视频火灾报警系统可检测范围更广，可在火灾发生早期识别火情，且不易受外界环境干扰。同时，基于视频监控的火灾报警体系可快速定位起火位置，收集火灾图像及火情信息，为火灾救援提供必要信息。通过与灭火设备的联动，实现远程自动灭火。

5. 点巡检扫码及采集视频图像资料

通过移动设备扫码点巡检代替纸质记录，提升巡检效率，实现无纸化办公。同时可借助移动巡检平台，上传视频图像巡检信息。对关键设备可采用实时监控采集设备信息，实现远程持续监测。移动巡检系统可快速生成点巡检报表，并可根据需求追溯巡检历史。数字化点巡检可为设备预测性维护分析采集数据。

6. 考勤系统

传统登记、打卡等考勤系统效率低下，结合图像识别的考勤系统，可以大幅提升考勤系统的效率与可靠性。通过结合图像识别的考勤系统，可实现考勤信息自动化采集，并对新数据进行整合处理，统计出员工出勤、迟到早退、加班、旷工情况，并输出报表，实现企业人力资源的数字化管理。图像识别考勤系统是生物识别技术和信息通信技术的结合，它具有非接触性以及自然性的特点。与传统打卡考勤、指纹考勤相比，结合图像识别技术的考勤系统效率更高，可同时快速完成多人识别与记录。对于劳动力相对密集的制造业，可大大提升人员管理效率与准确性。针对工厂关键危险区域，可结合自动门禁系统，对出入人员进行严格审核并抓拍记录，保障工厂安全运行。

3.6 工业控制系统信息安全技术研究

由于信息化与数字化的迅速发展，工业控制系统在各个行业采用了更多基于信息技术的软件、硬件和协议。随着工业领域信息化与网络化发展的深入，黑客、病毒等威胁也在向工业控制系统扩散。这些威胁对工业控制系统的安全带来很大挑战。工业控制系统安全包括功能安全、物理安全以及信息安全。功能安全是为了达到设备和工厂安全功能，受保护的安全相关部分必须正确执行其功能，而且当失效或故障发生时，设备或系统必须仍能保持安全条件或进入安全状态。物理安全则是减少来自外界环境（例如火灾、电击、辐射等）造成的影响。信息安全涉及计算机与互联网技术，涵盖范围广泛，以保障工业控制系统的软件、硬件、数据库不会受到攻击、破坏与修改。

随着"两化"融合以及智能制造的推进，工业控制系统信息安全问题也逐渐凸显。工业控制系统安全问题不仅会导致信息泄露，还可能影响生产过程进而引发安全事故，造成巨大经济损失，甚至会威胁环境以及国家安全。因此，工业控制系统信息安全是实施制造强国战略的重要保障。但由于工业控制系统设备复杂、行业差异大、通信协议多样、相关人员信息安全意识薄弱等，工业控制系统信息安全防护困难重重。

如今，生产制造企业系统可分为设备层、现场控制层、过程控制层、制造执行层和企业管理层。而工业控制系统则包含设备层、现场控制层、过程控制层和制造执行层。

3.6.1 DCS、PLC 系统安全措施薄弱

近年来工业控制系统遭受攻击的事件频有发生，自震网事件发生后，工业控制系统安全也逐步为人们所重视。现代制造业工厂多通过可编程逻辑控制器 PLC、分布式控制系统 DCS 实现现场设备控制。因此 PLC 及 DCS 成为攻击者的首选目标。攻击类型可分为直接攻击与间接攻击。直接攻击通过 PLC 或 DCS 系统存在的漏洞，修改控制系统指令，完成攻击。当前 PLC 多处于内网环境，因此，直接攻击需通过物理接触实现。但随着工业互联的推进，互联网的接入，控制系统安全面临更多威胁。攻击控制与监控层系统，进而影响系统通信，发送恶意指令，干扰控制系统正常工作是间接攻击的主要方

式。有些关键区域或功能的工控系统若遭受攻击，可能造成不可挽回的损失，因此安全措施相对薄弱的控制系统，仍需加强完善。

3.6.2　上位机管理系统安全机制

上位机是可以发出控制指令的计算机，上位机系统可显示不同信号的变化。下位机将控制指令转化为序列信号控制底层设备，并将不断读取设备状态数据回传给上位机。上位机是控制者，因此安全十分重要。首先上位机应避免自身系统漏洞，造成系统漏洞的原因有很多，例如缓冲区溢出漏洞、指针漏洞、内存管理错误漏洞等。因此要求上位机使用者及时查看漏洞修复补丁情况，并及时更新，避免攻击者通过系统漏洞进行攻击。其次可利用杀毒软件，定期查找和清理可疑文件与进程，避免病毒的存在。定期对系统配置进行检查，检查系统是否出现未知账户，并扫描开放端口，确保上位机系统安全。落实相应安全监测机制并将责任进行具体划分，落实安全防御职责。

3.6.3　远程设备登录、监控、维护与管理

为了便于工作，许多公司在生产环境采用远程登录的方式，但在提升效率的同时也带来很多安全隐患。外部攻击者可利用远程访问漏洞入侵工业控制系统，恶意修改指令，对生产造成威胁。因此必须对远程登录采取必要的安全防护措施，以保证工业控制系统安全。首先应禁止高风险互联网通用网络服务直接对互联网开通。若需远程访问工控系统，需采用 VPN（虚拟专用网络）等方式接入，并部署工控网络防火墙。同时对登录账户进行管理，并定期审核接入账户操作纪律，做到专人专号规范使用。企业应保存工控系统登录及操作日志，并定期备份，以便进行定期审查。对重要工控区域采取物理隔离的方法，去除不必要的接口，防止病毒侵入以及数据泄露。对关键设备应开启视频监控，并安排专人进行值守。

3.7　关键技术应用的窍门和陷阱

在我国，防水行业目前属于"大行业范围、中小企业竞争"的布局，有众多入局者。当前的政策和资产壁垒不高，市场的竞争和规则不够规范，产业集中度低，市场竞争的关键是价格和产品质量。在"互联网、物联网和大数据"的时代，众多新兴技术的逻辑思维已经渗透到各个领域。只有与新兴技术进行价值匹配，才能提高公司在行业市场的竞争力。

企业生产的本质是降低成本、提高生产效率和产品质量，从而获得更多的经济效益。过度追求行业与新兴技术应用的完美结合，而忽视行业特性、工艺特性和投入产出

比的盲目行为，会违背寻求新技术的初衷。

不仅如此，随着我国信息化和智能化的高速发展，互联网、大数据、人工智能等技术迅速渗透到工业行业的应用中，信息安全也变得越发重要。如企业在将数据云端化的工程中，将工艺、产品和人员信息不加以规范化的处理和应用，将会对公司的信息数据和信息安全造成潜在的风险。目前，防水行业有关大数据、人工智能、物联网等新兴技术的配套法律和规范其发展的机制还不健全，带来的"黑盒效应"存在着很高的风险。企业在追求新技术带来效益提升的同时，应当防范其带来的风险。

4 防水材料生产关键环节智能化解决方案

建筑防水工程按照设防材料性能可分为刚性防水和柔性防水。

刚性防水：用素浆、水泥浆和防水砂浆组成防水层，利用抹压均匀、紧实的素灰和水泥砂浆分层交替施工，构成一个整体防水层，由于是相间抹压的，各层残留的毛细孔道相互弥补，从而阻塞了渗漏水的通道，因此具有较高的抗渗能力。

柔性防水：依据起防水作用的材料可分为卷材防水和涂膜防水。

卷材防水是将几层卷材用胶结材料粘在结构基层上构成防水层，是使用比较普遍的防水技术，常用于平屋顶及坡度较小的屋面、地下室及地下构筑物的防水工程中。

涂膜防水以乳化沥青、改性沥青、橡胶及合成树脂为主要防水材料，这些防水材料在固化前是无定形黏稠状的液态物质，将其喷、涂在施工表面，并铺设玻璃纤维布或聚酯纤维无纺布，经交联固化或溶剂、水分蒸发固化构成一个整体的防水层。涂膜防水对复杂部位施工有明显的优越性，而且大部分材料可冷施工，所以应用也是较为广泛的。

本章主要介绍用于柔性防水施工的防水卷材、防水涂料的生产工艺流程、主要生产设备及生产设备的自动化解决方案。

1. 防水卷材生产工艺流程

防水卷材是一种可卷曲的片状防水材料，可分为沥青防水卷材、高聚物改性沥青防水卷材和合成高分子防水卷材三大类。

1）沥青防水卷材及其生产工艺流程

沥青防水卷材是在基胎（如原纸、纤维织物）上浸涂沥青后，再在表面撒布粉状或片状的隔离材料制成的防水卷材，可分为石油沥青纸胎油毡（现已禁止生产使用）、石油沥青玻璃油毡、石油沥青玻璃纤维胎油毡和铝箔面油毡。

（1）沥青防水卷材的主要原材料

①浸涂材料。

通过吹空气氧化或催化氧化工艺制得的氧化沥青。

②填充材料。

作用是提高耐候性，改善卷材耐热性、塑性、机械磨损性等，降低成本，节约沥青用量。常用的材料有滑石粉、滑石菱镁矿粉、白云石粉、粉煤灰、石英砂等。

③胎基材料。

相当于卷材的"骨架",决定了卷材的抗拉强度、撕裂强度、断裂伸长率等,对于卷材的耐化学性、耐久性等也有重要影响。胎基材料可分为纸毡、聚酯毡、玻纤毡、玻纤织物、金属箔、聚乙烯(以下简称 PE)膜等。常用的有长纤维聚酯毡胎、无碱玻纤毡胎、PE 胎、聚酯玻纤复合毡等。

④覆面材料。

又称隔离材料,使其覆盖在沥青卷材上表面和下表面,可以起到防止卷材生产和成卷贮运过程中粘结的作用。常用的覆面材料有 PE 膜、细砂、矿物粒料、铝箔等。

(2)防水卷材

防水卷材生产工艺分为胶结料生产和卷材生产两部分。

沥青防水卷材因有单面膜和双面膜之分,故其卷材生产流程也有两种,分别对应单面膜和双面膜。

①胶结料生产。

工艺流程如图 4-1 所示,图中滑石粉为填充材料,可提高热和大气稳定性,每加入5% 滑石粉,软化点提高 1℃。

图 4-1 沥青防水卷材的胶结料生产工艺流程图

②卷材生产。

单面膜卷材的生产工艺流程如图 4-2 所示。

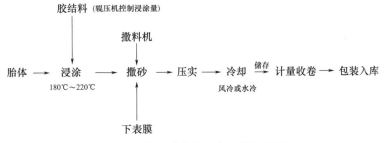

图 4-2 单面膜卷材生产工艺流程图

双面膜卷材的生产工艺流程如图 4-3 所示。

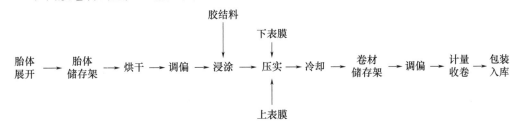

图 4-3 双面膜卷材生产工艺流程图

2）高聚物改性沥青防水卷材及其生产工艺流程

高聚物改性沥青防水卷材有弹性体改性沥青防水卷材和塑性体改性沥青防水卷材两大类。弹性体改性沥青防水卷材是以聚酯毡或玻纤毡为胎基，以苯乙烯-丁二烯-苯乙烯（以下简称 SBS）热塑性弹性体作为改性剂，两面覆以隔离材料所制成的防水卷材。塑性体改性沥青防水卷材是以聚酯毡或玻纤毡为胎基，以无规聚丙烯（以下简称 APP）或非晶态 α-聚丙烯（以下简称 APAO）、非晶态聚丙烯（以下简称 APO）作为改性剂，两面覆以隔离材料所制成的防水卷材。

（1）高聚物改性沥青防水卷材的主要原材料

①沥青材料。

基础材料，常用道路石油沥青、建筑石油沥青和普通石油沥青。

②沥青改性剂。

弹性体——SBS、废旧（再生）橡胶；

塑性体——APP、PVC、APO；

橡塑共混体——APAO。

③助剂材料。

改性沥青助溶剂，主要有芳烃油、润滑油、三线油等。

④填充材料。

细度适中、密度和亲水系数较小的无机粉料，如滑石粉、板岩粉、石粉等。

⑤胎基材料。

相当于卷材的"骨架"，决定了卷材的机械性能。一般采用玻纤毡、聚酯无纺布、PE 膜、聚酯-玻纤复合毡等。

⑥覆面材料。

下覆面材料称隔离材料，可防止卷材生产和成卷贮运过程中黏结。常用的下覆面材料有细砂、PE 膜等。上覆面材料称装饰面材料，提高卷材的美观性，一般采用矿物粒（片）料、铝箔等。

（2）SBS 改性沥青防水卷材生产工艺流程

①SBS 改性沥青防水卷材胶结料生产工艺流程如图 4-4 所示。

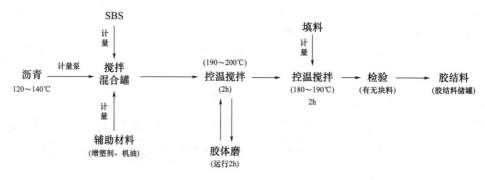

图 4-4　SBS 改性沥青防水卷材的胶结料生产工艺流程图

②SBS 改性沥青防水卷材生产工艺如图 4-5 所示。

图 4-5　SBS 改性沥青防水卷材的生产工艺流程图

③APP 改性沥青防水卷材胶结料生产工艺流程如图 4-6 所示。

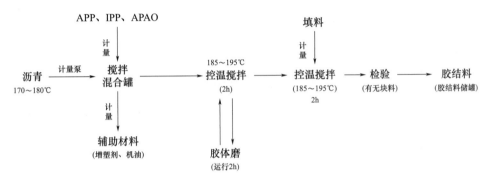

图 4-6　APP 改性沥青防水卷材胶结料生产工艺流程图

④APP 改性沥青卷材生产与 SBS 改性沥青防水卷材的生产流程相同，不再赘述。

除了一般的高聚物改性沥青防水卷材，还有一类自粘橡胶改性沥青防水卷材，所谓自粘是指在常温下可自行与基层或卷材粘结，它的粘结面具有自粘胶，上表面覆以 PE 膜，下表面用防粘纸隔离，施工中只需剥掉防粘隔离纸就可以直接铺贴。

自粘卷材有两种：一种是国内常用的无胎基自粘橡胶改性沥青卷材，一种是德日流行的有胎基自粘卷材。

无胎基自粘橡胶改性沥青卷材以沥青、SBS 和 SBR 等弹性体材料为基料，掺入增塑、增黏材料和填充材料，采用 PE 膜、铝箔为表面材料或者无表面覆盖层（双面自粘），底表面或上下表面涂覆硅隔离防粘材料。

有胎基自粘改性沥青防水卷材以玻纤毡、聚酯毡为胎基，两面或上面涂覆 SBS 改性沥青，底面涂覆一层橡胶改性沥青自粘胶，并涂覆硅隔离膜或皱纹隔离纸，上表面涂覆细砂、矿物粒（片）料、塑料膜、金属箔等材料。

自粘防水卷材的主要原材料有：

a. 增塑剂。可促进高聚物的分散，改善改性沥青的低温性能。常用的有三线油、基础油、润滑油、废机油等。

b. 增黏剂。提高卷材粘结能力，常用的有石油树脂、萜烯树脂等。

c. 隔离材料。作用是防止自粘面的粘结。常用的有硅隔离纸、隔离 PE 膜等。无胎基自粘卷材采用加厚 HDPE、铝箔，有胎基自粘卷材采用 PE 膜、铝箔、细砂、矿物粒（片）料等。

d. 胎基材料起到骨架增强作用，采用聚酯无纺布。

无胎基自粘改性沥青防水卷材生产工艺流程如图4-7所示。

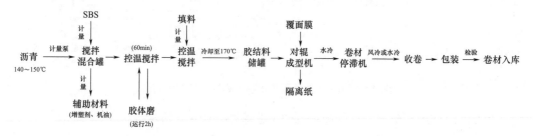

图4-7 无胎基自粘改性沥青防水卷材的生产工艺流程图

有胎基自粘改性沥青防水卷材生产工艺流程如图4-8所示。

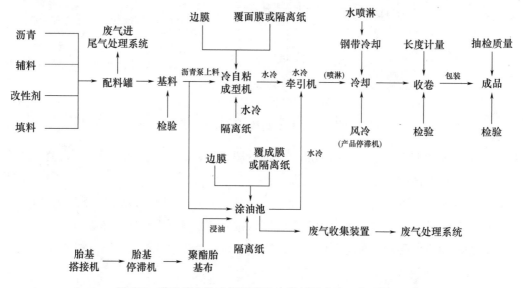

图4-8 有胎基自粘改性沥青防水卷材的生产工艺流程图

3）合成高分子防水卷材及其生产工艺流程

合成高分子防水卷材指的是以合成橡胶、合成树脂或两者共混体为基料，加入适量化学助剂和填充料，经密炼、挤出或压延等橡胶或塑料的加工工艺加工而成的防水卷材。这种卷材具有拉伸强度高、抗撕裂强度高、断裂伸长率大、耐热性好、低温柔性好、耐腐蚀、耐老化及可冷施工等优越性能。合成高分子防水卷材种类繁多，大体可分为橡胶系、塑料系、橡胶塑料共混系三个体系，目前国内外生产的合成高分子防水卷材的主要品种包括三元乙丙橡胶防水卷材、聚氯乙烯（以下简称PVC）防水卷材、氯化聚乙烯（以下简称CPE）防水卷材、CPE与橡胶共混防水卷材、丁基橡胶防水卷材、氯磺化聚乙烯防水卷材、三元丁橡胶防水卷材、再生胶油毡、丙纶或涤纶复合聚乙烯防水卷材等各种复合防水卷材以及热塑性聚烯烃（以下简称TPO）防水卷材。

图4-9是合成高分子防水卷材生产工艺流程图。

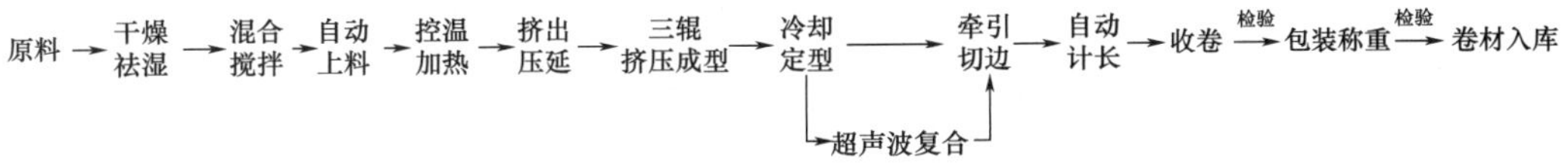

原料 → 干燥
祛湿 → 混合
搅拌 → 自动
上料 → 控温
加热 → 挤出
压延 → 三辊
挤压成型 → 冷却
定型 → 牵引
切边 → 自动
计长 → 收卷 →检验→ 包装称重 →检验→ 卷材入库

↳ 超声波复合

图 4-9 合成高分子防水卷材生产工艺流程图

2. 防水涂料生产工艺流程

防水涂料按照成膜物质可分为沥青涂料、改性沥青涂料、高分子涂料。高分子涂料按照液态类型又可分为溶剂型、反应型、乳液型，本节以反应型高分子聚氨酯涂料为例说明。

聚氨酯防水涂料是以异氰酸酯与多元醇为主要原料，配以各种助剂和填料经加成聚合反应制成，有单组分和双组分两种。双组分聚氨酯涂料在施工时将两组分按配比充分混合后涂刷使用，单组分聚氨酯涂料则无须配比混合，直接就可以涂刷使用。

双组分聚氨酯防水涂料的两个组分，一般用甲组和乙组或者 A 组和 B 组来区分。图 4-10 是某双组分聚氨酯防水涂料的生产工艺流程图。

甲组分

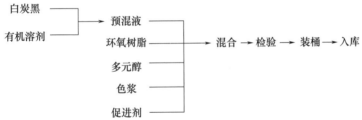

乙组分

图 4-10 某双组分聚氨酯防水涂料生产工艺流程图

图 4-11 是某单组分聚氨酯防水涂料的生产工艺流程图。

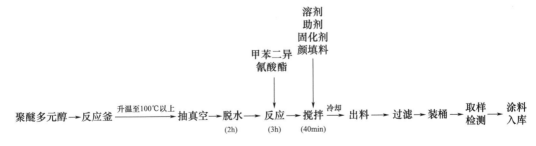

图 4-11 某单组分聚氨酯防水涂料生产工艺流程图

4.1 原材料配料系统智能化技术研究

4.1.1 原材料上料系统解决方案

1. 粉料上料系统解决方案

粉料在生产过程中进行人工投料劳动强度大，会产生大量的粉尘。飞扬的粉尘对工人的身体健康危害极大，也造成了环境污染。

自动密闭式上料系统采用 PLC 程序控制，在生产过程中实现全自动化生产，在生产过程中通过自动化代替人力劳动，使整个生产过程统一有序，生产效率和产品质量得到提高。在实际运行中，上料设备以 PLC 为主要控制载体，能够有序高效地完成自动上料工作。

施耐德电气公司是公认的可编程逻辑控制器（PLC）的发明者，同时也是 PLC 热备系统技术的发明者和多项工业自动化技术专利的拥有者。1968 年，Modicon 公司推出了世界上第一台实用的可编程逻辑控制器——084 控制器，应用在美国通用汽车公司的喷漆生产线上，从而开创了工业自动化领域中 PLC 应用的崭新时代。在随后 40 多年的时间里，Modicon 公司作为工业自动化领域领先的专业厂商，不断地推动和领导着自动化技术的发展方向和潮流，致力于为全球的用户提供最先进和最可靠的产品以及完整的系统解决方案。

1979 年，Modicon 推出了完全开放的 Modbus 通信协议，Modbus 协议得到了世界上上千家设备厂商的支持，使得 Modbus 协议成为当今自动化领域应用最广的通信标准。

Modicon M580 是施耐德电气在 2014 年全新推出的全以太网可编程自动化控制器，集各种强劲功能和创新技术于一身，同时支持 Modbus TCP 和 Ethernet/IP 两种工业以太网及多种现场总线协议，方便与不同控制系统的互联互通，并为 MES 系统提供有效的、准确的数据支持，打通企业级经营管理应用系统与现场级控制系统间的信息断层，消除孤岛效应。该控制器基于广受好评的 X80 平台，灵活的全以太网远程 I/O 架构非常适合于自动上料系统分布式的控制。

图 4-12 是粉料上料系统的控制系统架构示意图。

整个上料控制系统采用 Modicon M580 + X80 远程 I/O 控制，菊花链环网的架构，有效提高了控制系统的可靠性。对于布线距离远的子站，直接使用 PLC 机架安装的光电转换模块（2 电口转 2 光口），可将子站之间的布线间距延长到最远 15km，同时保障了控制系统的稳定可靠性。

所有的主令信号、限位信号都输入到就近的远程 I/O 子站，PLC 输出采用工业以太网 Ethernet/IP 通信方式控制变频器的启停和运行速度，由 PLC 内部完成控制系统的联动和互锁。

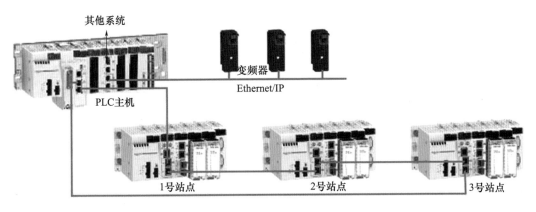

图 4-12 某粉料上料系统控制系统架构示意图

当指令输入 PLC 后，PLC 根据不同的信号组合，将不同的速度通过 Ethernet/IP 网络输出至变频器，变频器的运行、故障等状态反馈至 PLC，PLC 根据采集到的变频器信号及远程 I/O 子站采集到的限位等信号，判断系统运行状态和故障情况，并将信号通过以太网传送给其他相关系统，实现系统间的联动和互锁，以及 SCADA 画面显示。

同时 PLC 实时采集现场的电能信息，上传到电能监控系统，为其提供准确、及时的数据基础，使之自动完成电能信息采集、测量、控制、保护、计量等基本功能，具备支持电网实时自动监测、在线数据统计和分析等功能。

不同工艺段的上料系统控制设备点会有所不同，以下以砂浆系统为例进行说明，系统工艺图如图 4-13 所示。

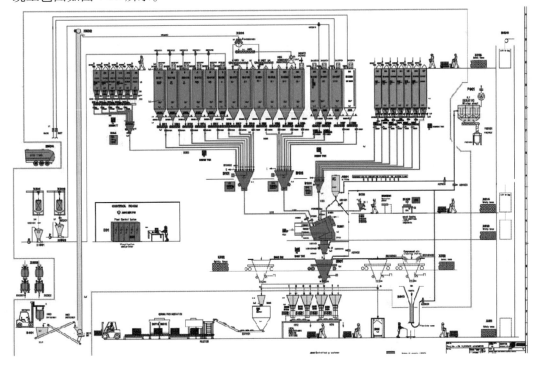

图 4-13 系统工艺图

设备清单见表4-1。

表 4-1　设备清单

序号	自动化设备名称	厂家	型号	数量
1	PLC	施耐德	Modicon M580	1
2	计量模块	托利多	UNI－900	16
3	温度计	罗斯蒙特	热电阻	30
4	变频器	施耐德	ATV630	50
			ATV930	15
5	交换机	施耐德	Modicon Switch	4
6	电脑	联想	T4900	4
7	软启动器	施耐德	ATS48	0
8	多功能表	安科瑞	ACR220EL	2

2. 液料上料系统解决方案

图 4-14 所示的是某水性涂料上料系统的自动控制系统架构图。架构中主要元件的功能说明如下。

1）PLC

①通过数字量输入点获得操作台按钮等产生的开关量信号，经过逻辑计算处理，再通过数字量输出点输出控制信号给接触器、继电器等执行元件，进而控制罐区搅拌电机、罐区打料电机的启停。

②通过模拟量输入点获得各液位计产生的模拟量信号，按照特定的工艺原理计算出搅拌电机的目标转速。

③通过 EtherNet/IP 总线控制搅拌电机变频器的启停和输出频率，进而实现对搅拌电机转速的控制。

2）搅拌电机变频器

拖动搅拌电机，PLC 通过 EtherNet/IP 总线控制变频器的启停和输出频率。

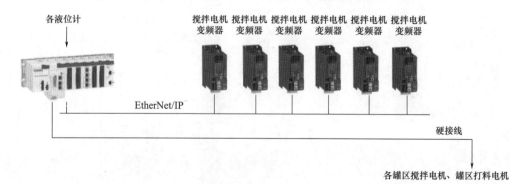

图 4-14　某水性涂料上料系统的自动控制系统架构图

3. 粒料上料系统解决方案

自动粒料上料系统，将原料仓库中的各种颗粒原料按照不同的比例，依靠罗茨风机的风力，由变频电机驱动下料器，边配边送至生产车间的各生产车台，自动满足各车台的原料需要。该上料系统实现配送料的无人自动化控制，极大地减轻了工人的劳动强度，同时有效提高了配料的精度，保证了产品的质量。

图 4-15 是高分子配送料的系统图。

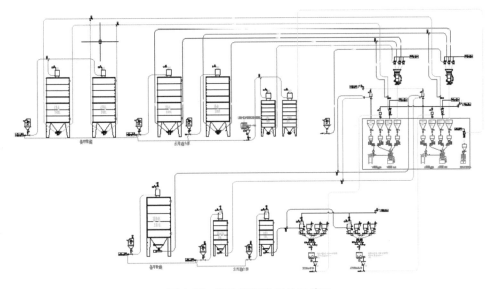

图 4-15　高分子配送料的系统图

该系统考虑到地理空间跨度较大，采用 Modicon M580 + X80 远程 I/O 子站的方式来控制，菊花链环网的架构，有效提高了控制系统的可靠性。对于布线距离远的子站，直接使用 PLC 机架安装的光电转换模块（2 电口转 2 光口），可将子站之间的布线间距延长到最远 15km，同时保障控制系统的稳定可靠性。

变频调速为连续无级调速，可以实现软启动和软停止，使系统在整个运行过程中都非常平稳，最大限度减小系统启动带来的机械冲击，增加机械稳定性，减少机械设备的维修时间及维修费用。使用变频控制，除了可以很大程度提高系统的运行可靠性，还可以节约电能，降低所需电网的容量，由于冲击电流的大幅减小，同时改善了供电电网，保护了同一电网上其他电气设备的正常运行。施耐德 ATV630、ATV930 系列变频器上自身集成以太网接口，为集中控制提供了接口条件，很适合于自动上料系统的使用。

当指令输入 PLC 后，PLC 根据不同的信号组合，将不同的速度通过 Ethernet/IP 网络输出至变频器，变频器的运行、故障等状态反馈至 PLC，PLC 根据采集到的变频器信号及远程 I/O 子站采集到的限位等信号，判断系统运行状态和故障情况，并将信号通过以太网传送给其他相关系统，实现系统间的联动和互锁，以及 SCADA 画面显示。

设备清单见表 4-2。

表 4-2　某粒料上料系统的控制系统设备清单

序号	自动化设备名称	厂家	型号	数量
1	PLC	施耐德	Modicon M580	3
2	计量模块	托利多	UNI-900	12
3	温度计	安徽天康	热电阻	36
4	变频器	施耐德	ATV630	35
			ATV930	8
5	交换机	施耐德	Modicon Switch	2
6	电脑	联想	T4900	3
7	软启动器	施耐德	ATS48	0
8	多功能表	安科瑞	ACR220EL	2

4.1.2　配料系统解决方案

1. 改性沥青卷材类产品配料系统解决方案

图 4-16 是某 SBS 改性沥青防水卷材配料系统的自动控制系统架构图。架构中主要元件的功能说明如下。

1）PLC

①通过数字量输入点获得操作面板按钮、传感器等产生的开关量信号，经过逻辑计算处理，再通过数字量输出点输出控制信号给接触器、继电器等执行元件，进而控制各预浸油罐搅拌电机、倒料泵电机、低温导热油泵电机、螺旋电机、斗提机电机、加料电机、胶体磨电机、风扇电机的启停。

②按照特定的工艺原理计算出配料罐电机、搅拌电机、出料泵等的目标转速。

③通过 EtherNet/IP 总线控制配料罐变频器、搅拌变频器、出料泵变频器、预浸油变频器、石粉仓出料器变频器的启停和输出频率，进而实现对电机转速的控制。

2）配料罐变频器

拖动配料罐电机，PLC 通过 EtherNet/IP 总线控制变频器的启停和输出频率。

3）搅拌变频器

拖动搅拌电机，PLC 通过 EtherNet/IP 总线控制变频器的启停和输出频率。

4）出料泵变频器

拖动出料泵，PLC 通过 EtherNet/IP 总线控制变频器的启停和输出频率。

5）预浸油变频器

拖动预浸油电机，PLC 通过 EtherNet/IP 总线控制变频器的启停和输出频率。

6）石粉仓出料器变频器

拖动石粉仓出料器电机，PLC 通过 EtherNet/IP 总线控制变频器的启停和输出频率。

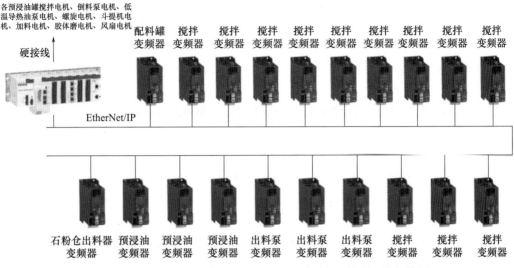

各预浸油搅拌电机、倒料泵电机、低温导热油泵电机、螺旋电机、斗提机电机、加料电机、胶体磨电机、风扇电机

硬接线

EtherNet/IP

配料罐变频器　搅拌变频器　搅拌变频器　搅拌变频器　搅拌变频器　搅拌变频器　搅拌变频器　搅拌变频器　搅拌变频器　搅拌变频器

石粉仓出料器变频器　预浸油变频器　预浸油变频器　预浸油变频器　出料泵变频器　出料泵变频器　出料泵变频器　搅拌变频器　搅拌变频器　搅拌变频器

图 4-16　某 SBS 改性沥青防水卷材配料系统的自动控制系统架构图

2. 高分子卷材类产品配料系统解决方案

图 4-17 是某高分子卷材配料系统的自动控制系统架构图。

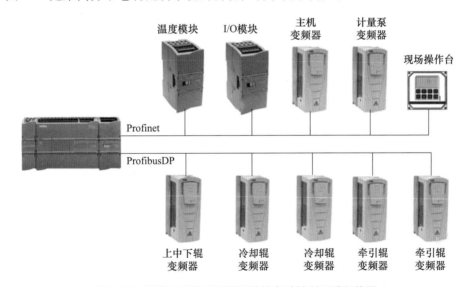

温度模块　I/O模块　主机变频器　计量泵变频器　现场操作台

Profinet

ProfibusDP

上中下辊变频器　冷却辊变频器　冷却辊变频器　牵引辊变频器　牵引辊变频器

图 4-17　某高分子卷材配料系统的自动控制系统架构图

架构中主要元件的功能说明如下。

1）PLC

通过数字量输入点、模拟量输入点获得操作面板按钮、传感器等产生的开关量信号、温度信号，经过逻辑计算处理，再通过数字量输出点输出控制信号给接触器、继电器等执行元件，进而控制各主机、计量泵电机、上中下辊电机、冷却辊电机、牵引辊电机、加料电机、风扇电机的启停。

按照特定的工艺原理计算出主机、上中下辊电机、牵引辊电机等的目标转速。

通过 PN 通信、ProfibusDP 通信控制主机变频器、计量泵变频器、上中下辊变频器、冷却辊变频器、牵引辊变频器的启停和输出频率，进而实现对电机转速的控制。

2）主机变频器

拖动融化电机，PLC 通过 PN 通信控制变频器的启停和输出频率。

3）计量泵变频器

拖动出料电机，PLC 通过 PN 通信控制变频器的启停和输出频率。

4）上中下辊变频器

拖动上中下辊泵，PLC 通过 ProfibusDP 控制变频器的启停和输出频率。

5）冷却辊变频器

拖动冷却辊电机，PLC 通过 ProfibusDP 控制变频器的启停和输出频率。

6）牵引辊变频器

拖动牵引辊电机，PLC 通过 ProfibusDP 控制变频器的启停和输出频率。

3. 防水涂料类产品配料系统解决方案

图 4-18 是某聚氨酯防水卷材配料系统的自动控制系统架构图，这是一个典型的 DCS 架构。

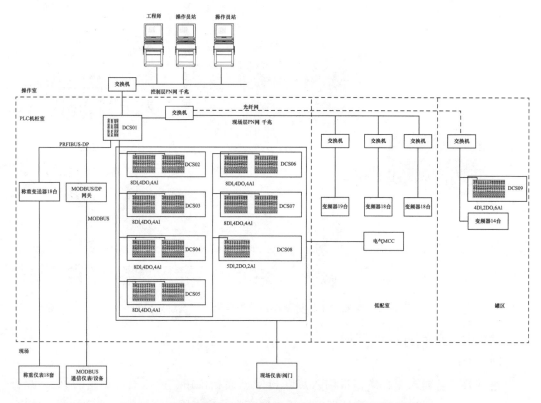

图 4-18 某聚氨酯防水卷材配料系统的自动控制系统架构图

4.2 成型系统智能化解决方案

4.2.1 改性沥青卷材类产品成型系统解决方案

图 4-19 所示的是某改性沥青防水卷材成型系统的自动控制系统架构图。该卷材成型系统的电气控制系统主要由若干电气控制柜和两个操作员站构成。架构中主要元件的功能说明如下。

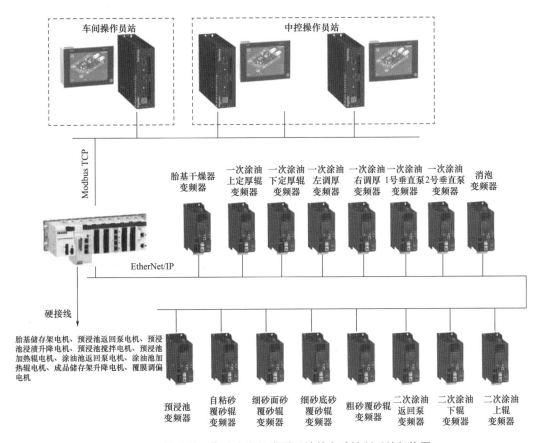

图 4-19 某改性沥青防水卷材成型系统的自动控制系统架构图

1. PLC

通过数字量输入点获得操作面板按钮、传感器等产生的开关量信号，经过逻辑计算处理，再通过数字量输出点输出控制信号给接触器、继电器等执行元件，进而控制各胎基储存架电机、预浸池返回泵电机、预浸池浸渍升降电机、预浸池搅拌电机、预浸池加热辊电机、涂油池返回泵电机、涂油池加热辊电机、成品储存架升降电机、覆膜调偏电机的启停。

按照特定的工艺原理计算出胎基干燥器电机、涂油定厚辊电机、垂直泵、覆砂辊电机等的目标转速。

通过 EtherNet/IP 总线控制胎基干燥器变频器、涂油定厚辊变频器、垂直泵变频器、覆砂辊变频器、预浸油变频器的启停和输出频率,进而实现对电机转速的控制。

2. 胎基干燥器变频器

拖动胎基干燥器电机,PLC 通过 EtherNet/IP 总线控制变频器的启停和输出频率。

3. 涂油定厚辊变频器

拖动涂油定厚辊电机,PLC 通过 EtherNet/IP 总线控制变频器的启停和输出频率。

4. 垂直泵变频器

拖动一次涂油垂直泵,PLC 通过 EtherNet/IP 总线控制变频器的启停和输出频率。

5. 覆砂辊变频器

拖动覆砂辊电机,PLC 通过 EtherNet/IP 总线控制变频器的启停和输出频率。

6. 预浸油变频器

拖动预浸油电机,PLC 通过 EtherNet/IP 总线控制变频器的启停和输出频率。

7. 消泡变频器

拖动消泡电机,PLC 通过 EtherNet/IP 总线控制变频器的启停和输出频率。

4.2.2 高分子卷材类产品成型系统解决方案

高分子防水卷材指将可塑性高分子树脂经塑化挤出压延工艺制成的具有一定厚度和宽度、长度的卷材。高分子卷材分均质片和复合片及异型功能片(如带有凸台的防水板)等。高分子卷材的内在指标主要取决于原材料的选用。设计合理的生产线可以保证高分子卷材的外观质量和内在质量,避免能源和物料的浪费。

控制系统是高分子卷材生产线实现自动化生产的关键,合理的控制系统不但能够保证设备运转稳定,同时也能保证产品质量稳定,降低废品率,减小劳动强度,提高设备效率。该生产线的控制系统主要分为自动上料、温度控制、挤出量控制、整机线速度控制、整机统调控制。

自动上料系统由原料混配机、储料仓、上料机和料位计组成。按配方要求,混配好的原料储存在储料仓中,经上料机输送到挤出机料斗中,料斗安装料位计,物料加满时上料停止,物料到达料斗下限时上料开始,储料仓无物料时报警灯报警。

温度控制系统分挤出机螺杆温度控制、模头温度控制、三辊机温度控制三部分,选用智能温控表或 PLC(可编程控制器)控制。挤出机螺杆配冷却风机调温。

挤出量控制选用变频调速电机或直流调速电机,通过调整电动机的速度控制挤出机的挤出量,配合整机线速度实现定量供料。

整机线速度控制包括三辊速度(各辊筒为变频调速电动机独立传动)、牵引速度

（变频调速电动机）、辅助牵引速度、收卷速度等部分。

整套生产线实现一键开机，利用 PLC 使各控制系统具有独立调整和手动修正纠偏功能，整机具有统调及各分系统自动修正纠偏功能，保证生产线的自动运行。控制系统基本原理如图 4-20 所示，控制系统架构如图 4-21 所示，设备清单见表 4-3。

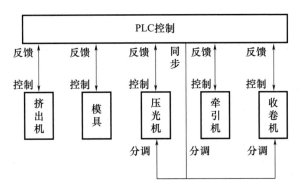

图 4-20　控制系统原理图

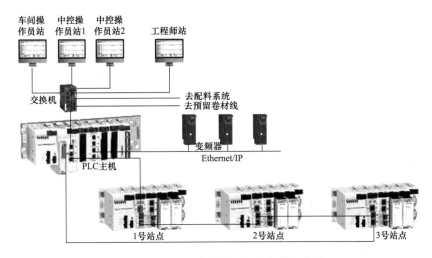

图 4-21　卷材生产线控制系统架构示意图

表 4-3　设备清单

序号	自动化设备名称	厂家	型号	数量
1	PLC	施耐德	Modicon M580	1
2	计量模块	中行电测	UNI-900	18
3	温度计	安徽天康	热电阻	28
4	变频器	施耐德	ATV930	32
5	交换机	施耐德	Modicon Switch	3
6	电脑	联想	T4900	4
7	软启动器	施耐德	ATS48	1
8	多功能表	安科瑞	ACR220EL	4

4.3　成品码垛封装系统智能化解决方案

4.3.1　改性沥青卷材类产品封装码垛系统解决方案

1. 改性沥青卷材

防水材料是对具有防水抗渗类材料的总称，目前还没有防水材料统一的分类。一般将防水材料分为防水卷材、防水涂料、刚性防水材料、密封材料、瓦类材料五大类。其中，防水卷材又分普通沥青防水卷材、改性沥青防水卷材、高分子防水卷材三类。通常将防水卷材和防水涂料统称为柔性防水材料。在路桥防水工程中，基本使用卷材和涂膜两大类防水材料。

目前，在建筑防水工程中，高聚物改性沥青防水卷材已基本取代传统的氧化沥青防水卷材，包括石油沥青纸胎油毡和石油沥青玻璃纤维胎油毡，在所有防水材料中，其用量列首位。

高聚物改性沥青防水卷材技术的核心是，在热沥青中添加热塑性弹性体的典型代表为苯乙烯-丁二烯-苯乙烯嵌段共聚物，或热塑性塑性体典型代表为无规则聚丙烯等改性剂，在一定的热熔温度下，首先让改性剂进行熔胀，然后通过胶体磨对改性剂进行研磨，使改性剂均匀分散在沥青介质中形成连续的网架结构连续相，沥青则形成分散相充填在改性剂网架结构中形成改性沥青，再在配方中添加部分辅助改性剂和填料。改性沥青克服了普通沥青的高温流淌、低温脆裂的温度敏感特性，从而使其具有良好的低温柔性和抗高温流淌等性能。以聚酯无纺布胎基或玻璃纤维无纺布胎基等为增强材料，在增强材料的表面涂刮经过上述改性的改性沥青涂层，并以聚乙烯膜覆于下表面，而以聚乙烯膜、铝箔、天然砂或片岩等覆于上表面，即成为高聚物改性沥青防水卷材。

高聚物改性沥青防水卷材常用胎基为无碱玻璃纤维毡、聚酯无纺布，除此之外，还有黄麻布、聚乙烯膜、金属箔以及玻璃纤维网格布与无碱玻璃纤维无纺布复合、无碱玻璃纤维无纺布与聚酯无纺布复合形成的复合胎基。为防止卷材成卷后发生粘连，在卷材成型时，一般在其下表面即施工时与基层粘结的一面覆聚乙烯膜，在其上表面覆聚乙烯膜、铝箔、天然砂、片岩等材料。根据改性剂、胎基的不同将高聚物改性沥青防水卷材主要分为聚酯无纺布胎基改性沥青防水卷材、玻璃纤维无纺布胎基改性沥青防水卷材、聚酯无纺布胎基丁苯橡胶改性沥青防水卷材等。在建筑防水中，最常用的高聚物改性沥青防水卷材品种有聚酯无纺布胎基改性沥青防水卷材、玻璃纤维无纺布胎基改性沥青防水卷材等。

2. 改性沥青码垛的技术参数

东方雨虹建德工厂卷材生产线，采用机械手装置对卷材产品进行码垛，生产线的产品最大速度为330卷/小时。承载质量2000kg。码垛后的垛形，端面应整齐，且不应超出托盘（1250mm×1250mm）的范围。

卷材产品为不规则的圆柱体产品，产品较软。表4-4是无胎卷材参数，图4-22为无胎卷材的两种垛型。1.5mm及以下产品横放，按照12345码放的方式，一托共15卷；2.0mm产品横放，按照1234的码放方式，一托共10卷。

表4-4　无胎卷材参数

序号	规格	每卷质量（kg）	卷材内径（mm）	卷材外径（mm）	包装后卷材长度（mm）
1	1.2mm（20m）	35~37	74~76	200~220	1020~1060
2	1.5mm（20m）	41~43.5	74~76	225~240	1020~1060
3	2.0mm（20m）	52~57	74~76	255~270	1020~1060

(a) 12345码放　　　　　　　　(b) 1234码放

图4-22　无胎卷材垛型

表4-5是有胎卷材参数，图4-23为有胎卷材垛型。

表4-5　有胎卷材参数

序号	规格	每卷质量（kg）	卷材内径（mm）	卷材外径（mm）	包装后卷材长度（mm）
1	3mm（10m）	35~36	75~78	210~215	1001~1006
2	4mm（10m）	47~48	75~78	240~245	1001~1006

有胎卷材直立码放，按照5×5码放。

图4-23　有胎卷材垛型

3. 方案设计

1）码垛线设计

卷材输送流程如下：热塑封机→剔除工位→贴标工位→缓冲链板输送机→抓取平台→机械手→码垛位→出垛位。卷材从热塑封机出来之后，进入剔除工位，该工位具有将卷材向前输送功能和向侧向输送的功能，产品不合格时对其剔除，产品不合格或机械手故障等原因将产品向侧向输送。当卷材进入贴标工位时，停留 5~15s 实现贴标。贴标之后链板输送机将卷材输送到抓取平台，等待机器人抓取码垛。由于卷材的外形为不规则圆柱体、材质偏软，该工位具有对卷材定位调整功能，使卷材的位置一致，确保码垛后垛形整齐。托盘库将空托盘输送至待码位即垛盘输送机，机器人通过抓手将物料袋抓取并码在托盘上；待码好一垛后，托盘库将整垛输送至无动力辊道机上；最后人工用叉车叉取入库码垛。卷材码垛生产线的布局如图 4-24 所示。

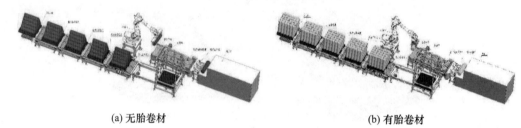

(a) 无胎卷材　　　　　　　　　　　(b) 有胎卷材

图 4-24　卷材码垛生产线

（1）卷材输送线

卷材输送线采用链板输送机输送。链板输送机采用链条带动槽板运动输送物料，具有输送能力大、动力消耗低、磨损小、动作可靠等优点。链板输送机由头部输送装置、尾轮装置、拉紧装置、链板及支架 5 个部分组成。头部输送装置由电动机、减速器、传动及主动链轮等组成，提供链板输送机的动力。尾轮主要用于链板的改向；拉紧装置采用螺旋拉紧的方式，调节牵引链条的松紧程度。

链板输送线上装有光电传感器，光电传感器检测现场有无物体通过，并把信号传给 PLC，PLC 运算后把运算结果的信号输出给头部输送装置，实现对链板输送机的控制（图 4-25）。

（2）托盘库系统

托盘库系统包含托盘仓、托盘输送机、垛盘输送机一、垛盘输送机二以及无动力辊道机等几个部分，其主要作用是自动供应空托盘并输送满垛托盘至叉车位，减少人工，节约时间，

图 4-25　链板输送机

提高生产效率。托盘仓是托盘库系统的前端，其功能是储存空托盘。该结构最多一次可存储 10 个空托盘。主要动作过程为：托盘仓空时，托盘顶升机构顶起顶升板，叉车一次叉起多个空托盘放置在顶升板上。出托盘时，托盘顶升机构下降一个托盘的高度，托盘叉住一个空托盘使除最底下一只的其余托盘固定，托盘顶升机构下降至最低，最下一

只空托盘降到托盘输送机上，待托盘输送机送走该托盘，如此循环。托盘仓如图 4-26 所示。托盘输送机是托盘仓和垛盘输送机的连接部分，通过它将前后两端连接起来，其主要作用是输送空垛盘至码垛位，并预先存储一个空托盘。无动力辊道机是由多组可自由转动的辊筒和四组不可转动的辊筒（止动辊）组成，是无动力的，垛盘主要依靠惯性在上面移动，其尾部装有不可转动的辊筒（止动辊）和阻挡块，防止垛盘惯性太大。

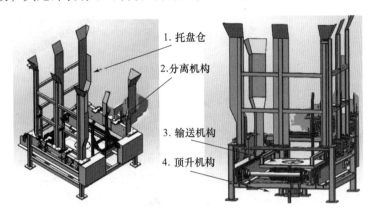

1. 托盘仓
2. 分离机构
3. 输送机构
4. 顶升机构

图 4-26　托盘仓

（3）其他装置

①贴标机。

贴标机对卷材进行贴标。贴标机的工作原理是：卷材在立案板输送机上匀速运行，经过安装在输送机一侧上的红外光电传感器时，红外光电传感器获得信号，并将信号传输到贴标机控制系统，控制系统通过安装在输送机上的编码器实时监测卷材位置，待卷材运行到设定位置时，启动出标机构，对卷材贴标。出标机构设有检测标签缝隙的光电传感器，出标机构的驱动电机带动标签的底纸运动，直到检测到标签间的缝隙后，驱动电机运动到指定距离后停止，保证整张标签被送出去。贴标机的出口还设有皮带压标组件，将标签平整无气泡地粘贴在被贴物上，最终贴标过程完成。

②成品垛输出装置。

成品垛的输出是工业码垛机器人码垛完成后，经托盘输送线输送到指定位置，等待叉车取走货物。

③机器人。

码垛机器人型号的选用是从多方面考量的，多从技术成熟度、可操作性以及经济成本三方面来考量。选用 ABBIRB 6700-150/型工业机器人，臂展 3.2m，有效负载 145kg。如图 4-27 所示。

④机器人抓手。

该机构主要用于 5 种规格的卷材，卷材直径范围 210～270mm，长度范围为 1001～1060mm。无胎卷材横码，有胎卷材竖码。设计的抓手可适应 5 种规格的卷

图 4-27　ABBIRB 6700-150/型
工业机器人

材，具有张开角度大、开合速度快的特点，并且还可根据卷材的实际直径和长度做出适当的调整。该机构动力源为压缩空气，通过电磁阀控制进气的方向和顺序，进而控制气缸的动作，达成抓包放包压包等动作，如图4-28所示。

图 4-28　卷材抓手

2）控制系统设计

控制系统大致由3个部分组成：上位机监控系统、PLC控制系统、机器人控制系统。其中，上位机监控系统通过与现场数据信息的实时交互，实现对系统的监控功能。PLC为控制系统的核心，完成接受和采集对外部的信息、对外围设备的监测和控制等任务。机器人作为一种具有智能技术的设备，可以代替人类完成具有重复性、危险性和易错性的工作。整个系统功能的设计目的是实现一个高速、高效、高可靠和高稳定性的工业自动化生产作业，既有效地降低工人的劳动强度，切实保障工人的休息时间，又提高企业的经济效益。

本系统的总体设计方案结构图，如图4-29所示。通过DeviceNet方式将机器人控制器、PLC以及上位机连接起来。卷材输送线、剔出工位、贴标机、托盘系统、码垛装置机器人及抓手通过输入输出与码垛生产线控制器实施数据的上传和设备的控制。贴标机通过基于Modbus-RTU协议的标准RS485接口与码垛生产线控制器进行通信，来完成卷材的贴标。

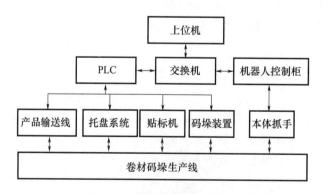

图 4-29　总体设计方案结构图

下面介绍PLC选型。

数字量设备构成了卷材高速码垛生产线系统中的主要设备。其中，数字量的主要输入设备为传感器、控制柜上的启停按钮和急停按钮、输出电磁阀上的磁性开关以及接近开关等，电磁阀、辊筒的启动以及功能性指示灯这几种设备为数字量的主要输出设备。

根据输入信号和输出信号的点来进行 PLC 模块的选择。PLC 的数字量输入信号明细统计参见表 4-6，输出信号明细统计参见表 4-7。

表 4-6　PLC 的数字量输入信号统计

名称	个数
急停	5
启动	1
暂停	1
接近开关	16
光电开关	175
磁控开关	18
共计	216

表 4-7　PLC 的数字量输出信号统计

名称	个数
蜂鸣器	2
故障指示灯	1
运行指示灯	1
输送线启动	10
电磁阀	25
共计	34

本系统全部由数字量组成，大部分为 I/O 点。考虑到控制柜的 PLC 模块的安装空间，选择运算功能强大且功能具有扩展性的 S7-1500 系列 PLC。S7-1500 控制器不仅具有良好的兼容性，而且可以有效抵抗外界冲击和震动，它还具有集成的 PROFINET 接口，可以灵活地进行扩展。S7-1500 的这些特点为各种工艺任务提供了简单的通信和有效的解决方案，极大地提高了生产效率，并且集成了故障安全功能，可充分满足本系统的要求，很好地适用于工业生产。

PLC 控制系统先将卷材箱输送到剔除工位，判断其是否是正品，如果是废品则通过剔除机构剔除；正品输送到贴标工位，对其进行贴标，贴标后卷材被送到码垛位。机器人判断卷材类型，如果是无胎卷材，则将其横放，如果是有胎卷材则将其竖放。在码垛过程中，设备应设置止挡机构，防止卷材向两侧滑动。在码垛结束后，止挡机构挪开，成品垛向前移动。托盘供给由自动托盘库组成，自动托盘库是经过拆垛机拆成单个托盘，它的工作流程是拆垛机上的夹二层气缸先夹住二层的托盘，拆垛机中的升降气缸升起，将一层的托盘自动分开，从中就可拆分出一个托盘；托盘输送是指将拆好的托盘经过托盘输送线输送到空托盘的等待工位，当码垛工位需要时，能及时地输送到位，节省时间。成品垛输出是指码垛工位中码垛机器人码垛完成后，经托盘输送线输送到指定位置，等待叉车将其叉走。控制系统流程如图 4-30 所示。

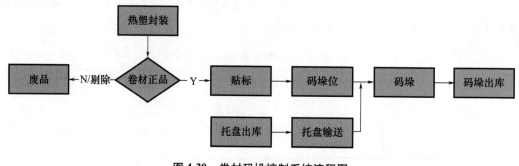

图 4-30　卷材码垛控制系统流程图

4.3.2　高分子卷材类产品封装码垛系统解决方案

与"4.3.1 改性沥青卷材类产品封装码垛系统解决方案"相同。

4.3.3　防水涂料类产品封装码垛系统解决方案

1. 防水涂料介绍

据不完全统计，目前我国主要城市建筑物的屋面渗水率已达到 95.33%，同时，有近 60% 的地下建筑也存在着防水隐患，建筑渗漏率居高不下。建筑防水工作的好坏直接影响着建筑物使用安全和使用寿命，关系着百姓的生命及财产安全。防水材料在建筑领域有着极其广泛的应用，随着当前全球建筑工艺水平的提高，防水问题引起越来越多专业学者的重视。建筑防水材料是指使用在建筑物表面起到防潮、防漏作用的建筑材料。目前主流的建筑防水材料有以下四类，分别是高分子改性沥青防水卷材、合成高分子防水卷材、防水涂料、密封材料。

防水涂料由于其自身的性能优势，目前已被广泛使用在建筑防水工程当中。防水涂料相比于其他防水材料主要具有以下几点优势：

①防水涂料在施工前是液态，在实际的施工过程中，能够很好地覆盖到屋面的所有位置，并且随着涂料中溶剂的挥发，涂料固化成膜所形成的防水层非常完整，不会留下缝隙；②防水涂料的耐低温性能较好，能够适应极端的温度条件；③防水涂料是液态，具有流动性，施工时工序简单；④防水涂料和其他防水材料具有很好的适应性，可以和很多防水材料一起使用。

2. 防水涂料的技术参数

东方雨虹荆门工厂涂料生产线，采用机械手装置对涂料产品进行码垛，生产线产能为每小时 400 桶。针对不同规格垛型分为 4×4×3、4×4×4、4×5×4 和 5×5×4。托盘的尺寸为 1250mm × 1250mm。在桶底部贴标或喷码，标签有两种，大小为 80mm × 50mm 和 72mm×120mm；压盖装置需采用辊压式压盖装置。产品规格见表 4-8。

表 4-8　卷材规格表

产品类型	包装规格	压盖方式
JS	20L	压
	10L 双组分	压
PMC	20L 双组分	压
	10L 双组分	压
	5L 双组分	压
背胶	2.5L 液料/粉料	压

3. 方案设计

将灌装后的桶输送到称重剔除工位剔除质量不符的桶，将合格的桶输送到喷码贴标工位对其贴标喷码，对桶封盖后，输送到码垛位，码垛完成后，输送到缠膜或套膜工位对其缠膜或套膜，之后进入出垛工位出垛。

工艺流程为：灌装系统→喷码、贴标→码垛→自动缠膜→出垛。

1）灌装系统

灌装系统由传送、自动取桶、油漆灌装、封盖及堆垛 5 个工序组成。

（1）传送

传送有 4 个位置：①空桶位，②取桶位，③粗灌位，④精灌位。每个位置均有传感器，在各个位置判断就位/完成，并反馈给 PLC 进行相应的操作。通过控制传送辊的启停实现各个工位之间的传送。除了空桶位的空桶是人工整齐摆放外，其余过程均是自动化的。

（2）自动取桶

自动取桶由桶库自动分桶机构组成。桶库类似于空托盘仓，用于储存空桶；自动分桶机构将空桶分拆，通过输送线输送到自动灌装机；取桶位传感器判断空桶是否摆放就位，上桶装置抽取空桶，抽取的空桶传送到粗灌位进行粗灌。

（3）油漆灌装

本生产线中灌装分为粗灌和精灌。粗灌完成灌装目标总量的 90%，该过程会同时开启多个灌头，准确快速地完成粗灌。完成粗灌后，系统由自动称重装置对其称重，并与设定值对比，不合格的桶被剔除；合格的桶允许通过并经过振荡后由传送装置传送至精灌位。精灌时系统控制灌头缓慢匀速地完成余下 10% 产品的灌装，完成精灌装的桶也会由称重装置进行筛选。

灌装的控制主要包括罐的就位/停止，灌装开始/停止。罐就位/停止的信号由接近开关提供，接近开关一旦输出信号，即表明罐已进入灌装位置，PLC 执行相应动作实现灌装。

（4）封盖

灌装完成后由传送装置将桶传送至封盖工位，自动上盖机取桶盖并将桶盖准确放置到灌装好的桶上，由压盖机将桶盖准确挤压，并对灌装好的油漆进行密封。当取盖位没有桶盖时，系统报警，提示及时增加盖子。自动上盖机由自动盖库、自动落盖机、桶盖提升、连续式辊棒和输送线组成，系统实现自动输送、提升、拆盖和连续式上盖和压盖。压盖机采用连续式辊棒压盖结构，重桶在动力辊道输送下顺序通过压盖机，辊棒自动将盖压实，自动完成封盖，压盖机设计有排气机构，防止压盖后桶鼓气。

（5）堆垛

该设备采用机器人吸盘式重桶码垛机系统，由重桶编组输送机、机器人、码垛专用吸盘式卡具、托盘输送机、自动拆盘仓、码垛辊道输送机、自动缠膜机、重垛辊道输送机、重垛下线辊道输送机、码垛护栏安全保护系统和控制系统等组成。可以根据自身需要灵活调整，比如也可选龙门式码垛机器人、抓手式卡具、自动套膜机等替换相应的设备。

抓取动作由机器人完成，速度快，定位准确。码垛坐标、方式和层数（1~4层）可设定。码放精度要求达到：码放之后垛形不允许超出托盘边缘，包括桶边沿。

工作流程一般为重桶经输送线输送过来后首先进行码垛编组，编组配合机器人进行码垛抓取。机器人每次经吸盘式夹具抓取设定的桶数然后按照 $a \times b \times c$ 的形式进行码垛，码垛后为了保证产品的洁净，通常会进行缠膜，缠膜结束的成品垛通过输送线输送到出垛输送线，等待叉车下线。

上托盘流程为：叉车将托盘垛放于拆盘仓前端输送线上，托盘垛输送进拆盘仓自动拆盘，然后有序分配输送到码垛位进行码垛。

2）喷码、贴标

包装企业使用的印刷方式主要有三种：连续喷墨式喷码机、按需喷墨式喷码机和激光喷码机。其中，连续喷墨式喷码机因其速度快、成本较低等优点，被广泛地应用于生产日期等信息喷绘。连续喷墨式喷码机的原理是通过压力把墨水从单一喷头中不断喷出，经晶体振荡后发生断裂产生墨点，再经充电、高压偏转后在运动物体的表面形成字符。这里采用连续喷墨式喷码机。

3）码垛

码垛由机器人、重桶编组输送机、专用吸盘或抓式卡具、托盘链板输送机、码垛位链板输送机、缓存链板输送机、出垛位链板输送机组成。

机器人采用 ABB IRB 660-180 机器人（图4-31），采用4轴设计，是一款具有3.15m到达距离和180kg有效载荷的高速机器人，非常适合应用于袋、盒、板条箱、瓶等包装形式物料的堆垛。可靠性强，速度快，采用标准码垛软件，精度高，功率大。防护等级达到IP67，在恶劣生产环境中仍具有稳定的性能。

图4-31　ABB IRB 660-180 机器人

4）机器人抓手

该机构主要用于6种规格的涂料，垛型分为4×4×3、4×4×4、4×5×4和5×5×4四种。采用真空吸盘（图4-32），结构简单、故障率低、易操作维护，主要零部件少、配件少、维护成本低，设计的抓手可适应6种规格的涂料。

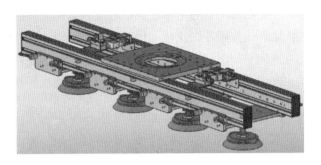

图 4-32　真空吸盘

工作流程：重桶经输送线输送过来后首先进行码垛编组，编组配合机器人进行码垛抓取。机器人每次经夹具抓取 4 桶，可以按照 4×4×4、4×5×4、5×5×4 垛型码垛，码垛结束的重垛输送到重垛输送线再输送到出垛输送线，等待叉车下线（图 4-33）。

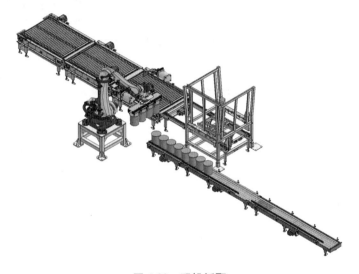

图 4-33　码垛抓取

4. 控制系统设计

涂料对自动包装码垛生产线的稳定性要求极高，控制系统各功能单元的工艺流程必须满足技术参数才能保证动作执行流畅、协调、高效。该控制系统应具有以下要求：

①可视化人机界面，对工人操作技能水平要求不高；

②控制结构简单、运行速度快、稳定性高；

③控制系统动态响应性能优良，能实时采集生产线各控制点信号并立即反馈处理；

④程序可编辑性强，方便更新控制程序；

⑤为了防止设备的功能扩展和工艺改造，进行 PLC 的 I/O 端子分配时应该留有一定的余量。

⑥考虑到现场工作人员的安全问题，生产线上出现的任何非正常状态都可以实现故障报警和急停。

根据以上需求，本书选用"HMI + PLC"的控制模式。通过可编程控制器 PLC 作为信号运算及传输的桥梁，把触摸屏与各信号、各执行元件联系起来。生产时，PLC 通过光电开关信号进行逻辑运算，控制各个执行元件完成各类功能，并将生产线的运行状态显示到触摸屏上，使得生产线的动作有条不紊地推进，生产平稳运行。同时，HMI 具备友好的人机交互界面，方便生产监控与维护。在维护阶段，通过触摸屏输入信号，给予PLC 执行指令，调整各执行元件动作顺序、幅度，以达到不同工况下的生产需求，完成生产线的调整、测试。

显示采用 Wincc 组态软件编程实现。Wincc 组态软件是在计算机上在使用人员对操作系统的监控与调试下，将运行画面与实际生产要求进行人机界面的创立，通过实际操作系统的集成，采用接口通信方式将 Wincc 组态软件和编程开发软件相结合进行使用。

为了满足生产线需要，由 Wincc 组态软件实现上位机监控，上位机和生产线控制系统 PLC 通过 DeviceNet 通信，控制系统选用西门子 PLC S7-1500。涂料码垛封装生产线有手动工作方式和自动工作方式两种工作方式。在手动工作方式下，使用者需要使用各个按钮来完成生产线的每一个动作，例如灌装、贴标、缠膜、释放托盘和码垛等动作。在自动工作方式下，码垛生产线通过子程序的调用控制各部分的动作，从而使得码垛生产线能够连续地工作（图 4-34）。

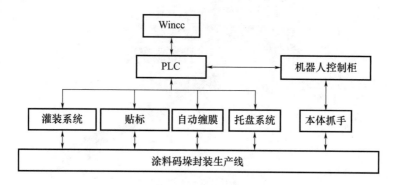

图 4-34　涂料码垛封装线控制系统

4.3.4　刚性防水材料产品封装码垛系统解决方案

1. 刚性防水材料

刚性防水材料是指以水泥、砂石为原料，或其内掺入少量外加剂、高分子聚合物等材料，通过调整配合比、抑制或减少孔隙率、改变孔隙特征，增加各原材料接口间的密实性等方法，配制成的具有一定抗渗透能力的水泥砂浆混凝土类防水材料。

刚性防水材料按其胶凝材料的不同可分为两大类，一类是以硅酸盐水泥为基料，加入无机或有机外加剂配制而成的防水砂浆、防水混凝土，如外加剂防水混凝土、聚合物砂浆等；另一类是以膨胀水泥为主的特种水泥为基料配制的防水砂浆、防水混凝土，如膨胀水泥防水混凝土。刚性防水材料按其作用又可分为有承重作用的防水材料和仅有防水作用的防水材料。前者指各种类型的防水混凝土，后者指各种类型的防水砂浆。

2. 防水砂浆生产线需求

生产线中主要设备包括袋面清洁机、袋体输送系统、码垛机器人、托盘输送线、移载小车、套膜机、覆膜装置等。

①码垛产品包装质量及规格参数见表4-9。

表4-9 产品规格

序号	尺寸（宽×长×高）（mm）	包装质量（kg）
1	375×270×105	20
2	470×270×105	25
3	395×270×105	16
4	535×270×105	24
5	490×270×105	20

②产品包装形式：阀口袋。

③码垛能力：（900～1000）袋/h。

④三种规格的码垛托盘尺寸：1250mm×1250mm×150mm；1200mm×1000mm×130mm；1200mm×1050mm×152mm。托盘要求：托盘表面完好，平面度上下偏差≤5mm，缺损部分不得大于托盘表面积的3%。

⑤码垛层数为：（7～10）层。

⑥工作环境温度：0～45℃。

⑦整托盘质量可达2t重。

3. 方案设计

防水砂浆生产线是将车间输送来的阀口袋，经过袋面清洁机清洁后，输送到码垛位，机器人对其码垛后，通过缠膜机或冷拉伸套膜机对其套袋包装（图4-35）。

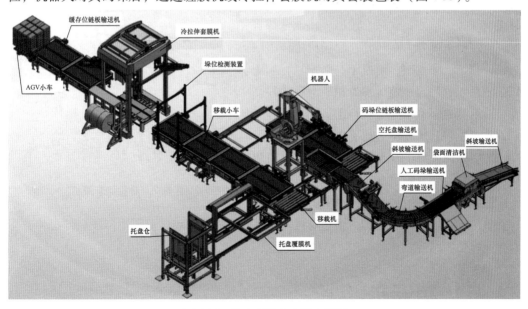

图4-35 防水砂浆生产线布局图

1）工艺流程

工艺流程如下：包装机→爬坡输送线→袋面清洁机→剔除工位→输送带机→压实整形→缓冲皮带机→抓取平台→移动小车→冷拉伸套膜机→出垛。

2）关键设备

（1）袋面清洁机（图4-36）

该机由辊筒输送机和密闭的收尘罩组成：辊筒输送机内上下左右四个方向各设置1组毛刷，对阀口袋上下左右四面刷灰，毛刷柔软且有韧性，既能对粉尘进行清扫，又不阻碍阀口袋的通过；收尘罩将输送机完全密封（入口和出口设置橡胶帘），下端设置收灰盒。清洁机的辊筒传动链条和链轮设置在收尘罩外部。为有效分离两个连接在一起的阀口袋，辊筒输送机入口一侧的输送速度为30m/min，出口一侧的输送速度为35m/min。

图4-36　袋面清洁机

（2）冷拉伸套膜机

冷拉伸套膜机将筒形膜卷制成袋底在上端的单个空袋，将此空袋进行横向拉伸后再套罩在成垛产品上，实现成垛产品的整体二次包装，以便于成垛产品的运输和保存。供膜、制袋、开袋、拉伸、套垛、输出等作业全部自动完成。整机可分为6部分：套膜机主体、输送线、膜架、测高架、电控箱、防护栏，如图4-37所示。利用超声波传感器精确测量垛件高度，系统根据垛件高度拉出相应长度的薄膜罩，热封后将其从膜卷上裁下来，拉臂对热封和切割后的薄膜罩进行水平拉伸，采用电机驱动的辊轮移动到套膜位置，并在整个移动过程中压紧薄膜，薄膜罩被拉到托盘下方，拉伸后

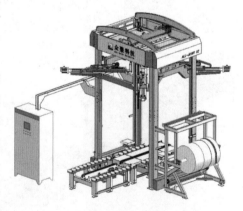

图4-37　冷拉伸套膜机

罩在整个托盘垛件上。此时，辊轮与拉臂相互协调放开薄膜，薄膜罩形成底部拉伸，与垛件托盘紧密结合。

（3）机器人及抓手

根据生产线包装袋的尺寸，码垛所需要的托盘尺寸是1300mm×1250mm，码垛最高

可码 10 层，最大高度为 1200mm。包装袋的中心到垛盘的最小的距离是 200mm，因此在垛盘平面上，机器人的工作范围是 1200mm×800mm。工业机器人在垂直于码盘平面的方向上码放包装袋的最大高度是 1200mm，码垛机器人的抓取位置是包装袋的上表面，最上层包装袋的上表面到最下层包装袋的上表面的距离是 1050mm，码垛机器人在竖直方向上的工作范围是 2200mm+400mm=2600mm，由此可计算出码垛机器人的工作空间为 1400mm×1000mm×2600mm。

综合上述分析，选择 ABB 公司的 IRB 660-180/3.15 搬运机器人，其负载可达180kg，臂展 3.15m，重复定位精度可达到 ±0.05mm，最高运行速度能达到 2000 次/h，完全满足生产线码垛系统的任务要求。机器人如图 4-38 所示。

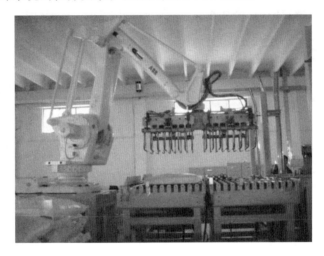

图 4-38　码垛机器人

4. 码垛线设计能力计算

1）袋输送能力计算

本产线理论设计产能必须大于 1000 袋/h。为了满足以上要求，保证输送过程中袋子不会堆积、碰撞，对输送线的线速度作适当设计。

输送线线速度设计参数见表 4-10。

表 4-10　输送线速度设计参数

输送机名称	线速度（m/min）
斜坡输送机	23
袋面清洁机	30
人工码垛位输送机	30
斜坡压平输送机	30
直线输送机	34
抓取输送机	40

以上线速度可以保证每分钟可通过的袋数 = 23（最小线速度）÷ 0.53（袋子最大宽度）= 43（袋），每小时通过的袋子数：43 × 60 = 2580（袋）。考虑到袋子与袋子间需有一定的间隙（定为一个袋子的间隔），每小时可通过的袋子数量为 2580/2 = 1290。

2）拆盘能力计算

理论最大值为 1000 袋/h，按极限 56 袋需要一个托盘计算，1h 极限托盘需求量 = 1000 ÷ 56 = 17.9（个），取值 18。因此一个空托盘的实际供给需求时间为 60/18 = 3.33（min/个）。本次我们选取的拆垛机工作循环为 15s，完全满足生产要求。

3）托盘库及托盘输送计算

托盘库的供应能力为 60 个/h；托盘实际均衡生产需求最大时，约为 18 个/h。而托盘库库存 10 个，能够存留 10 个托盘，保证托盘供应及时，0.5h 内不上托盘。

4）满垛输送机能力计算

运行速度大于或等于 12m/min；考虑到加速阶段，输送速度按照均速 10m/min 考虑。

输出一满垛的时间约为 1.8（m）÷ 10（m/min）= 0.18min = 10.8s；

单个空托盘供给时间约为 1.8（m）/10（m/min）= 0.18min = 10.8s；

满垛输出到空托盘到位需要时间 21.6s。

注：1.8m 为输入状态与输出状态时，托盘输送距离尺寸。

码垛节拍及效率分析（抓取时间计算）见表 4-11。

两个码垛位实际抓取时间计算：

ABB 机器人每次抓取的时间只需要 6s，而每次实际抓取需要的时间最快是 7.2s（1000 包/h，每次抓 2 包，等于 500 次/h，等于 7.2s/次），6s 小于 7.2s。

因此，抓取时间能够满足生产需要，可确保码垛线正常运行，无堆积现象。

表 4-11　节拍

运行动作分解	节拍（s）
从等待位置运行到抓取位置	1
抓取袋子	1
旋转角度	+130°
J1 轴旋转角速度（°/s）	130
从抓取位置到托盘处码垛位	1
手爪放置袋子，放置 2 次	2
回到等待位置	1
一个循环的节拍	6.0

5. 控制系统设计

砂浆全自动包装码垛生产线是以 PLC 为控制系统，以触摸屏和各种传感器为输入设备，以工业机器人为末端的自动化生产线，PLC 与工业机器人通过现场总线进行通信，对各电气执行元件进行控制。触摸屏可设置相应的参数设置，可与电脑和 PLC 实现实时数据交换与信息显示。控制系统具有如下的功能。

1）检测功能与控制功能

控制系统通过各个传感器检测生产线的各个工位及砂浆袋运行的动作是否正确。根据现场传感器的检测信号来控制生产线的启动、运行和停止。

2）报警显示功能

生产线运行发生故障时，要进行声、光报警。生产线重启时，各执行机构回归初始位置的过程中也要进行声、光报警。

3）灵活的控制方式

控制系统能实现手动、自动、单机运行。人机界面实时显示设备运行状态和故障信息。系统设有手动操作装置，即使自动运行出现问题时也能够实现手动控制，实现生产流程，提高设备的可维护性和可操作性。

（1）生产线工艺流程

全自动包装码垛生产线系统主要由袋面清洁机、称重剔除系统、机械包装输送系统、电气控制系统、软件系统、工业机器人码垛系统及其他传感器检测系统组成。

其主要工艺流程为：包装机完成砂浆包装之后，输送至袋面清洁机；对袋面进行清洁；清洁完成后，输送到质量复检机称重，如果质量不合格，则被剔除；再经过弯道输送机和爬坡输送机、整形输送机后到达码垛工位，等待机器人码垛；机器人码垛区域的结构为每垛 10 层，每层 5 包；每垛码完。发出码垛完成信号，由转运小车将其输送到冷拉伸套膜机进行缠膜；缠膜完成后，由叉车工运出，送入仓库堆垛，整个流程完成自动化操作。

（2）PLC 选型

生产线要完成清袋、称重系统、输送、机器人码垛、托盘输送和叉车入库堆垛等工作，生产工艺流程多，运动情况复杂，车间工作环境恶劣，振动、高温、粉尘、噪声严重超标，这就要求生产线控制系统具有很高的可靠性、很强的故障诊断能力、便捷的现场维护保修能力，以及良好的生产安全措施，才能确保生产工作的稳定运行，所以整个控制系统的硬件选型工作需要十分细致，才能满足生产线控制系统要求。

由于 PLC 具有运算处理能力强、运行速度快、存储器程序存储量大、结构小巧便于安装、可靠性高、通用性好等许多优点，因此选用 PLC 作为控制系统的核心部件，选取触摸屏作为车间控制操作站，选取各种先进传感器检测信号，各种电动机作为执行机构组成的集成控制系统。系统硬件配置包括中央处理单元、I/O 扩展单元、电源模块、各种检测元件、人机界面操作单元、电气控制执行元件。

PLC 选型是控制系统主要考量指标，根据系统需要与控制要求来选择 PLC 的机型及各模块，PLC 选型主要考虑指标有安装结构的大小、系统的运算能力、输入/输出模块控制的点数、存储器能够储存程序的存储量、系统响应时间和联网通信功能等。

根据生产线的实际控制情况，选用西门子 smart 2000 系列 PLC 作为主控制器。一般情况下，输入点与输入信号、输出点与输出控制是一一对应的。分配好输入/输出点后，按系统配置的通道与接点号，给每一个输入信号和输出信号进行编号（图4-39）。

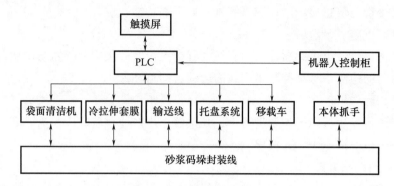

图 4-39　砂浆码垛封装线

4.4 立体仓库系统智能化解决方案

立体仓库一般采用几层、十几层甚至几十层高的货架，用自动化物料搬运设备进行货物出库和入库作业，一般由高层货架、物料搬运设备、控制和管理设备以及土建公用设施等部分构成。近年来立体仓库自动化水平不断提升，已经达到了无人化。

托盘单元式自动仓库采用托盘集装单元方式来保管物料，是自动仓库最广泛的使用形式，一般由巷道式堆垛起重机、高层货架、入/出库输送机系统、自动搬运车系统（AGV）、码垛机器人、自动控制系统、周边设备和计算机仓库管理系统等组成。

4.4.1　巷道式堆垛起重机

巷道式堆垛起重机是专门在高层货架的窄巷道内作业的起重机，又称有轨堆垛机。按照用途的不同可分为单元型、拣选型、单元-拣选型三种。按照控制方式的不同可分为手动、半自动和全自动三种。按照转移巷道方法的不同可分为固定式、转移式和转移车式三种。按照金属结构的形式可分为单立柱和双立柱两种。

4.4.2　入/出库输送机系统

入/出库输送机系统是大型复杂自动仓库的重要组成部分，不同于易实现标准化的高层货架和堆垛机，入/出库输送机系统要根据仓库的平面布置、入/出库作业的内容、工位数、分流和合流的需求等进行具体规划和设计。入/出库输送机系统的规划设计是自动仓库适用性的关键，入/出库输送机系统的规划设计与托盘的外形尺寸、下部结构，相关物流设备的装卸方法，自动规划控制，检测方法等都有密切关系。

虽然入/出库输送机系统是非标定制化的，但还是由以下几种形式的输送机及其基础模块组成的：

①链式输送机；

②辊道输送机；

③链式-辊道复合型输送机；

④链式-带辊道输送功能升降台复合输送机；

⑤带链式输送机或带辊道输送机的单轨车输送系统；

⑥自动搬运车及其系统。

4.4.3　高架叉车

高架叉车又称三向堆垛叉车，即叉车向运行方向两侧进行特别多作业时，车体无须做直角转向，而是使前部的门架或货叉做直角转向及侧移，这样作业通道就可以大大减小，提高了面积利用率。此外，高架叉车的起升高度比普通叉车要高，一般在6m左右，最高可达13m。

4.4.4　自动搬运车系统（AGV）

自动搬运车，也称为自动引导运输车（Automated Guided Vehicle，简称为AGV），是指装备有电磁或光学等自动导引装置，能够沿着规定的导引路径行驶，具有安全保护以及各种移载功能的运输车，AGV是轮式移动机器人（WMR—Wheel Mobile Robot）的特殊应用。

AGV是一种以电池为动力，装有非接触导航（导引）装置的无人驾驶车辆。它的主要功能表现为能在计算机监控下，按路径规划和作业要求，精确地行走并停靠到指定地点，完成一系列作业功能。AGV以轮式移动为特征，较之步行、爬行或其他非轮式的移动机器人具有行动快捷、工作效率高、结构简单、可控性强、安全性好等优势。与物料输送中常用的其他设备相比，AGV的活动区域无须铺设轨道、支座架等固定装置，不受场地、道路和空间的限制。因此，在自动化物流系统中，最能充分地体现其自动性和柔性，实现高效、经济、灵活的无人化生产，人们形象地把AGV称作是现代物流系统的动脉。

AGV按照不同的导引方式可以划分为直角坐标导引、磁带导引、激光导引、光学导引、GPS导引、电磁导引等（图4-40）。

AGV按照不同的驱动方式可以划分为单轮驱动（SD）、差速驱动（DIFF）、全方位驱动（QUAD）等（图4-41）。

AGV按照不同的移载机构可以划分为辊道式、叉式、推挽式、牵引式、背驮式等。

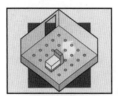
(a) 直角坐标导引

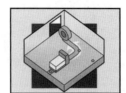
(b) 磁带导引

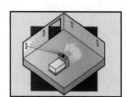
(c) 激光导引

(d) 光学导引

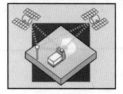
(e) GPS导引

(f) 电磁导引

图4-40　AGV 导引方式分类

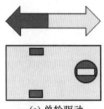
(a) 单轮驱动

(b) 差速驱动

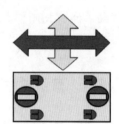
(c) 全方位驱动

图4-41　AGV 驱动方式分类

5 企业智能制造案例

5.1 自动化立体仓库在芜湖东方雨虹的应用案例

5.1.1 工厂基本情况

北京东方雨虹防水技术股份有限公司是我国防水行业首家上市公司（股票简称：东方雨虹，股票代码：002271），拥有国家认定的企业技术中心，是"国家技术创新示范企业""国家火炬计划重点高新技术企业"。公司旗下拥有"雨虹""卧牛山""天鼎丰""风行""华砂""洛迪""五洲图圆""DAW"八大品牌，投资涉及工程防水、民用建材、节能保温、非织造布、砂浆、硅藻泥、能源贸易和涂料等多个领域。

东方雨虹控股 43 家分支机构（包括 28 大生产基地），在北京顺义、上海金山、湖南岳阳、辽宁锦州、广东惠州、江苏徐州新沂、山东德州临邑、青岛莱西、云南昆明、河北唐山、陕西咸阳礼泉、安徽芜湖、浙江杭州建德等地布局全国性生产物流网络，拥有先进的多功能进口改性沥青防水卷材生产线、冷自粘沥青防水卷材生产线、高分子卷材生产线和世界先进的环保防水涂料、砂浆、保温、非织造布生产线。

2016 年，东方雨虹为了完善生产、物流体系，提升在华东区域的市场份额，开始启动建设东方雨虹芜湖工厂，设立芜湖东方雨虹建筑材料有限公司作为工厂主体；同时为提升竞争力，扩展市场，积极导入工厂生产自动化。

芜湖东方雨虹建筑材料有限公司系北京东方雨虹防水技术股份有限公司全额出资成立的独资子公司，公司注册成立于 2014 年 8 月，位于芜湖市三山经济开发区峨溪路 5 号，占地 300 亩（1 亩≈666.67m²）。一期项目总投资 15.78 亿元，建筑面积约 8 万 m²，规划年产 4800 万 m² 改性沥青防水卷材、年产 28 万 t 防水涂料与砂浆类产品、年产 80 万 m³ 石墨聚苯板产品；二期项目总投资 1.42 亿元，建筑面积约 25000m²，规划年产

100万 m^2 氟碳漆饰面板、60万 m^2 多彩/真石漆饰面板、30万 m^2 XPS板。芜湖东方雨虹建筑材料有限公司是行业内首家上市公司北京东方雨虹防水技术股份有限公司在华东地区布局的重要生产基地，芜湖生产基地的建设目标是成为集团规模最大、产品最全、生产设备最先进、产能最大的综合性生产基地。芜湖新厂建设蓝本结合物料流、信息流与自动化生产设备为一体，以现代化、自动化、高产能工厂面对未来挑战。

根据多方调研，东方雨虹决定在芜湖建设防水行业第一座自动化立体仓库，通过计算机运行、调度、统计、分析、管理一体化，实现东方雨虹成品管理的自动化、智能化、信息化，提高成品在各个周转环节工作效率，降低差错率，同时也将使整厂自动化水平迈上一个新的台阶。

公司引进国内外先进设备建设生产车间，卷材车间采用美国进口全自动化生产线，生产效率有明显提升，包装质量显著提高，标签上的顺序编码按照装托盘顺序自动排序及打印二维码，同时实现了产品编码跟踪管理。水性涂料车间生产效率、产品质量、过程监控、生产自动化已经转型到智能化。通过采用ABB的机器人智能化系统，产能提升近40%。砂浆车间采用全自动输送管道灌装生产线，实施全封闭绿色制造工艺。

卷材车间由2台ABB机器人、2台码垛机组成，水性涂料车间和砂浆车间由2台KUKA机器人、1台ABB机器人和1台高位码垛机组成。码垛成型再由缠绕包装机进行包装固定，形成一套完整的打包系统，最后自动扫码入自动化立体仓库。

5.1.2 自动化立体仓库在工厂实施现状

1. 自动化立体仓库介绍

自动化立体仓库占地面积1.1万 m^2 ，总存储量300万 m^2 ，用于有胎改性沥青类、无胎改性沥青类防水卷材、水性涂料、砂浆的存放。采用全智能化仓储管理模式，具有空间利用率高、上下架效率高的特点。同时引进WMS仓储管理系统，实现仓储管理数字化。自动化立体仓库通过计算机运行、调度、统计、分析、管理一体化，可实现东方雨虹成品管理的自动化、智能化、信息化，提高成品在各个周转环节工作效率，降低差错率，同时也将使整厂自动化水平迈上一个新的台阶（图5-1、图5-2）。

1）自动化立体仓库功能分区及配置

自动化立体仓库采用自动化立体仓库物流系统，用于输送设备的运行控制及相关设备的运行、故障信息显示和故障处理；穿梭车、堆垛机、输送链机，在上位计算机的调度下共同完成物料的自动出入库任务。功能分区及配置系统主要分为7个：

（1）一层出库缓存及输送区

缓存区主要完成成品发货装车前地面缓存、地面拣选，输送区完成发货实托盘自动出库以及发货产生空托盘组、余盘的自动返库，主要配置RF（射频手持终端）、现场操作员终端、LED、链式输送机、升降输送机。

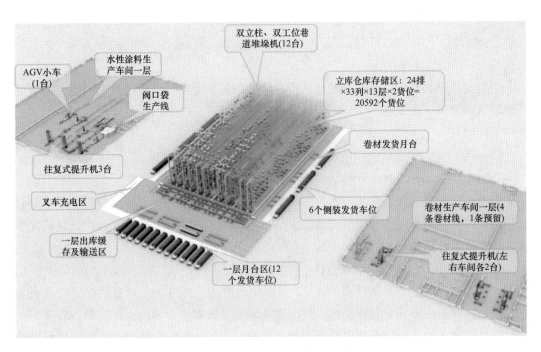

图5-1 一层出库区三维示意图

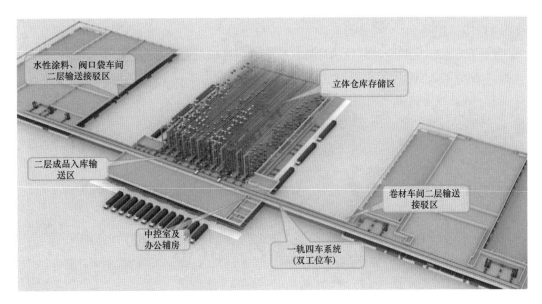

图5-2 二层入库三维示意图

（2）一层月台区

主要完成发货成品的装车作业，配置18个发货口，其中12个为常规发货口，立库两侧各3个侧面装车发货口（主要为卷材的发货），每个发货口配置提示人工操作的LED，12个常规发货口还设置用于出库校验的电子标签读写器。

（3）立体仓库存储区

主要完成各生产车间成品的自动入库存储、空托盘组的自动出入库、自动出库发货。配置 12 台双立柱、双工位巷道堆垛机，设置横梁组合式立库货架，共计 24 排、33 列、13 层，每层 2 个货位，一共 20592 个货位；其中两个巷道为保温储位巷道，货位数为 3432 个。

（4）二层出入库输送区

主要完成车间产成品的自动输送入库存储、码垛所需空托盘组的自动供给，与车间连廊输送线对接。配置输送设备若干，一轨四车系统，一轨双四车系统通过连廊与两侧生产车间对接。

（5）卷材车间输送区

卷材车间有 4 条卷材生产线，其中 1 条为二期预留，通过 3 台往复式提升机及设置在二层上的往复式穿梭车系统与库前区二层出入库输送系统对接，实现卷材车间成品自动输送入库和车间所需空托盘组的自动供给；主要配置往复式提升机 3 台、往复式穿梭车系统 1 套及输送设备。

（6）水性涂料、砂浆车间输送区

水性涂料车间有 2 条水性涂料线，2 条砂浆生产线，通过 3 台往复式提升机及设置在二层上的往复式穿梭车与库前区二层出入库输送系统对接，实现水性涂料、砂浆车间成品自动输送入库及车间所需空托盘组的自动供给。2 条水性涂料线之间的实托盘及空托盘组之间的输送由设置在此区域的 AGV 小车完成；主要配置往复式提升机 3 台、往复式穿梭车系统 1 套、AGV 系统 1 套（含 1 台 AGV 小车）及输送设备。

（7）中央控制室

设置在二层，完成仓储系统的计算机管理、调度以及监控功能的集中控制。

2）自动化立体仓库流程说明

（1）成品入库流程（图 5-3～图 5-7、表 5-1）

图 5-3　入库流程 I 阶段

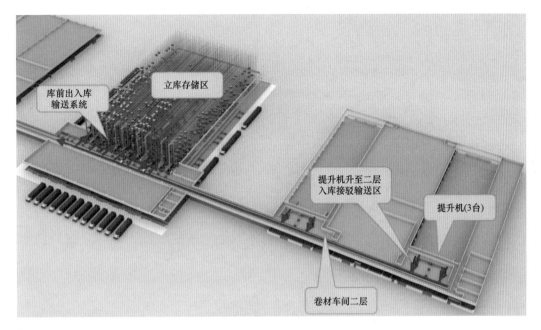

图 5-4　入库流程Ⅱ阶段

图 5-5　入库流程Ⅲ阶段

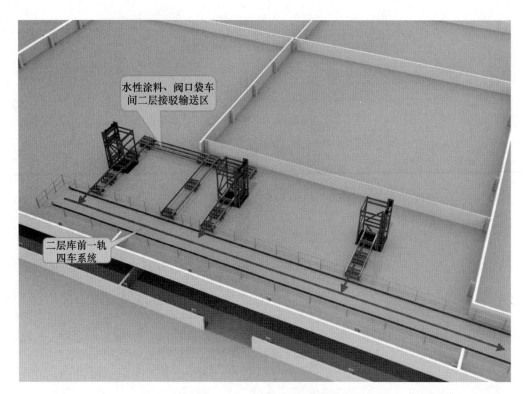

图 5-6   入库流程 IV 阶段

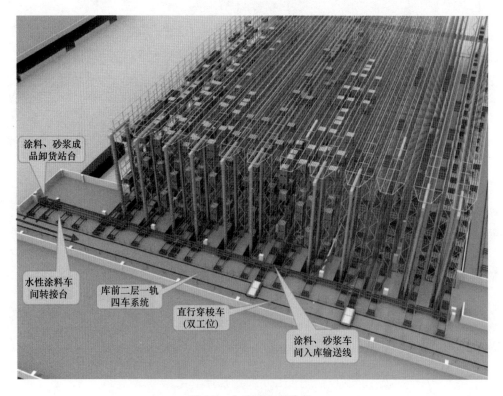

图 5-7   入库流程 V 阶段

表 5-1　入库流程说明

流程简述	流程说明
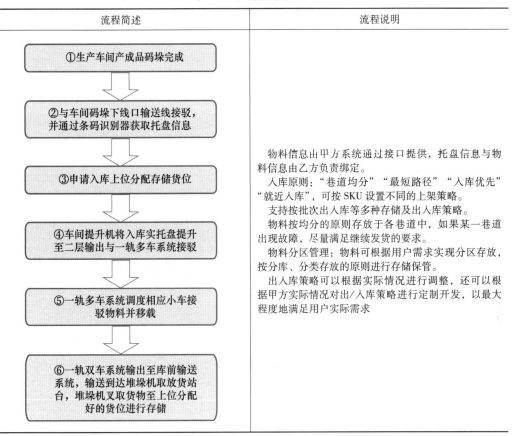	物料信息出甲方系统通过接口提供，托盘信息与物料信息由乙方负责绑定。 入库原则："巷道均分""最短路径""入库优先""就近入库"，可按 SKU 设置不同的上架策略。 支持按批次出入库等多种存储及出入库策略。 物料按均分的原则存放于各巷道中，如果某一巷道出现故障，尽量满足继续发货的要求。 物料分区管理：物料可根据用户需求实现分区存放，按分库、分类存放的原则进行存储保管。 出入库策略可以根据实际情况进行调整，还可以根据甲方实际情况对出/入库策略进行定制开发，以最大程度地满足用户实际需求

（2）成品发货出库流程（图 5-8、表 5-2）

图 5-8　出库流程

表 5-2　出库流程说明

流程简述	流程说明
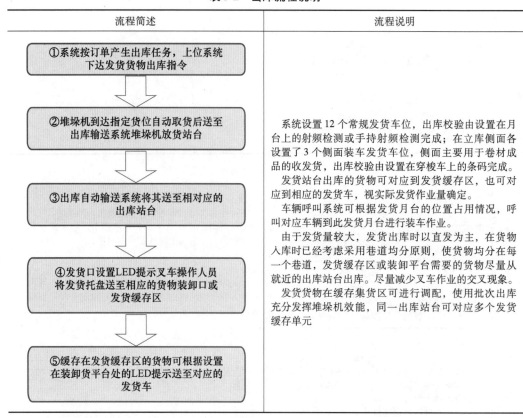	系统设置 12 个常规发货车位，出库校验由设置在月台上的射频检测或手持射频检测完成；在立库侧面各设置了 3 个侧面装车发货车位，侧面主要用于卷材成品的收发货，出库校验由设置在穿梭车上的条码完成。 　发货站台出库的货物可对应到发货缓存区，也可对应到相应的发货车，视实际发货作业量确定。 　车辆呼叫系统可根据发货月台的位置占用情况，呼叫对应车辆到此发货月台进行装车作业。 　由于发货量较大，发货出库时以直发为主，在货物入库时已经考虑采用巷道均分原则，使货物均分在每一个巷道，发货缓存区或装卸平台需要的货物尽量从就近的出库站台出库。尽量减少叉车作业的交叉现象。 　发货货物在缓存集货区可进行调配，使用批次出库充分发挥堆垛机效能，同一出库站台可对应多个发货缓存单元

①系统按订单产生出库任务，上位系统下达发货货物出库指令

②堆垛机到达指定货位自动取货后送至出库输送系统堆垛机放货站台

③出库自动输送系统将其送至相对应的出库站台

④发货口设置LED提示叉车操作人员将发货托盘送至相应的货物装卸口或发货缓存区

⑤缓存在发货缓存区的货物可根据设置在装卸货平台处的LED提示送至对应的发货车

（3）拣选出库流程（图 5-9、表 5-3）

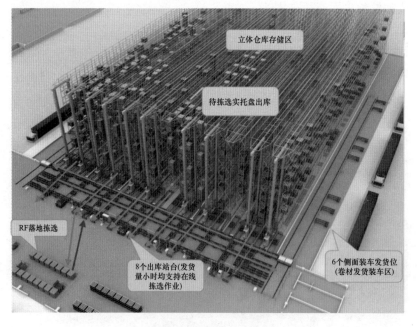

图 5-9　拣选出库流程

表 5-3　拣选出库流程说明

流程简述	流程说明
①系统按订单产生拣选出库任务，上位系统下达拣选货物出库指令 ②堆垛机到达指定货位自动取货后送至出库输送系统堆垛机放货 ③一层出库自动输送系统将其送至相对应的出库站台 ④发货口设置LED提示叉车操作人员将发货托盘上面货物联同子托盘一起叉取送至相应发货缓存区或对应发货车处 ⑤此时设置在出库站台处的光电开关对托盘上货物进行检测，检测为空后，系统自动执行空托盘在线回收作业 ⑥出库站台输送设备自动反转将空托盘由空托盘收集线自动输送至空托盘码垛站台处，码垛成组后自动回库存放	系统设置 8 个发货出库站台。在发货量不大的情况下均可作为在线拣选站台使用，量大时建议采用地面拣选的方式。 　地面拣选方式，按整托盘出库处理，在地面拣选后的余盘需重新通过 RF 信息组盘后，批量回库，拣选好的发货托盘可在缓存区暂存，也可在码垛稳定的前提下回库存放；系统设置了 3 个入库站台。 　返库货物在入库站台处进行信息校验及外形检测，检测合格的物料系统生成入库任务；对于外形检测、信息识别有问题的入库货物，系统将及时报警，输送机反转至上料工位，由人工进行处理，处理合格后再进行入库。 　调拨入库与余盘返库流程一致，需通过 RF 进行人工组盘后再入库。 　8 个出库站台也可作为盘点站台使用，盘点结束后一确认一自动返库

（4）线下空托盘组、余盘返库流程（图 5-10、表 5-4）

图 5-10　返库流程

表 5-4　返库流程说明

流程简述	流程说明
①线下拣选在缓存区完成后，由操作人员对余盘进行信息组盘置　↓　②线下发货产生的空托盘，由设置在缓存区的空托盘收集器进行收集码垛成组　↓　③人工叉车叉取组好盘后的余盘及空托盘送至较近的入库站台处入库　↓　④在入库站台处进行外形检查及信息识别　↓　⑤检查识别通过的，由一层输送系统自动输送至堆垛机取放货站台，堆垛机叉取货物至上位分配好的货位进行存储，余盘返库、空托盘组回库作业完成	一层输送系统根据每小时回库量设置了 3 个入库站台，缓存区需回库，货物可按路径最近原则进行就近回库。 　为满足系统使用要求，降低设备投资，系统指定 4 个空托盘组入库巷道，位置与二层空托盘出库巷道匹配，任何一个站台回库的空托盘组均可入到这 4 个巷道。 　余盘回库可回到立体仓库任一巷道，为减少货位的占用，下次有拣选出库任务时，优先使用立库中的散盘。 　缓存区设置有 6 个空托盘收集器，可实现托盘码垛成组并对正

（5）带子母托盘阀口袋产品发货及空托盘收集流程（图 5-11、表 5-5）

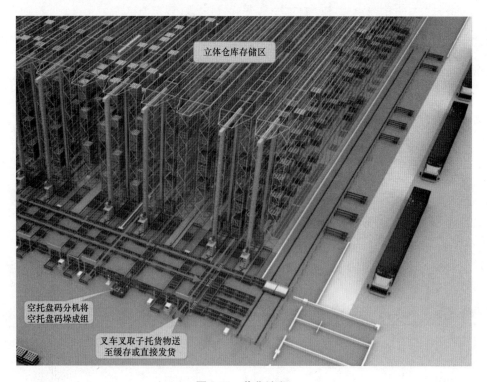

图 5-11　收集流程

表 5-5 收集流程说明

流程简述	流程说明
①系统按订单产生出库任务，上位系统下达拣选货物出库指令 ②堆垛机到达指定货位自动取货后送至出库输送系统堆垛机放货站台 ③出库自动输送系统将其送至相对应的出库站台 ④发货口设置LED提示叉车操作人员将发货托盘上面货物联同子托盘一起叉取送至相应发货缓存区或对应发货车处 ⑤此时设置在出库站台处的光电开关对托盘上货物进行检测，检测为空后，系统自动执行空托盘在线回收作业 ⑥出库站台输送设备自动反转将空托盘由空托盘收集线自动输送至空托盘码垛站台处，码垛成组后自动回库存	一层出库系统设置3个用于空托盘在线回收成组的自动码垛站台，出库站台发货产生的空托盘就近回到在线码垛站台进行码垛成组，此流程专门针对阀口袋类子母托盘发货作业。 空托盘在线收集设备布置在旁路，使主线保持畅通

（6）生产车间空托盘组供给流程（图 5-12～图 5-16、表 5-6）

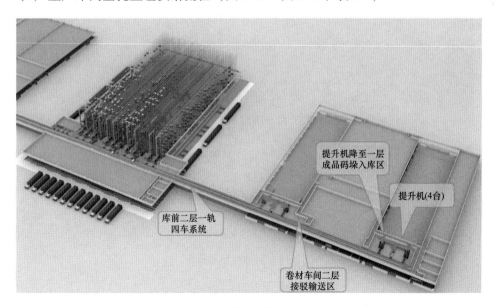

图 5-12 供给流程 I 阶段

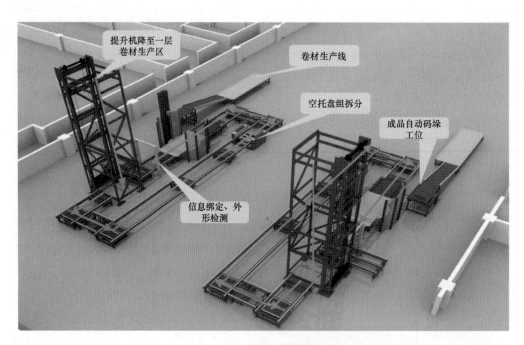

图 5-13　供给流程Ⅱ阶段

提升机降至一层卷材生产区 / 卷材生产线 / 空托盘组拆分 / 成品自动码垛工位 / 信息绑定、外形检测

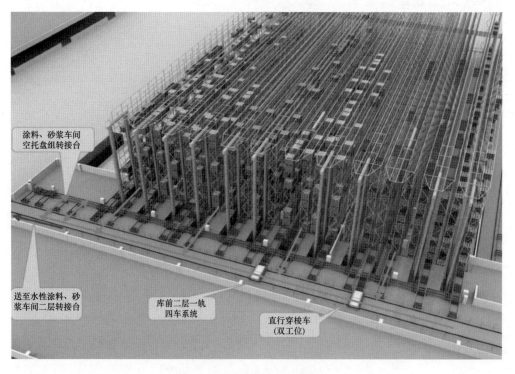

图 5-14　供给流程Ⅲ阶段

涂料、砂浆车间空托盘组转接台 / 送至水性涂料、砂浆车间二层转接台 / 库前二层一轨四车系统 / 直行穿梭车（双工位）

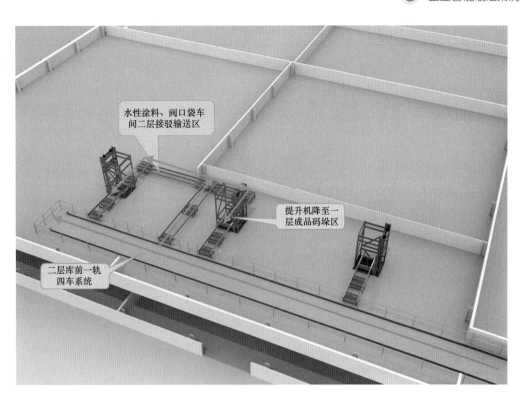

图 5-15　供给流程Ⅳ阶段

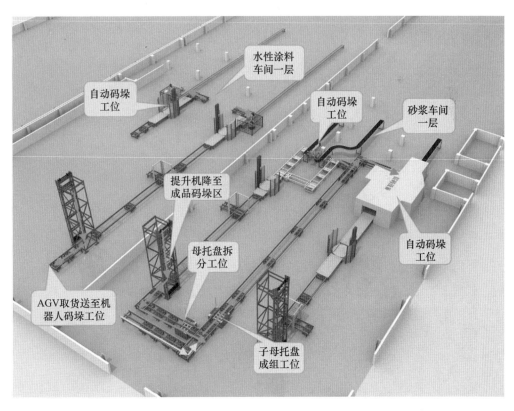

图 5-16　供给流程Ⅴ阶段

表 5-6　供给流程说明

流程简述	流程说明
①当生产车间有空托盘组需求时，系统自动产生空托盘出库任务，上位系统下达空托盘组出库指令 ↓ ②对应堆垛机叉取空托盘组送至库前二层堆垛机放货站台处 ↓ ③送至一轨双车系统与车间二层直行穿梭车接驳处，由车间穿梭车送至车间二层提升机处 ↓ ④车间提升机将空托盘组降至一层输送系统，输送系统自动输送至空托盘组需求处	一期生产车间，卷材线共有 3 个空托盘组接入点，每条线 1 个。 一期水性涂料线 2 条共设置 2 个空托盘接入点，水性涂料 1 个，砂浆车间 1 个，水性涂料车间在托盘接入点处，由本车间的 AGV 小车自动将空托盘组输送至每条线的空托盘组上线口。 砂浆生产线 2 条，设置 1 个空托盘组接入点，采用子母托盘的形式入库。子托盘垛在上线口上线后，子托盘垛自动输送至子母托盘码垛工位，子母托盘码垛机先夹抱起整垛子托盘，接收由母托盘分发工位分发过来的母托盘，子母托盘码垛机释放一个空的子托盘，子母托盘堆叠完成并输送到机器人码垛工位，供机器人或码垛线进行自动码垛；系统不设置单独的子托盘分发设备

3）自动化立体仓库核心设备介绍

（1）巷道堆垛机（图 5-17）

图 5-17　巷道堆垛机

①堆垛机技术标准。

FEM 9.101—2016《术语 有轨巷道堆垛起重机——定义》

FEM 9.754—1988《轻载自动化有轨巷道堆垛起重机 安全规范》

FEM 9.221—1981《有轨巷道堆垛起重机 可靠性和可用性的性能数据》

FEM 9.222—1989《有轨巷道堆垛起重机和其他设备的可用性及验收规程》

FEM 9.311—1978《有轨巷道堆垛起重机 设计规范——结构》

FEM 9.512—1997《有轨巷道堆垛起重机设计规范 机构》

FEM 9.851—2003《有轨巷道堆垛起重机性能数据 循环时间》

FEM 9.831—2012《有轨巷道堆垛起重机设计规范 高架仓库的公差、变形和间隙》

FEM 9.871—1997《用于自动化高架立体库存取设备和转运设备的记录手册》

FEM 9.881—2000《用于选择设计自动化高架立体库存取设备驱动单元部件的项目计划数据》

JB/T 7016—2017《巷道堆垛起重机》

JB/T 5319.1—2008《有轨巷道起重机 术语》

JB/T 11269—2011《巷道堆垛起重机 安全规范》

GB/T 5226.32—2017《机械电气安全 机械电气设备 第32 部分：起重机械技术条件》

GB 6067.1—2010《起重机械安全规程 第1 部分：总则》

②堆垛机结构说明。

该项目采用了双立柱双工位堆垛机。堆垛机主要由下列部件组成（图5-18～图5-20）。

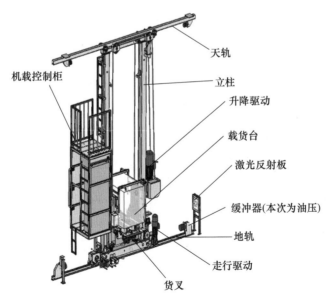

图 5-18　堆垛机结构

a. 立柱：采用双立柱结构，在立柱上安装有升降导轨，支撑升降台上下运动。

b. 电控系统：包括控制系统、电机驱动系统、通信系统、检测系统和机上布线等几个部分。

c. 升降台：由钢板、矩形管组焊而成，由导轮夹持升降导轨沿立柱作上下运动。

d. 货叉：可左右伸缩的叉体，采用双货叉，双指叉结构。

e. 升降驱动系统：升降驱动电机通过钢丝绳传动完成升降台的升降运动。

f. 走行驱动系统：走行驱动电机驱动走行轮使机器沿天地轨水平运动。

g. 底架：由两端的走行轮支架及钢板组焊成的矩形方梁构成，支持机器其他部件。

堆垛机实物如图 5-19、图 5-20 所示。

图 5-19　堆垛机实物（一）

图 5-20　堆垛机实物（二）

③技术参数（表5-7）。

表5-7　技术参数

序号	项目		技术参数
1	生产厂商		昆船
2	数量（台）		12
3	型式		双立柱、双工位、单深
4	承载尺寸（mm）		1250×1250×1280
5	额定载荷（kg）		1500
6	高度（m）		21.45
7	走行距离（m）		约105
8	速度	水平运动（m/min）	160
		加速度 ax（m/s²）	0.3
		升降运动（m/min）	45/30
		加速度 ay（m/s²）	0.3
		伸叉运动（m/min）	45/30
		加速度 az（m/s²）	1
9	操作界面		触摸屏
10	定位方式	走行	条码认址
		升降	条码认址
		伸叉	编码器
11	定位精度	走行（mm）	±5
		升降（mm）	±5
		伸叉（mm）	±3
12	操作方式		在线/自动/手动
13	货叉		MIAS货叉
14	天轨		100方钢
15	地轨（kg）		≥38
16	通信方式		红外光通信
17	故障报警功能		有
18	故障自诊断功能		有
19	X方向停车减速功能		有
20	X方向停车遮蔽功能		有
21	X方向停车止档装置		有
22	X方向安全刹车系统		有
23	Y方向停车减速功能		有
24	Y方向停车遮蔽功能		有
25	Y方向停车止档装置		有

序号	项目	技术参数
26	Y 方向钢绳张力检测装置	有
27	Y 方向超速防坠落制动系统	有
28	天地轨防冲出装置	有
29	预防有人员误入装置（安全护栏 1.8m 高）	有
30	机上控制急停装置	有
31	巷道外急停	有
32	巷道外手自动转换	有
33	安全门机电联锁	有
34	无线电	根据国标 EMC 要求采取抗干扰措施，变频器采用内置 EMC 滤波器产品，有效抑制变频器产生的干扰，对电磁执行器件，如接触器，采用加抑制器的方法抑制干扰及误动作
35	电压波动	采用宽电压电器件，采用变压器抑制控制电压波动
36	堆垛机同时启动	采用变频驱动，S 形曲线控制，有效降低启动电流，变频器采用内置 EMC 滤波器产品，有效抑制变频器产生的干扰
37	其他	系统良好接地（接地电阻≤4Ω）
38	速度控制	采用 S 形曲线拟合技术，保证执行效率的同时实现速度缓起缓停
39	过载保护功能	有
40	防货叉顶板脱落装置	有
41	货叉力矩限制	有
42	（存货）货位探测功能	有
43	（取货）超限检测功能	有
44	与 WCS 通信方式	以太网
45	与输送机连锁功能	光通信器
46	控制方式	PLC
47	控制柜位置	机载
48	人机界面	触摸屏
49	人机界面位置	在机载柜上
50	操作方式	手动、单机、在线
51	作业方式	单一循环和复合循环
52	供电方式	安全滑触线（法勒）

序号	项目	技术参数
53	电源规格	三相五线制，380V±38V； 频率50Hz±1Hz
54	工作噪声（dB）	≤84
55	主机颜色	昆船标准色

（2）往复式直行穿梭车（图5-21）

图5-21　穿梭车

①主要特点。

在自动化物流输送系统中，直行穿梭车是一种重要而特殊的输送设备，具有以下特点：

a. 结构简洁，机动灵活；能实现输送目的地的任意变动；可以替代大量的普通输送设备；可简化流程，减小占地面积；

b. 往复穿梭车移载、输送均采用变频控制缓启缓停，并在与站台接口处设置过渡装置，缓和对搬运货物的冲击，防止货物在搬运过程中溃散；

c. 穿梭车供电方式采用安全滑触线，通信方式采用红外通信，认址方式采用激光定位，从而提高了整机档次和现场的整洁度，降低了系统运行噪声。

②主要结构。

机架：是承载其他部件的主体，主要由型钢焊接而成。

链式输送装置：由驱动电机、驱动链轮部件、链条等组成，通过该装置可实现物料的移动。

走行装置：由主动轮对、从动轮对、驱动电机等组成，通过该装置直行穿梭车可从一个站台到另一个站台。

走行附加装置：由铝型材轨道、支座、连接板、调整垫板、新型内膨胀螺栓等组成，它是承载直行穿梭车的基础和直行穿梭车走行的导向。

停止器：由缓冲器、支架等组成，安装在轨道两端，防止直行穿梭车在意外情况下冲出轨道，使其能够安全停止。

电气装置：由通信装置、终端急停开关、槽形开关、输送光电开关、接近开关、限位开关、滑触线等组成。

③技术参数（表5-8）。

表5-8　空梭车技术参数

序号	项目	技术参数
1	型式	双工位（深度方向）
2	数量	6
3	额定输送载荷（t）	1.5 × 2
4	载货尺寸（$L \times W \times H$）（mm）	1250 × 1250 × 1280
5	移载方式	链式
6	移载速度（m/min）	16
7	走行速度（m/min）	160
8	加速度（m/s^2）	0.5
9	行走定位精度（mm）	±5
10	认址方式	条码
11	通信方式	漏波通信
12	控制方式	手动/自动/在线
13	供电方式	滑触线
14	电源规格	动力电缆，AC380V，50Hz
15	轨道	铝型材

（3）AGV系统（图5-22）

(a)

(b)

图5-22　AGV系统

①AGV 介绍。

该项目采用的是落地叉式激光导引运输车。其具有车身小巧、灵活可靠的优点，适合于地面无高度站台、有高度站台的装卸货及狭窄区域内的作业。

②性能参数（表5-9）。

表 5-9　AGV 技术参数

序号	项目名称		技术参数
1	制造商		昆明船舶设备集团有限公司（昆船）
2	制造国		中国
3	AGV 型号		BJ311
4	移载方式		落地叉式
5	车体外形（$L \times W \times H$）（mm）		$2750 \times 900 \times 2100$
6	最大外延（$L \times W \times H$）（mm）		$2750 \times 1450 \times 2350$
7	前后轮距（mm）		1375
8	车体质量（不含蓄电池）（kg）		约 1150
9	车体质量（含蓄电池）（kg）		约 1350
10	搬运货物质量（kg）		≤1500
11	物料尺寸（$L \times W \times H$）（mm）		$1250 \times 1250 \times 1280$
12	行走	驱动方式及转向方式	交流驱动，驱动转向一体
		制动方式	电磁抱闸
		行走电机	交流
		行走电机功率（kW）	2.3
		空载前进（m/min）	最大速度90
		空载后退（m/min）	45
		空载转弯（m/min）	45
		空载加速度（m/s^2）	0.5
		荷载前进（m/min）	最大速度90
		荷载后退（m/min）	45
		荷载转弯（m/min）	45
		荷载加速度（m/s^2）	0.5
		直行左右摆差（mm）	±5
		转弯左右摆差（mm）	±5
		分线左右摆差（mm）	±5
		满载高速制动距离（mm）	±5
		满载减速停车距离（mm）	±5
		定位精度（mm）	±5
		向前最小转弯半径（mm）	1400
		向后最小转弯半径（mm）	1400
		轮胎材质和品牌	聚氨酯

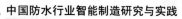

续表

序号	项目名称		技术参数
13	提升	提升方式	液压
		提升高度（mm）	1000
		空载提升速度（m/min）	9.6
		实载提升速度（m/min）	7.2
14	通信方式	通信频率（Hz）	无线局域网
		传输速度（MB/s）	54
		发射功率（mW）	5
		有效区域半径（m）	100
15	激光器参数	厂商	NDC
		激光器型号	LS5
		激光类型	GaAs
		激光波长（nm）	808 ± 10
		激光直径（mm）	3
		频率（Hz）	约 3.7×10^{14}
		输出功率（mW）	6
		扫描转速（r/s）	6
		防护等级	IP65
		探测距离（mm）	50000（可调）
		电源电压（V）	DC16~72V
16	安全装置	障碍物探测	前方：激光+防护栏
			后方：光电、橡胶防护触头
			设置工作状态指示灯，并具备声光报警功能
		声光报警或电气连锁	具有
		微动传感器	后防护
		微动开关	前防护
		急停（危急）开关	具有
		货位检测装置	具有
		自检测、自诊断、自保护功能	具有
		运行过程位置偏离的显示、报警	具有
		其他装置	指示灯等
17	电池参数	电池类型	镉镍电池
		电池容量（Ah）	200
		充电方式	快速充电
		充、放电时间比	1:10
		单次充电时间（min）	≤8
		单次充电持续工作时间（h）	≥1
		充放电次数（次）	≥12000
		集中充电是否需要单独充电间	不需要

续表

序号	项目名称	技术参数
18	操作方式	手动/本地自动/在线自动
19	地隙宽度（mm）	30
20	导航方式	激光
21	车载显示器和操作面板	提供英文界面
22	取/放货周期（s）	详见 AGV 能力计算
23	工作能力	详见 AGV 能力计算
24	高速运行噪声（dB）	≤70
25	主机颜色	烤漆

③AGV 机械设计方案说明。

该 AGV 由进口林德叉车改制而成，整车机械由以下功能部分构成：车体部分、从动轮、升降部分、电源部分、防撞装置、电控部分、激光部分、驱动转向部分、液压部分等。

车体部分是该型激光导引运输车的基础部分。其中驱动轮（含转向）、二组后轮、一个附属轮、蓄电池、充电连接器和防撞装置等部件都安装在车体上。车体部分的作用是保证该运输车的正常行驶和支撑该运输车的其他工作。整个车体结构紧凑，在狭小的空间内作业自如。车体采用先进的设计和制造工艺，由钢板冲压而成，最大限度地减少零件焊接点，保证了极高的强度。车体重心低，整车使用四轮支撑，稳定性极佳，车体底面离地间隙 30mm（图 5-23）。

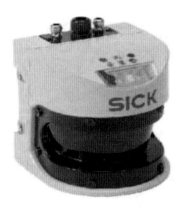

图 5-23　车体部分

AGV 的安全防护设计说明：整车进行了周密安全方面的考虑，分别设置有前防护、后防护以及侧防护。其中前防护设置有三级防护：第一级为激光区域安全防护，属于非接触式防护；第二级为接触式前防护；另外在车前面电气控制柜上设置有两个紧急停止按钮。后防护为倒车安全防护。侧防护主要是为小车转弯设置的安全防护。车上还设置有转向指示灯和声、光报警功能。

2. 自动化立体仓库计算机系统

1）概述

在自动化物流系统中，计算机系统是自动化物流系统的调度核心和信息存储处理中心，运行于计算机网络环境与数据库系统之上，上联企业信息管理系统，下联工业实时控制系统。它以集成技术为核心，一方面实现物流指令快速、准确下达以及指令执行反馈的收集、处理、存储和传送，作出正确的调度以协调各业务环节，保障各种物料准确调度、及时输送，实现企业物料高效有序的流动和科学管理，以满足企业物流自动化的需要；另一方面对物料信息、位置信息、物流信息进行全面信息化管理，实现信息流与实物流的准确同步，提高作业速度和准确性，提升工作品质和运营效能，提高管理及服务水平。同时为上层信息管理系统提供所需的物流信息，为各管理部门提供有价值的运行信息和辅助决策信息。

该系统主要针对东方雨虹芜湖自动化仓库成品物料（以下统称为"成品"或"物料"，包括水性涂料、卷材、阀口袋等几大类）从生产下线后开始直至入库、存储、盘点、出库、发货、装运等相关业务流程进行统一管理和调度，满足不同类型的入库和出库，针对不同类型的收发货业务进行不同的处理。范围涵盖了物料信息组盘、实托盘入库、质量抽检、实托盘出库、拣选、发货暂存、装车发运等基本业务流程，还包括物料管理、货位管理、车辆叫号、LED管理、库存管理、盘点管理、任务管理、统计查询管理、权限管理、系统维护等基础业务功能。系统可对存储物料的出入库、库存进行分析，准确实时地掌握各种物料的库存量、出入库状况等信息，为公司经营生产和信息决策提供基础数据。计算机系统还可与公司上层系统（雨虹集团WMS和TMS）通过标准的接口和协议进行数据交互，进行出入库数据的对接，实现信息的无缝集成。

（1）设计依据

本工程执行以下规范、标准、文件的最新版本：

GB/T 8566—2022《系统与软件工程 软件生存周期过程》

GB/T 8567—2006《计算机软件文档编制规范》

GB/T 9385—2008《计算机软件需求规格说明规范》

GB/T 9386—2008《计算机软件测试文档编制规范》

GB/T 11457—2006《信息技术 软件工程术语》

GB/T 14394—2008《计算机软件可靠性和可维护性管理》

GB/T 15532—2008《计算机软件测试规范》

GB/T 16680—2015《系统与软件工程 用户文档的管理者要求》

GB/Z 18493—2001《信息技术 软件生存周期过程指南》

GB/T 18894—2016《电子文件归档与电子档案管理规范》

GB/T 22239—2019《信息安全技术 网络安全等级保护基本要求》

GB/T 28035—2011《软件系统验收规范》

SJ/T 11234—2001《软件过程能力评估模型》

（2）专业术语（表5-10）

表5-10　专业术语

术语	描述
TIMMS	昆船自行开发的物流管理软件包——整体集成物流管理软件，包括WMS和WCS
WMS	仓库管理系统
WCS	仓库调度系统
ERP	企业资源计划（Enterprise Resource Planning）
TMS	运输管理系统

2）技术架构

（1）多层架构（图 5-24）

采用界面表现层、业务逻辑层、接口控制层、数据层的多层体系，用户界面显示采用参数定义和配置，可以根据需要进行界面定制；业务逻辑采用服务器/客户端结构，业务逻辑部署于服务器上，客户端无需与数据库服务器进行任何交互；系统各层之间通过标准的接口进行数据交互，系统与数据库、设备无关，具有良好的兼容性和可维护性。

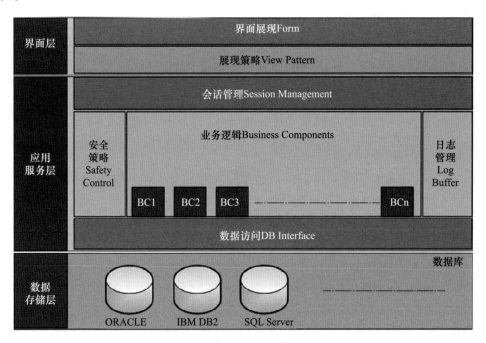

图 5-24　多层架构

（2）接口中间件

系统向上对 ERP 系统以及其他信息管理系统以中间件形式提供平台级的接口中间件（InfSvr）。针对具体项目可定制接口业务适配器，挂入系统，由接口服务进行统一管理。同时接口模块提供多种标准接口业务适配器，用户可进行选配，为二次开发及优化调整提高效率。系统可提供的接口方式如下：

WEB Service、中间数据库表、视图等实时接口方式；Message Queue、Socket、HTTP、FTP 等通信协议方式；文本、XML、EXCEL 等多种非实时接口方式；异构系统和数据源之间的数据交换。

（3）远程维护

为了方便系统维护，昆船 TIMMS 系统支持通过远程登录仓储管理系统，通过远程连接及时获取现场运行状态和对系统进行远程检测，从而实现故障远程诊断及系统远程维护或进行软件程序更新，因此，要求用户能够提供 VPN 远程登录连接专线或其他互联网连接线路及相关硬件设备（硬件设备只要能够运行管理系统即可，无其他特殊要求）。

3）功能架构

根据自动化物流系统的功能分析，自动化物流系统体系结构可分为上位信息系统层、物流计算机系统层和物流作业执行层。其中计算机系统又可以分为系统接口、仓库管理、调度控制三大模块，分别实现与外围信息系统的接口、物流管理层和物流调度层相应的功能。通过对物流主机设备、物流电控系统、物流计算机系统的数据库服务器、应用服务器、管理软件等统一配置，实现对物流自动化系统的统一管理和调度。物流自动化系统体系架构如图5-25所示。

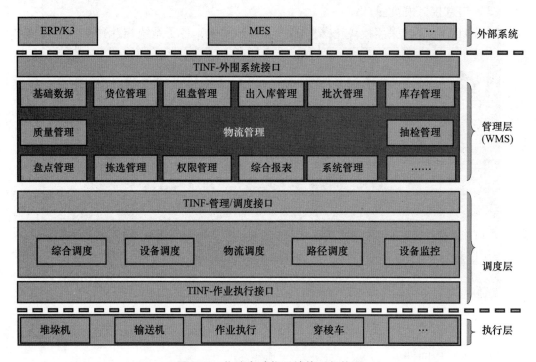

图5-25 物流自动化系统体系架构图

系统架构分层设计、分层控制，各层之间相对独立，下层不依赖上层，当上层系统故障时，下层系统仍然可以独立运行，系统可实现联机全自动运行、单机自动、手动单机运行等多种运行模式，满足不同情况下系统运行要求。

（1）仓库管理模块（WMS）

仓库管理模块是TIMMS软件的核心之一。仓库管理模块实现仓库管理层的功能，通过对物料托盘和仓库货位进行全面的信息化管理和对调度模块的信息进行收集归类、整理和分析，实现仓库物料的自动化存储和出入库，及时准确地反映仓库物料的收发情况、储备状况，使管理人员能够随时掌握物料的消耗情况和趋势，可有效避免物料在生产过程中出现积压或短缺，有效控制物料的存储成本，为企业生产决策提供准确、快捷的材料和数据。

仓库管理模块还支持多种存取策略以满足不同出入库需求，可通过接口中间件提供的多种接口方式与不同的上层管理系统、底层执行设备系统进行无缝对接和数据交互，是 TIMMS 系统应用逻辑的支持平台。

（2）调度控制模块（WCS）

调度模块是连接物流管理层及设备执行层的枢纽。其功能是实时接收物流管理系统下达的任务指令，分解并通过作业接口层下达给具体的作业执行层，对物流过程作统一的调度，并对各个物流环节、现场关键设备及工艺点进行监视、控制。系统设计通过对象转换插件的方法，集成不同厂家、不同类型的物流设备，完成集中控制操作、状态监视、报警显示、日志记录等功能。

（3）信息接口模块（TINF）

昆船 TIMMS 系统采用模块化结构进行设计和实现，各子系统相互独立，子系统之间通过标准化接口模块进行对接，可以互相集成不同厂家的系统模块。TINF 模块具体包括 TIMMS 与外围管理系统、设备执行系统以及物流管理模块和物流调度模块之间的标准接口。

TIMMS 与外围管理系统的接口主要负责接收与处理上层管理系统的出入库单据、物料基础信息等，为上层管理系统提供反馈库存信息等，实现企业信息的自动流转，为企业物料的流动提供较高的可跟踪性。

（4）物流作业执行系统

物流作业执行系统是集成了各种执行设备的工业控制网或专用 PLC、PC（个人电脑）控制子系统，其功能是接受调度模块下达的指令，驱动物流设备完成相关动作，实现物料自动化输送和流转。具体设备系统包括输送机控制系统（昆船 TECS1.0）、堆垛机控制系统等。

（5）外围信息系统

外围系统层是指自动化物流系统以外的各类信息管理系统，如雨虹集团 WMS 系统、TMS 系统以及其他信息管理系统等。

4）业务功能

（1）物流管理模块（WMS）

物流管理模块是 TIMMS 软件的核心之一，下面详细介绍各功能：

①基础数据管理。

基础数据（又称主数据）主要是指物料基本信息、分类信息等基础通用数据，此类数据可通过接口与上层信息管理系统保持同步，避免信息重复录入。如果没有上层信息系统，也可自行定义本系统的基础数据。

基础数据管理可实现以下功能：

a. 基础数据属性可以通过设置和自定义，如物料编码、物料名称、统计单位、供应商、生产日期等，最大程度满足用户实际需求和应用。

b. 对物料进行分类管理，根据用户需求设置多种分类，针对不同类型物料实施不同管理策略。

c. 支持同种物料不同规格（SKU）的物料管理，系统中既可区别对待，也可合并处理。

d. 不同物料可以设置不同的控制规则，可以定义不同物料对应的入库、上架、出货规则等，将不同类型托盘（物料）存储于不同存储区域。

e. 提供灵活的物料档案维护功能，可以对货物生产日期、过期日期、标签日期等属性进行自定义及维护，出库时可对上述属性进行规则判定。

f. 全面支持一维、二维条形码或 RFID 标签管理，实现物料信息的全过程追踪。在本项目中，托盘上同时安装一维条码标签和超高频 RFID 芯片，物料条码均采用二维条码。

②货位管理。

货位管理可实现以下功能：

a. 对立库货位、缓存区、输送站台进行统一定义和管理，既可实现入库、出库，也可实现站台间的物流移动和输送。

b. 实时管理货位存储状态，将货位与存储物料进行绑定关联。

c. 提供货位管理功能，包括空货位、存储托盘编号、存储物料信息等。

d. 可冻结、解冻指定货位，将指定的货位冻结（禁止出入库）、解冻，维护货位状态（可以人工更改货位的载货、空闲等状态）。

e. 巷道人工锁定/解锁功能。

f. 可实时查询货位信息，并以图形化方式展现。

g. 可以设置不同的控制规则，可以定义不同物料对应的入库、上架、出货规则，将不同类型的物料通过设置存储在指定的区域范围内。

③组盘管理。

组盘操作是将需入库物料信息与仓库存储单元（托盘）进行信息关联和绑定，建立存储单元与物料的对应关系，系统通过存储单元的出入库进而实现物料的出入库。组盘时，系统需记录托盘编号、托盘类型、物料编码、物料名称、数量等关键信息。

TIMMS 系统可支持多种组盘方式：

a. 系统自动组盘，此种情况一般由机器人进行自动码盘，系统自动组盘。

b. 人工现场组盘，操作人员通过操作终端扫描托盘条码，扫描或录入物料信息，完成组盘操作。

c. 组盘信息由外系统接入或导入，系统识别托盘条码后获取相应的组盘信息。

④出入库管理。

出入库管理可实现以下功能：

支持多种类型入库，包括空托盘组入库、生产线成品入库、成品调拨入库、拣选尾盘返库、抽检返库、盘点返库等。

支持多种入库策略，如"巷道均分""就近入库""低层优先""最短路径"等入库策略。

支持多种类型出库，包括空托盘组出库、成品发货出库、成品调拨出库、抽检出库、盘点出库等。

支持工厂间调拨拆散后重组入库，并且不是一个批次的可以入一个托盘。

系统提供多种出库策略，如"散盘优先""紧急优先""先进先出""近效期先出""先近后远"等出库策略。

可根据用户指定属性进行出库，如托盘号、规格、批次号、生产日期等。

出入库时，出入库单据可由上位 WMS 传入，也可通过昆船 WMS 创建出入库单据，进行出入库操作，出入库结束后再回传上位系统进行数据同步。

系统除支持按照常规的出入库策略进行出入库外，还可根据用户实际情况对出入库策略进行调整和优化，在系统调试过程中不断验证和完善，以最大程度满足和适应用户需求。

返库货物在入库站台处进行信息校验及外形检测，检测合格的物料系统生成入库任务；对于外形检测、信息识别有问题的入库货物，系统将及时报警，输送机反转至上料工位，由人工进行处理，处理合格后再进行入库。

系统提供出入库任务优先级管理，可以根据实际需要设置不同类型任务的优先级，通过改变优先级，可以轻松实现出库优先、紧急优先等出库策略。同一时间当有高优先级的任务出现时，系统优先安排执行高优先级的任务。

支持换物料业务（例 A 产品替代 B 产品发货）。

支持换生产日期，换标签业务发货。

同种类物料号对应多个产品（不同膜类），支持根据物料属性进行区分，出库时可根据物料号或物料属性出库。

对于无订单发货，支持先入库或出库后补订单再绑定的方式。

系统详细记录出入库信息，可提供查询和统计报表。

出库计划下达时支持一个订单中一种物料生产日期不超过两个。

对于生产日期和包装桶的标签日期，出库的原则可以根据雨虹业务修改，还要预留一个日期为自定义生产日期，由雨虹发货人员自定义日期。

支持标签防呆（标签日期已超出需求发货日期，超出时系统报错，例如，2016 年 1 月 1 日，正常可发标签日期为 2016 年 4 月 1 日前，标签如打为 2016 年 4 月 1 日后则报错），出入库均存在此机制。

系统中出库拣选数量须与任务数量一致时才可结束，超出任务数量时扫描无法进行。

由于发货量较大，发货出库时以直发为主，在货物入库时已经考虑采用巷道均分原则，使货物均分在每一个巷道，发货缓存区或装卸平台需要的货物尽量从就近的出库站台出库。尽量减少叉车作业的交叉现象。

支持指定生产日期、指定库位、指定条码的冻结的最小层次冻结方案。

具备超期等（条件由雨虹提供）自动冻结的机制。

系统比对出入库数量，昆船与 WMS（雨虹）、SAP 账每日核对差异，需保持一致。

系统可标记此产品为抽检使用过不完整产品。

支持单系统操作正常入库。

物料按均分的原则存放于各巷道中，如果某一巷道出现故障，尽量满足继续发货的要求。物料可根据用户需求实现分区存放，按分库、分类存放的原则进行储存保管。

⑤出入库流程。

生产线成品入库时，先由昆船系统自动供应空托盘至码垛机器人（归属生产线并由生产线系统控制）码垛工位，机器人码盘结束后，雨虹 WMS 将该托盘对应的正确的成品信息（包括物料信息、批次号、班次号、生产日期、标签日期、过期日期等）以单个托盘信息打包后通过接口（暂定 Web Services 方式）传至昆船 WMS，同时昆船系统自动读取托盘条码，再由昆船 WMS 建立信息关联，完成组盘。同时系统自动生成并下达入库任务，调度控制物流设备完成上架入库操作。

调拨成品入库、退货入库和拣选尾盘返库等手工入库时，操作人员通过操作终端扫描托盘条码，扫描或录入物料信息（包括物料编码、物料名称、数量等），确认后由系统建立信息关联，完成组盘操作。入库时，由人工叉车将物料托盘叉放至入库站台上，系统自动读取托盘条码并发起入库申请，WMS 获取托盘信息根据既定入库策略生成并下达入库任务，调度控制物流设备完成上架入库操作。

成品发货出库时，先由雨虹 WMS 将发货订单提前下发给昆船 WMS，系统根据备货策略和优选级分配备货暂存区，确认后开始出库备货操作。系统自动生成并下达出库任务，调度控制物流设备完成下架出库操作。物料托盘出库至出库站台时，通过 LED 显示屏提示操作人员将物料托盘叉送至指定的备货暂存区进行存放。出库时，系统需对生产日期、标签日期等属性进行校验判断，同时，能够根据物料特性确定出库顺序，以防止装车过程中损坏物料，比如质量较重或耐压物料先出库并装载于车辆底部、质量较轻或易碎物料后出库并装载于车辆上部。

装车发运前，先由雨虹 TMS 将运输车辆和发货订单关联信息下传至昆船 WMS，如果发货订单备货完成且对应的运输车辆已经准备就绪，则由昆船 WMS 通知运输车辆至指定月台进行装货。物料装车时，昆船系统自动读取托盘 RFID 标签信息，并根据托盘信息判断该托盘物料与发货订单、发货月台、发货车辆间的对应关系是否正确，如不正确，及时报警，提示相关人员进行处理。

成品发货也可预先在库存内分配锁定库存，如果需要进行拣选，事先下达拣选任务，完成拣选后再返库进行存储，待运输车辆到达时，直接从立库出库下架，进行装车操作。

⑥拣选管理。

成品发货时，如果所需物料不足一整托盘，则需要进行拣选操作。拣选前，操作人员先通过 RF 手持终端扫描拣选托盘条码信息，将拣选托盘与发货订单进行关联。拣选时，操作人员将每一件成品放至拣选托盘上的同时，需逐一扫描成品条码，系统将物料条码与拣选托盘条码进行关联；同时对拣选数量、物料批次等信息进行校核，如有不一致，及时报警提示操作人员进行处理。拣选结束后，提示操作人员将拣选托盘送至指定备货暂存区暂存，库存托盘则进行返库操作。

系统支持在线拣选和落地拣选两种模式。在线拣选时，当库存托盘出库至出库站台时，库存托盘不下线，系统通过 LED 显示屏提示拣选相关信息，包括物料名称、原有数量、拣选数量等信息。拣选人员根据提示信息拣货直接完成拣选操作，拣选结束后库存托盘直接返库。落地拣选时，库存托盘先出库至地面，由操作人员通过 RF 手持终端进行拣选操作。拣选结束后，库存托盘集中返库，人工将库存托盘叉至入库站台，系统自动完成入库操作。

⑦波次管理。

在出库拣选时，为了提高订单拣货的效率，订单往往采取合并拣货的模式，将一组订单按照一定的规则进行组合，然后生成合并的拣货任务派发到仓库现场进行作业。根据不同企业的订单特点，可以单独或者组合选用如下不同的波次规则。

定时规则：按照一个固定的时间周期将订单进行合并。

路线规则：按照收货人所在的路线进行订单合并。

订单数量规则：每个波次合并的订单总量控制。

订单行数规则：每个波次合并的订单行总量控制。

产品数量规则：每个波次合并的产品总量控制。

产品重合率分析规则：在筛选订单时将按照产品在各个订单中出现的频次优化选择，以提高合并拣货的效率。

⑧车辆叫号管理。

系统根据雨虹 TMS 传入的运输车辆和发货订单信息，昆船系统根据发货订单备货情况确定或分配装车月台，实际装车前，系统通过 LED 提示屏发布提示信息，通知相应车辆到指定站台进行发货装车。其中，昆船系统和雨虹 TMS 具体分界面为：状态一（入厂）由 TMS 变更维护，状态二（拣货）、状态三（装卸）由昆船系统进行变更维护，状态四（出库完毕）、状态五（出厂）由 TMS 变更维护，状态数据最终集成至 TMS。

车辆呼叫系统可根据发货缓存区的位置，呼叫对应车辆到此发货缓存区进行装车作业。

呼叫系统可以人工干预车辆排序并进行调整。

⑨批次管理。

物流系统详细记录物料的批次信息，通过对批次信息的全面管理，实现物料按批次信息进行出入库，以提高对物料质量的控制和追踪管理，可通过批号对物料进行全面管理以及信息的追踪，有利于质量追溯跟踪。出库时可以指定批次进行出库操作。

⑩抽检管理。

当需要对某批次物料进行检验时，系统根据人工指定的托盘进行出库，将相应托盘出库到出库站台，人工随机抽取样品后托盘返库。系统记录相应的抽检信息，包括抽检标记、取样时间、取样数量等。

⑪质量状态管理。

支持物料质量状态管理，物料入库后，其状态默认为"待检品"或其他状态，质量管理部门对某批次物料进行抽检判定后，再将结果状态更新为"合格品"或"不合格品"。

对于"待检品""不合格品"等特殊状态的物料限制出库，其出库必须经由特殊审批和授权才能允许出库，正常出库时只能出库"合格品"状态下的物料。

系统可根据批号对所有同批号物料的状态进行统一更新和维护。

⑫存储策略管理。

系统可根据出入库作业类型设置不同优先级，满足用户出入库实际要求。

入库原则："巷道均分""最短路径""入库优先""就近入库"原则，可按不同物料设置不同的上架策略。

出库原则："散盘优先""先进先出""紧急优先"原则，特殊情况下支持指定托盘出库。

支持按批次出入库等多种存储及出入库策略。

物料按均分的原则存放于各巷道中，如果某一巷道出现故障，尽量满足继续发货的要求。

物料可根据用户需求实现分区存放，按分库、分类存放的原则进行储存保管。

出入库策略可以根据实际情况进行调整，还可以根据用户实际情况对出入库策略进行定制开发，以最大程度满足用户实际需求。

系统支持出入库任务优先级管理，可以根据实际需要设置不同类型任务的优先级，通过改变优先级，可以轻松实现出库优先、紧急优先等出库策略。

⑬库存管理。

库存管理是整个物流管理的核心内容，包含：

实时库存日常事务处理，提供实时库存查询。

提供物料短缺、超储报告，对物料提供超时预警功能，记录物料存储有效期（或保养期），当接近有效期（或保养期）时系统自动提醒用户。

安全库存管理：对超出安全库存范围的入库和造成低于警戒库存的出库进行报警。

库房色标管理：对库内各种货位（物料、空货位、冻结货位等）的数量和分布示意，以图形化方式展现库内各货区各货位存放货物情况。

⑭盘库管理。

盘库时，操作人员下达盘库指令，系统按照指定的盘库模式将指定的托盘逐一出库至出库站台，托盘不离开站台，系统同时在终端上显示该托盘账面信息，操作人员对托盘实物进行清点核查，如与系统中的信息不符，则进行盘盈或盘亏处理，对账面信息进行修改，确认后系统自动将实托盘重新入库。同时，将盘点盈亏结果及时上传上位系统。立库系统库存台账与上位 SAP 系统台账实行每日核对，如发现差异，及时报警提示处理。

系统支持多种盘库方式，包括：

指定条件的盘点：按物料、库区、批次属性等盘库。

ABC 循环盘点：按照基础设置中设置的产品 ABC 分类的循环天数，每天动态地自动生成盘点任务。

动碰盘点：可以按照一个指定时间范围内发生了作业活动的库位进行盘点。

随机盘点：按照指定的条件和数量随机地生成对应数量的盘点任务。

全库盘点：将库内全部物料出库盘点。

差异盘点：根据前一次盘点的差异数，只针对有差异的库存进行复盘，生成差异盘点任务。

⑮质量信息追溯。

系统可根据业务需要对相关业务数据进行增、删、改等数据维护操作，但在对关键数据进行修改维护时，一方面提供严格的权限控制管理；另一方面系统自动记录修改维护的详细操作日志，详细记录操作业务功能、操作人员、操作数据、操作时间等日志内容；可根据各种属性如生产日期、品种、生产班组、质检人员、批次等对相关产品的流向进行每个信息点的跟踪；可以根据相关产品属性对产品信息进行全过程的跟踪和追溯，以满足对数据的追溯和核查要求。

⑯综合查询和报表管理。

提供综合信息查询，包括作业任务、设备状态、库存信息、和上位系统库存比对程序、货位状态、入出库、操作记录、运行日志等信息。

具备数据自动记录、统计、报表生成及打印、查询等功能，提供综合信息，包括出入库统计日报表、月报表、年报表；库存情况统计日报表、月报表、年报表等。

所有报表均可导出为 Excel 文档保存。

定制报表开发，根据用户具体需求开发个性化报表。

⑰安全管理。

用户角色管理：主管人员可以创建不同用户、角色，并分配相应的使用权限。每个用户必须经过有特权的管理者授权才能进入系统，管理者在数据库中记录用户姓名、用户 ID、加密密码等。

用户权限管理：为不同操作人员分配不同操作权限，操作人员只能访问被授权使用的库区、位置、物料，只能操作被授权操作的功能、界面。

系统权限管理：按组织结构划分操作人员的操作权限，且各种使用权限所能调用的应用软件模块可按要求自由组合，由系统管理员统一配置。

系统日志：提供详细的操作记录和系统运行日志，可以记录每一用户的活动，提供在线故障诊断及帮助功能。

⑱后台事务处理功能。

后台事务处理功能是指运行于系统后台、操作界面上不可见的一些系统功能，它们是系统的重要组成部分，有着非常重要的作用，具体包括记录系统操作日志、监控设备状态故障、设备运行日志、作业调度、报警提示、库存台账处理、数据库自动备份等诸多功能。

⑲客户化功能。

系统除提供上述标准业务功能外，还可以根据客户个性化要求开发定制具体业务功能。

（2）物流调度模块（WCS）

物流调度模块是 TIMMS 软件的核心之一，是连接物流管理层及设备执行层的枢纽。其功能是实时接收物流管理系统下达的任务指令，分解并通过作业接口层下达给具体的作业执行层，对物流过程作统一的调度，并对各个物流环节、现场关键设备及工艺点进行监视、控制。系统设计通过对象转换插件的方法，集成不同厂家、不同类型的物流设备，完成集中控制操作、状态监视、报警显示、日志记录等功能。

物流调试模块主要功能包括：

接受出入库指令，并分解下达给执行设备。

提供物流路径控制管理，平衡路径任务，优化作业。

提供完备的设备监控功能，图形界面可直观显示业务流程、物流状态、物流位置等，方便地监视、控制、诊断整个系统，并且能够监视和控制设备情况，快速定位故障点，及时消除隐患；系统通过颜色标识设备状态，如果某设备出现异常，在监控界面上立即通过颜色提示管理人员，操作人员通过点击仿真设备，还可进一步查看该设备运行状态、故障信息等，以方便进行故障诊断和处理。

平衡路径任务，优化任务物流路径。

依据设备状态，变更路径使用状态，实时调整物流单位运行轨迹。

实时检测、记录设备运行状态，及时报告设备故障、通信故障并报警。

在上层物流管理模块故障的情况下，用户可通过物流调度模块，人工指定货位或目标地址，驱动设备以实现紧急出入库操作。

提供完整的错误任务或故障任务处理，方便任务撤消处理。

运行日志管理，提供详细的操作记录、运行日志，提供在线故障诊断及帮助功能。

系统提供故障、报警和事件日志管理，设备使用状况监视并长期存档，提供灵活的查询。

（3）系统接口模块（TINF）

昆船 TIMMS 软件系统具备一套标准接口供相关信息系统对本系统进行访问和数据交换，也可以针对不同的信息系统定制接口。仓库系统主要与雨虹 WMS 和 TMS 系统进行数据接口和交互，与 ERP 等其他系统的数据交互则通过雨虹 WMS 进行转接。

（4）RF 手持模块

RF 手持管理模块是 TIMMS 系统的子管理模块，与 TIMMS 管理模块都是基于同一个框架下的设计与开发，采用"面向接口编程"的原则，使 RF 模块具有良好的扩展性、可维护性。所涉及的信息系统具有优良的信息集成与可靠的即时通信，具有良好的性能和更高的可靠性与适应性。图 5-26 是 RF 工作原理示意图。

手持无线扫描终端通过与物流网络系统连接的无线机站首先访问 RfSvr 服务器上的 Web 服务，Web 服务调用管理系统主服务的接口实现业务调用，即 Web 服务仅作为服务通信的中间件，不实现任何业务，只进行数据信息的传递，所有的业务实现层都在管理系统的主服务中。

RF 手持管理模块采用 WIN CE 操作系统，界面简单直观，便于操作，提供入库组盘、入库上架、托盘信息查询、空托盘出库申请、人工码垛业务处理等功能，便于进行区域较大的移动操作业务，保证出入库业务及拣配业务的准确、无纸化作业和信息的及时反馈。RF 手持终端主要具有以下特点：

支持工业标准 802.11b/g 无线网络；

配备最新的处理器与相关硬件；

拥有先进的数据优化技术、高效的数据通信响应；

优化与主系统的数据流；

快速的响应时间，提高工作效率；

完全可编程；

工业级标准适用于工业环境、经久耐用；

有利于系统的扩展和冗余；

满足了物料输送系统实时信息响应速度的要求；

全面支持一维条形码的扫描和采集；

对无线网络终端的连接实施有效管理，提高系统的安全性；

具备 PC 端软件的功能，可以单独使用进行出库入库操作。

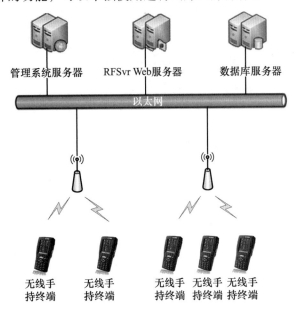

图 5-26　RF 工作原理示意图

（5）LED 管理模块

LED 显示屏又叫电子显示屏，是由 LED 点阵和 LED PC 面板组成，传统 LED 显示屏通常由显示屏、控制系统、电源系统、控制计算机、系统软件、线缆辅材、安装支架及其他配套设备组成。在实际应用中，人们通过控制计算机和系统软件将要通过 LED 显示屏显示的信息发送到 LED 显示屏的控制系统，显示出入库物料信息或拣选提示信息，协助操作人员快速处理出入库作业和拣配作业。

在各出入库口，根据实际需要配置 LED 信息提示屏，及时将出入库托盘物料信息展示出来，以提示操作人员进行核对和处理。LED 显示屏可采用国产优质 16×16 点阵、单红色显示屏，与上位系统通过以太网进行通信。

5.1.3　示范作用及意义

自动化立体仓库的建设，给芜湖东方雨虹带来了很多的管理运营方面的提升。

①自动化立体仓库的应用，提高仓库空间利用率。立体仓库的空间利用率与其规划紧密相连。一般来说，自动化立体仓库的空间利用率为普通平库的2～5倍。

②便于形成先进的物流系统，提高企业生产管理水平。自动化立体仓库采用先进的自动化物料搬运设备，不仅能实现货物在仓库内按需要自动存取，而且可以与仓库以外的生产环节进行有机的连接。采取的短时储存方式可以在指定的时间自动输出到下一道工序进行生产，从而形成一个自动化的物流系统，这是一种"动态储存"，也是当今自动化仓库发展的一个明显的技术趋势。

③提升产品的完整追溯性及生产精益化管理水平。通过控制系统对现场的数据采集，能够建立起物料、设备、人员、工具、半成品、成品之间的关联关系，保证信息的继承性与可追溯性。能够提供实时的数据，这样就可以向生产管理人员提供车间作业和设备的实际生产情况，同时也能给不同的部门提供客户的订单生产情况。这样各部门的生产信息就能共享，减少大量的统计工作，提高生产效率，实现统计的全面性和可靠性，实现完整的产品追溯体系。

5.2 智能机器人在德爱威智能工厂的应用案例

5.2.1 德爱威智能工厂基本情况

全方位 ERP 系统，其中生产订单和计划管理采用 SAP 和 WMS；物资和物流采用 WMS、TMS、FMS 系统；质量采用 LIMIS 系统；财务采用 BI 系统；采购采用 SRM 系统；安环采用 HSE 系统；OA 系统。以上这些数字化信息系统，提升效率30%，减少人员20%。

WINCC 系统和 SAP 系统完全独立，没有数据流通，未能形成更高效的完整信息流。工厂 MES 系统和 VR 系统 2021 年完成并投入使用，其中物联网系统、丁类车间数字化生产、"两化融合"获得建德市政府补助资金合计 200 万元。

1. 甲类和丁类车间自动化控制西门子 Wincc 系统

粉料输送系统—乳液和助剂输送系统—打浆系统—调漆系统—灌装系统，全程自动化生产，其中包括高精度伺服电动机、视觉检测、智能机器人、E + H 高精度质量流量计等模块，此自动化控制系统提升效率80%，减少工人50%，实现了信息化与工业化的高度融合。

1）甲类车间 Wincc 系统（图 5-27 ～图 5-37）

甲类车间的自动化系统由粉料自动化系统、涂料自动化系统、自动包装线组成。

粉料自动化系统由一套西门子 1500CPU、触摸屏、称重系统及 G120 变频器组成，实现手动称量投料，投料和分散缸有联锁。

涂料自动化系统由一套西门子 317CPU、WINCC SCADA 系统、称重系统及 G120 变频器组成。实现车间的分散缸及调漆缸的自动配料，并生成生产报表，其中包含阀门、泵、变频器数据、质量、液位、物料、批次号等信息可视化及联锁。

自动包装线由一条自动线和4条半自动线组成，实现产品的分桶、灌装、分盖压盖、贴标、码垛、缠膜全自动。其中，自动线有一台龙门式防爆全自动码垛机，其他4条半自动线没有码垛机。其中包含安全门、出垛光栅等联锁。

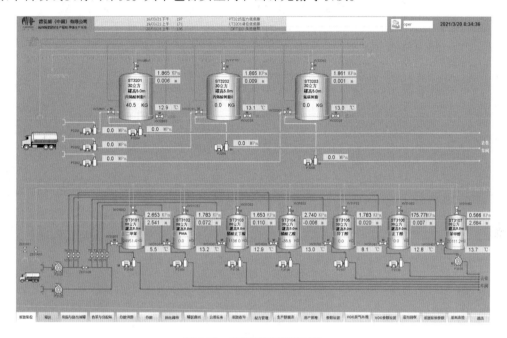

图 5-27　原料罐区储罐系统

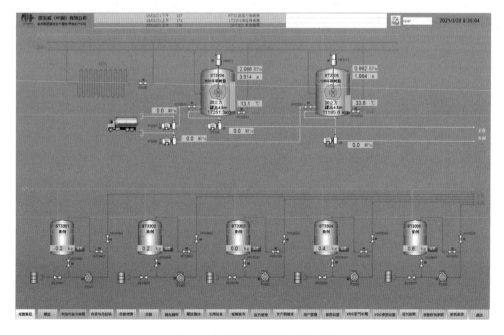

图 5-28　树脂储罐及助剂罐系统

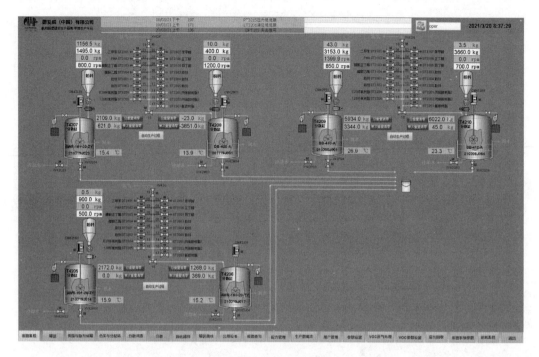

图 5-29　分散缸系统

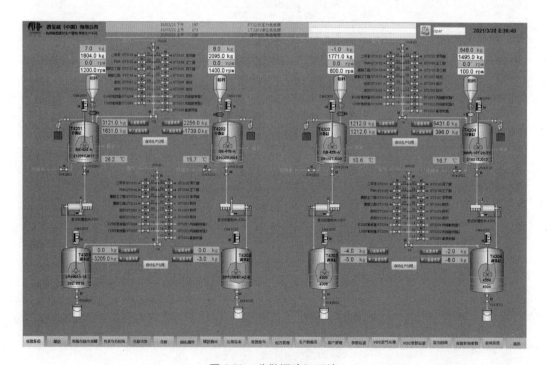

图 5-30　分散调漆缸系统

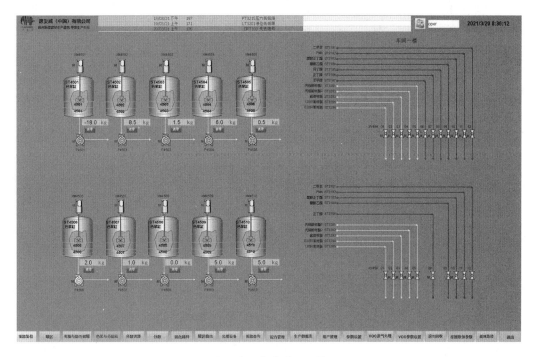

图 5-31 色浆分配系统

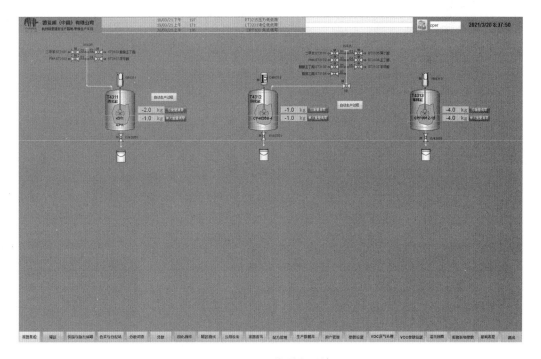

图 5-32 固化稀释系统

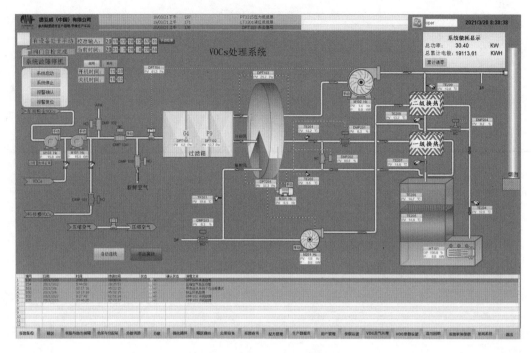

图 5-33　VOC 系统远程在线监控

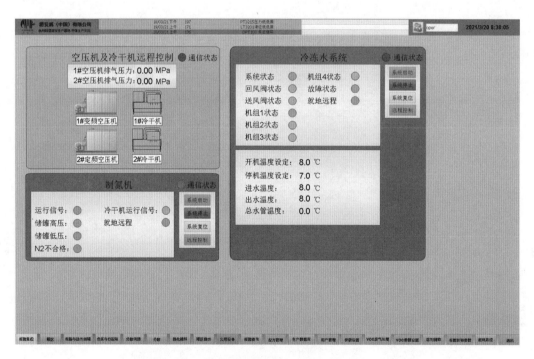

图 5-34　公用设备空压机、冷干机、制氮机、冷冻水和冷却水系统远程在线监控

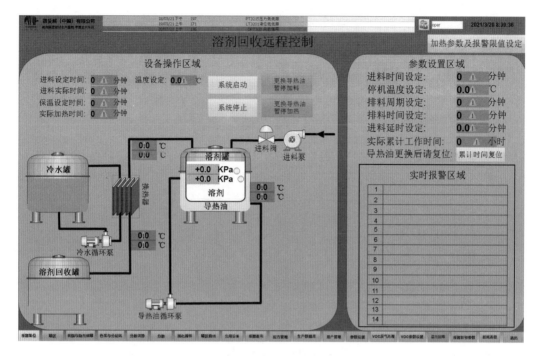

图 5-35　溶剂回收机系统远程在线监控

图 5-36　能耗系统

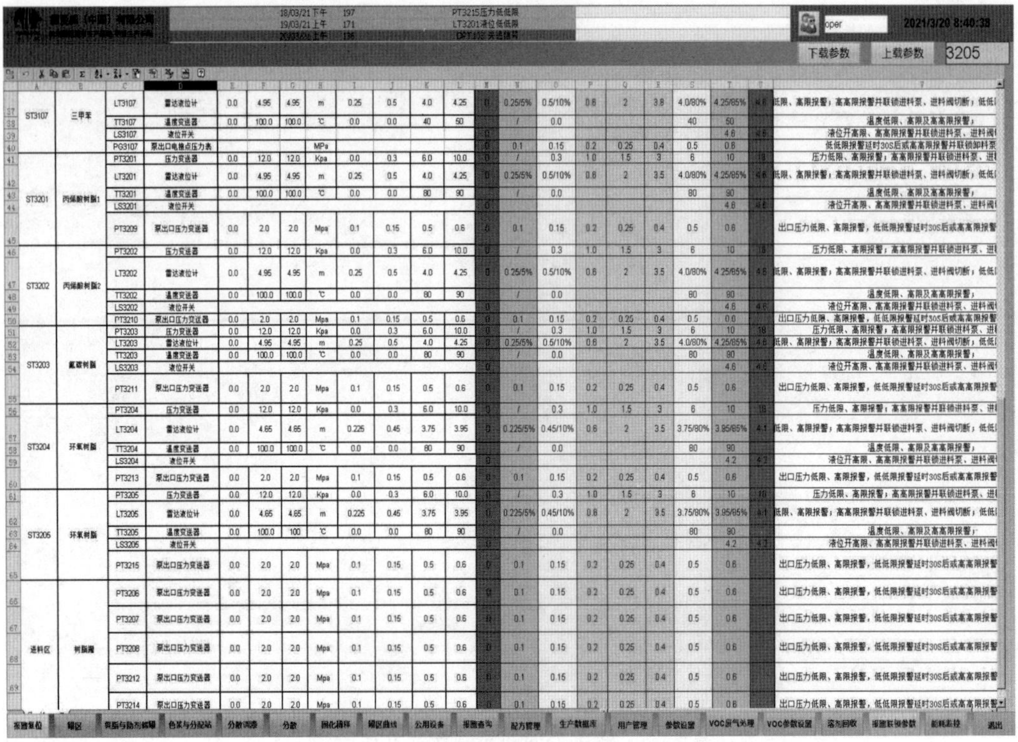

图 5-37　甲类车间工艺连锁参数设定系统

2）丁类车间自动化控制系统（图 5-38～图 5-51）

丁类车间的自动化由粉料自动化系统、涂料自动化系统、自动包装线组成。

粉料自动化系统由一套西门子 1500CPU 和 Wincc SCADA 系统、称重系统及 G120 变频器组成。实现自动计量、输送及投料，并生成生产报表。其中包含打料状态、气压及物料的可视化及储罐料位、计量罐质量、管路之间的联锁。

涂料自动化系统由一套西门子 319CPU、Wincc SCADA 系统、称重系统及 G120 变频器组成。实现车间的打浆缸及调漆缸的自动配料，并生成生产报表。其中包含阀门、泵、变频器数据、质量、液位、物料、批次号等信息可视化及联锁，其中所有缸都带西门子称重系统，自动加料精度控制在 ±1%，大大高于手工加料精度，确保了工艺质量稳定性。

自动包装线合计 5 条，其中真石漆 2 条、乳胶漆 3 条；实现产品的分桶、灌装、分盖压盖、贴标、码垛、缠膜全自动。其中乳胶漆 3 条线，含 2 台 KUKA 机器人和 1 台框架式全自动码垛机；真石漆 2 条线共用 1 台 KUKA 机器人。

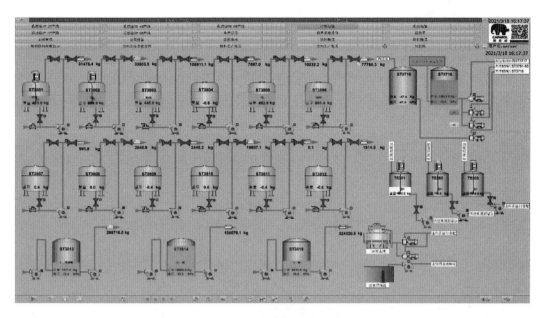

图 5-38　助剂储罐系统

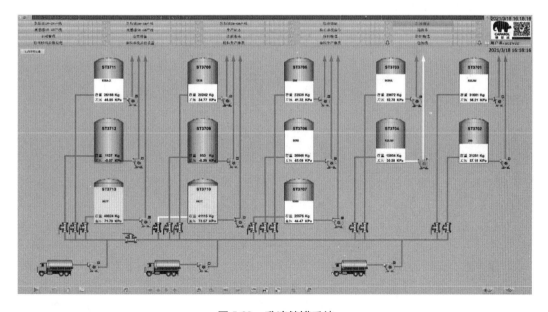

图 5-39　乳液储罐系统

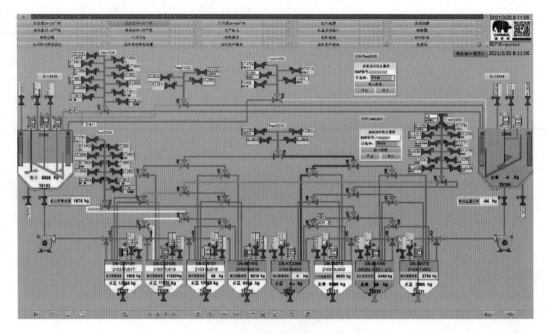

图 5-40　乳胶漆调漆系统

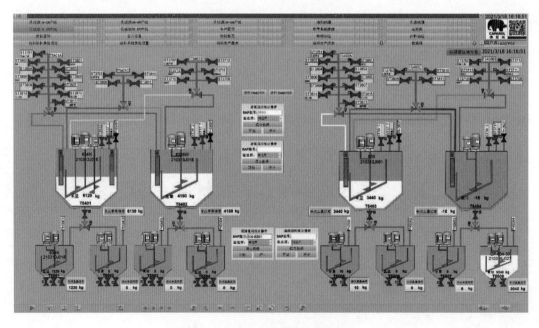

图 5-41　真石漆和质感漆调漆系统

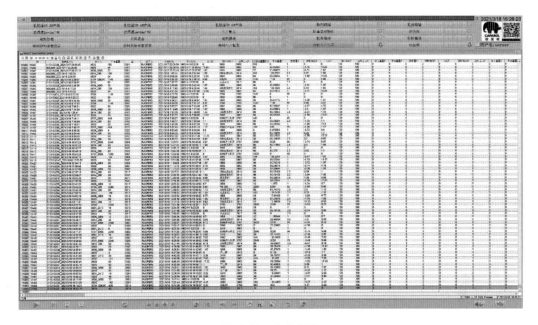

图 5-42　生产报表

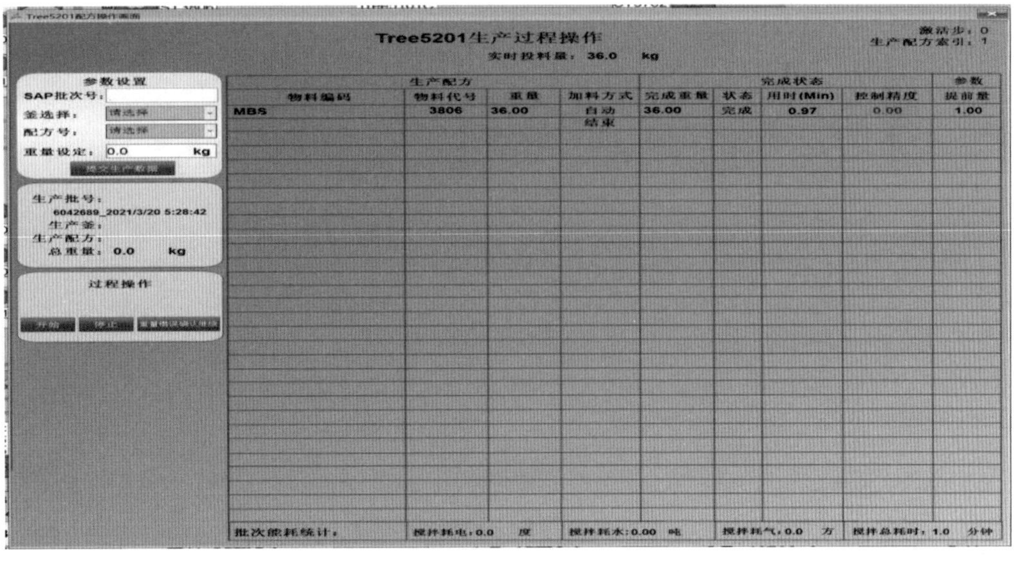

图 5-43　自动打料

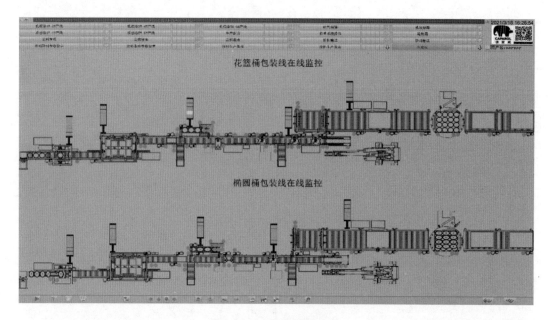

图 5-44　粉料自动打料系统

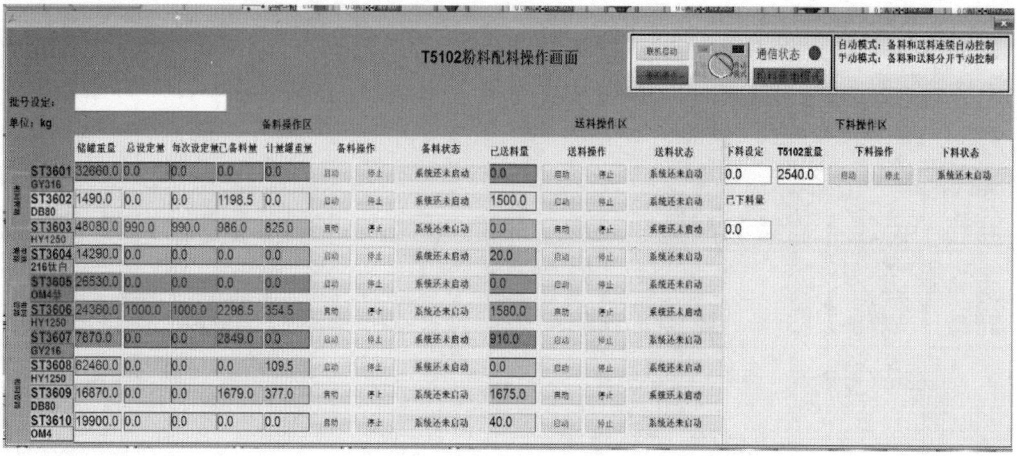

图 5-45　灌装线远程监控

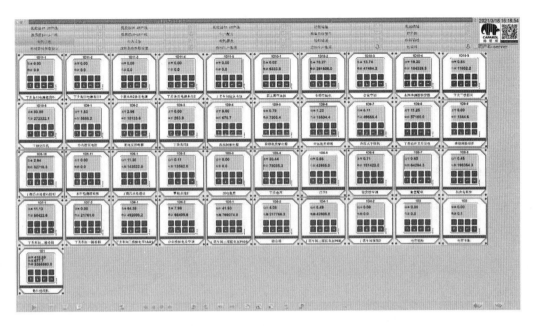

图 5-46 实现远程抄表和能耗监控

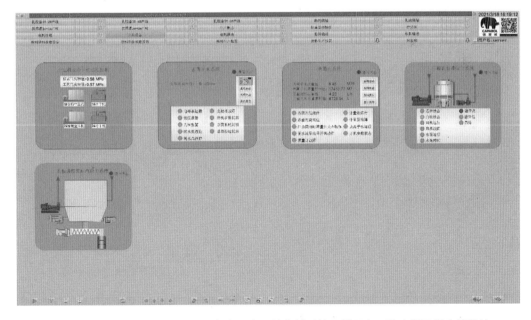

图 5-47 设备空压机、冷干机、去离子水、杀菌剂系统、循环水、除尘器远程在线监控

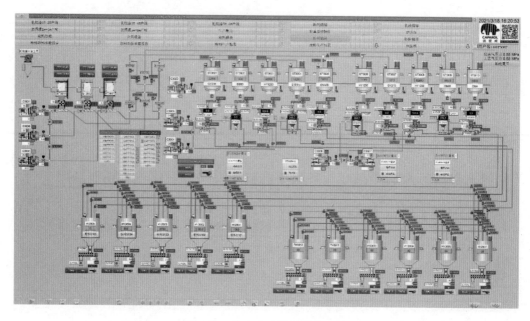

图 5-48　欧卓自动粉料输送系统

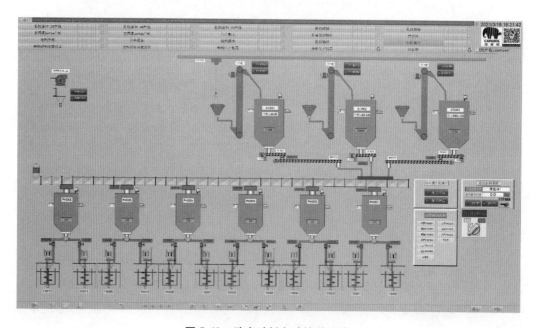

图 5-49　欧卓砂料自动输送系统

图 5-50　桶包装线

图 5-51　圆桶包装线

2. 工厂物联网

IoT 物联网就是万物互联，它是近年来信息化及通信技术不断发展的产物。SCADA 就是本地化 IoT，而现在因为云技术发展，把远程的终端通过云服务器连接起来，实现万物互联，并通过 IoT 平台软件将终端的数据采集上来并加以运算。而数字化工厂就将数据采集上来，自动加以提炼及分析，形成每个业务模块的闭环。实现价值流的透明化，以及在产品的全生命周期中实现精益管理。因此，数字化的上一个工作就是实现物联网，打通数据孤岛。

目前 DAW 建德工厂已经实现全部设备互联。包括甲类车间的粉料系统、灌装线、砂磨机、溶剂回收机、VOC 系统、空压机、冷干机、制氮机、冷冻水、循环水系统、电伴热系统、电能数据都实现在 Wincc 上管控。

丁类车间的粉料系统、包装线、去离子水系统、杀菌系统、冷却循环水、除尘系统、电能数据、污水系统都实现在 Wincc 上管控，为智能数字化生产打下坚实基础。

5.2.2　德爱威智能制造系统架构介绍

1. 生产运营流程（图5-52）
2. DAW 建德工厂目前的 VSM 图（图5-53）
3. DAW 建德工厂未来的 VSM 图（图5-54）

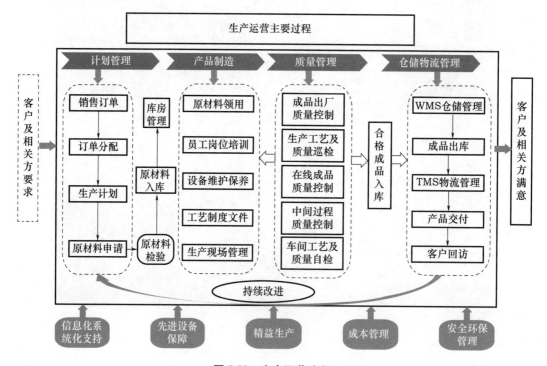

图 5-52　生产运营流程

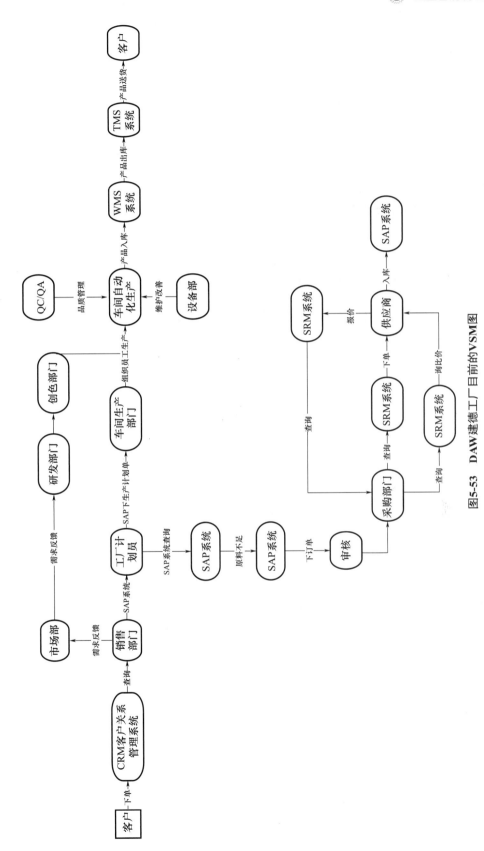

图5-53 DAW建德工厂目前的VSM图

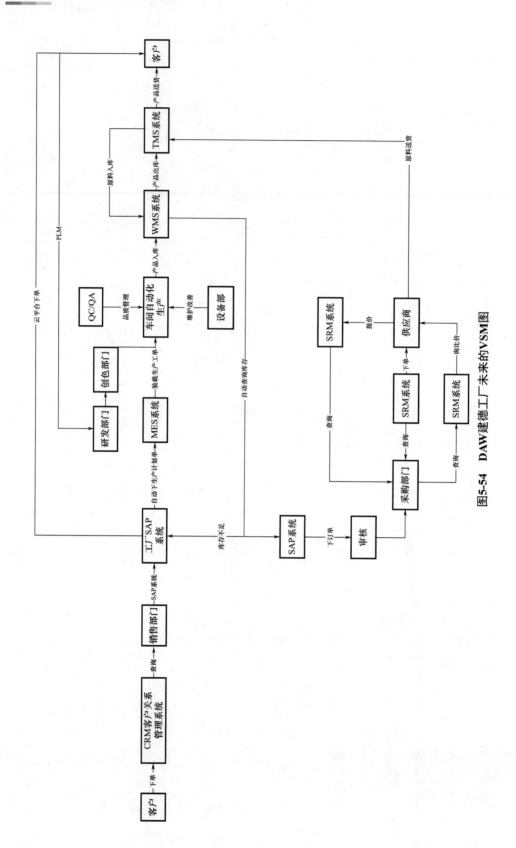

图5-54 DAW建德工厂未来的VSM图

4. DAW 建德工厂数字化框架（图 5-55）

图 5-55　DAW 建德工厂数字化框架

5.2.3　工业机器人集成应用

DAW 建德工厂涂料码垛全部采用机器自动码垛，其中甲类车间有 1 台龙门式防爆全自动码垛机，丁类车间乳胶漆包装线有 2 台 KUKA 机器人和 1 台框架式自动码垛机，真石漆包装线有 1 台 KUKA 机器人。

乳胶漆椭圆桶灌装线速度为 8 桶/min，KUKA 机器人码垛速度为 8 桶/min、480 桶/h。

乳胶漆花篮桶灌装线速度为 11 桶/min，KUKA 机器人码垛速度为 11 桶/min、660 桶/h。

真石漆灌装线速度为 15 桶/min，一个机器人带两条线，KUKA 机器人码垛速度为 30 桶/min、1800 桶/h。

机器人码垛速度是人工码垛的 5~8 倍，而且不容易把桶撞变形和掉漆生锈，提升效率 100%，且保证了产品质量。

两台 KUKA 机器人用于花篮铁桶和塑料椭圆桶码垛，它的臂展 3200mm，额定荷载 230kg，A1 轴额定载荷的最大速度 105°/s，可实现 10 个规格的产品码垛。一台用于真石漆铁桶码垛，它的臂展 3200mm，额定荷载 230kg，A1 轴额定荷载的最大速度 105°/s，可实现 10 个规格的产品码垛（图 5-56、图 5-57）。

图 5-56　机器人

图 5-57　机器人控制柜

5.3　区块链技术在天鼎丰产品追溯中的应用案例

5.3.1　天鼎丰数字化工厂介绍

在建材行业，假冒伪劣产品占据 50% ~ 60% 的市场份额，严重损害消费者利益。产品质量安全已经成为社会非常关注的重大问题，产品全过程可追溯是确保质量安全的重要手段，是落实生产企业质量安全主体责任、完善生产质量管理体系、打击不法犯罪分子、建设安全放心的社会消费环境的有力武器。目前我国很多企业的产品尚未实施产品安全全过程追溯系统，主要原因有技术要求高、实施难度大、投资大、缺乏本地化技术支持等。天鼎丰区块链项目，通过建设基于区块链技术的工业产品防伪溯源平台，为企业提供产品防伪溯源服务，解决了企业做产品追溯难的问题，提升企业互联网平台技术的应用水平。同时，项目使用先进的区块链技术来保证数据的准确性、全面性和唯一性，确保平台溯源信息的可信度。

天鼎丰自 2013 年起开始探索启动"产品唯一身份全供应链管理协同系统"的建设，加强产品质量全生命周期过程追溯管理能力，提升客户的质量满意度。该套集成系统最先于 2014 年德州工厂试点上线，上线 3 个月运行平稳后再快速推广其他工厂，至今已推广至包括天鼎丰在内国内 30 余家分子公司以及 17 家生产研发物流基地。

天鼎丰以"生产过程自动化，管理方式网络化，商务运营电子化，决策支持智能化"二十八字方针为信息化战略，以信息化手段开创质量管理的新模式——天鼎丰产品唯一身份全供应链管理协同系统。从产品研发开始，到原材料采购、生产过程控制、成品检测控制，再到后期的销售、施工工程，实施了以二维码为介质的产品唯一身份全生命周期可追溯管理系统。

1. 项目建设方案

项目整体建设方案主要包括网络建设、数采系统改造、生产自动化改造、各信息化子系统建设、信息化系统连通及大数据系统的建立等各部分。

1）网络建设：全面升级现有工厂网络系统，通过工厂网络中办公网、安环网、控制网、生活网独立配置和运行；升级交换、汇聚等网络部件，升级综合布线系统；完善改进机房管理、防火墙部件的配置加强安全管控；工厂区域无线网络全覆盖及 5G 通信建设等措施，建立高效、可靠、安全的可满足智能工厂信息化系统要求的工厂网络系统。

2）数采系统建设：完善现有生产系统的数据采集系统，丰富完善生产数据、能源数据等的采集，提升和完善 IoT 的建设。

3）生产自动化改造：生产设备自动化全面提升、智能库的建设、产品追溯赋码等，满足生产数据和关于数据的采集。

4）各信息化子系统建设：全面建设和完善各信息化子系统（APS、LIMS、WMS、TMS、EHS、ERP、条码管理等系统），全面提升企业信息化管理水平。

5）信息化系统连通及大数据系统：建立企业大数据平台，整合和共享各信息化系统数据，在合理时间内达到撷取、管理、处理并整理成为帮助企业经营决策更积极目的的资讯。

2. 项目架构及功能

基于区块链的工业互联网防伪追溯平台是面向制造业数字化、网络化、智能化需求，构建的基于海量数据采集、汇聚、分析的服务体系，其支撑工业领域各行业的工业云平台，包括区块链 + Iaas、平台（工业 PaaS）、应用三大核心层级。可以认为，基于区块链的工业互联网平台是传统工业云平台的延伸发展，在传统云平台的基础上叠加物联网、大数据、区块链等新兴技术，构建更精准、实时、高效的数据采集体系，建设包括存储、集成、访问、分析、管理功能的使能平台，实现工业技术、经验、知识模型化、软件化、复用化，以工业 App 的形式为制造企业各类创新应用场景，最终形成资源富集、多方参与、合作共赢、协同演进的制造业生态。

基于区块链本身具有的安全性，如去中心化、不可篡改和高容错性等，任何对产品溯源数据的修改，都将不可避免地破坏区块链链式结构，增加数据修改的成本与难度，保证溯源数据的真实可靠，同时也能在一定程度上督促企业在产品生产过程中不造假。

结合生产设备采集，生成真实、客观的产品基础数据并传输到联盟链的产品数据中，封堵数据源头造假的可能，提高产品溯源数据的安全可靠性。

3. 区块链技术实现的功能

利用区块链技术所特有的不可篡改、不可抵赖、易追溯的特点，结合物联网、防伪标签、物流跟踪等技术手段，可以有效防范供应链中各类鱼龙混杂和假冒的商品，在产生纠纷时，可以有效地实现追责。

消费者或者监管部门可以从区块链上查阅和验证到商品流转的全过程信息，从而实现精细到一物一码的全流程正品追溯。借助区块链技术，实现品牌商、渠道商、零售商、消费者、监管部门、第三方检测机构之间的信任共享，全面提升品牌、效率、体验、监管和供应链整体收益。

1）工业互联网整体服务水平进一步提高

响应国家加快发展工业互联网相关产业，深化信息化和工业化融合发展，打造工业互联网平台，加强工业互联网新型基础设施建设，推动关键基础软件、工业设计软件和平台软件开发应用，进一步提高工业互联网整体服务水平和网络信息安全水平。

2）基于区块链的平台运行能力达到国际水准

采用了同构并行多链的技术架构，在业内率先实现了链间的确认和交互，使得不同交易可以分散在不同链上执行，从而达到百万 TPS 的高并发、分布式处理能力。在核心技术上，使用了 PBFT 算法，能实现超低延迟的实时区块写入和查询，单链的出块速度可达秒级，而且保证强一致性，永不会产生分叉。此外，平台使用的区块链还具有强兼容性、高拓展性等特点，能有效降低开发门槛及成本，整体性能得到极大提升。与实体工业应用相结合，在实际的应用场景中落地，并达到规模化应用，使平台整体运行能力达到或者超越国际水准。

3）行业各企业信息化能力进一步增强

发挥大型工业企业的技术、人才、网络和服务优势，带动并加强行业中小企业信息化服务。创建服务平台化与应用网络化相结合，充分发挥专业服务平台整合资源和引领带动作用，鼓励各类服务机构依托平台探索互联互通、资源共享的有效途径，创新服务模式，打造满足中小企业发展需求的平台化服务体系。充分发挥互联网和信息技术在促进中小企业发展中的作用，通过网络引导信息技术资源向企业集聚，鼓励中小企业通过互联网和服务平台应用信息技术，增强核心竞争力。完善中小企业信息化服务，降低中小企业信息化应用成本，提高中小企业信息化水平，培育新兴业态，打造新的增长点，推动中小企业创新发展。

4）实现产品防伪技术大幅度提升

与传统追溯相比，区块链追溯的信息可信度更高，保证信息透明，真实不可篡改。采用基于区块链的全生命周期监控，实现生产和流通环节信息共享，由于具有很高的安全性和保密性，将区块链技术用于产品防伪有助于加强产品防伪的不可复制性，平台使区块链防伪平台 SaaS 化，带动行业内各企业大幅度提升产品防伪技术水平，提高行业公信力。

4. 区块链技术实施内容

天鼎丰产品唯一身份全供应链管理协同系统包括以下子系统：产品研发阶段（ELN 系统、LIMS 系统）→原材料采购阶段（SRM 系统、WMS 系统）→生产过程控制阶段（SAP 系统）→成品检测控制阶段（SAP 系统、WMS 系统）→销售阶段（TMS 系统）→施工工程阶段（PMP 系统）。通过 MES、WMS、LIMS、HSE 等系统打造智能工厂，完善和升级 TMS、SRM 系统以提升供应链价值，以二维码为介质打通研发、采购、生产、检测、销售、施工全业务链条，建立产品全生命周期唯一身份管理，提升企业产品追溯管理能力。

1）生产线自动化方面的改造

通过自动化在线标识设备为每件产品赋予唯一身份码，实现"一物一码"，通过本追溯平台，喷码机或激光机配套 CCD 二维码赋码检测系统，保证二维码识读扫描率，提高生产效率，降低人工人力成本，提升工厂自动化程度。

2）工厂内网络建设

各工厂网络架构如图 5-58 所示，通过 MPLS VPN 专线和总部相连，互联网 IPSec 链路作为备线，专线中断后，备线可承载业务，保障业务连续性。

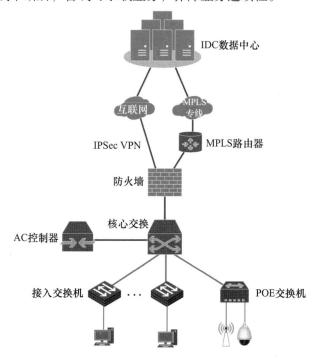

图 5-58　工厂内网络架构

参考目前天鼎丰 MPLS VPN 及 IPSec VPN 线路总计 39 条，各工厂、分公司及 IDC 机房之间通过 VPN 线路互联互通，如图 5-59 所示。

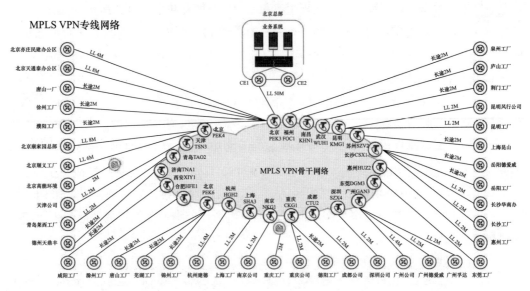

图 5-59 天鼎丰 MPLS VPN 及 IPSec VPN 线路

3）数据采集系统

（1）工业数据采集类型

互联网的数据主要来自互联网用户和服务器等网络设备，主要是大量的文本数据、社交数据以及多媒体数据等，而工业数据主要来源于机器设备数据、工业信息化数据和产业链相关数据。

从数据采集的类型上区分，主要包括以下几种：

①海量的 Key-Value 数据。在传感器技术飞速发展的今天，包括光电、热敏、气敏、力敏、磁敏、声敏、湿敏等不同类别的工业传感器在现场得到了大量应用，而且很多时候机器设备的数据大概要到 ms 的精度才能分析海量的工业数据，因此，这部分数据的特点是每条数据内容很少，但是频率极高。

②文档数据，包括工程图纸、说明文档、技术文档等，还有大量的传统工程文档。

③信息化数据，由工业信息系统产生的数据，一般是通过数据库形式存储的，这部分数据是最好采集的。

④接口数据，由已经建成的工业自动化或信息系统提供的接口类型的数据，包括 TXT 格式、JSON 格式、XML 格式等。

⑤视频数据，工业现场会有大量的视频监控设备，这些设备会产生大量的视频数据。

⑥图像数据，包括工业现场各类图像设备拍摄的图片（例如，巡检人员用手持设备拍摄的设备、环境信息图片）。

⑦音频数据，包括语音及声音信息（例如，客服人员的通话记录、其他设备运转声

音记录等）。

（2）信息化系统的建设

智能工厂是现代工厂信息化发展的新阶段，是在数字化工厂的基础上，利用物联网的技术和设备监控技术加强信息管理和服务。清楚掌握产销流程，提高生产过程的可控性，减少生产线上人工的干预，即时正确地采集生产线数据，以及合理地编排生产计划与生产进度，集绿色智能的手段和智能系统等新兴技术于一体，构建一个高效节能的、绿色环保的、环境舒适的人性化工厂。

①企业生产制造系统。

生产运营主线流程包括生产计划管理、产品制造过程、产品质量控制、仓储物流管理。

生产管理系统是一款功能极强的适用于制造企业生产管理的软件系统，能对整个生产环节（生产计划、物料采购、车间生产流程、库存、产品质量、产品销售等）进行全面管理，具有生产计划排产、材料成本预估、自动生成物料单、实时监控生产进度、排查产品生产质量、处理车间存料等功能，能最大限度地降低生产成本、生产材料损耗率和产品损耗率，提高产品生产质量等。

②供应链管理系统。

供应链管理系统面向企业采购、销售、库存和质量管理人员，提供供应商管理、采购管理、销售管理、库存管理、质量管理、存货核算、进口管理、出口管理等业务管理功能，通过对企业产、供、销环节的信息流、物流、资金流的有效管理及控制，全面管理供应链业务。

该系统帮助企业采购与品质管理人员从供应商档案、供应商与料件的认证评估、采购寻报价管理、供应商交易管理、采购品质管理、供应商绩效管理、供应商价值分析等各方面实现对供应商的管理。

③质量管理系统。

实验室管理系统 LIMS 可以有效地减少因为人为失误而导致的错误，从而使其在质量控制方面十分有效。质量控制方面的管理是有计划、有目的和有针对性的，包括对考核样的处理以及实验室内部和实验室间的比对试验和评价。

实验室质量控制是为将分析测试结果的误差控制在允许限度内所采取的控制措施。传统意义上，通过实验室内质量控制和实验室间比对来进行实验室的质量控制。在实验室内，质量控制一般包括空白实验、校准曲线的核查、仪器设备的标定、平行样分析、加标样分析以及使用质量控制图等。实验室间比对包括分发标准样对诸实验室的分析结果进行评价，对分析方法进行协作实验验证、对加密码样进行考察等。它是发现和消除实验室间存在的系统误差的重要措施，可以通过 LIMS 进行实验室质量的控制。

④一码追溯系统。

该系统利用产品二维码系统解决方案在产品出库追踪管理中引入二维码技术，对出库环节的数据进行自动化的数据采集，保证出库数据输入的效率和准确性，确保企业及时准确地掌握产品相关的真实数据，为企业产品出库流通等提供有效管理及为企业相关决策提供科学的依据。利用系统提供的查询手段，可以快速获取产品出库时间，经销商等关键信息。

有了这些信息，我们可以很方便地进行分析和统计，为企业的生产销售决策提供帮助，并能有效地打假和打击窜货行为。通过对单个产品标识的设计，借助系统还可以对经销商窜货现象进行有效的管理，有效保证企业和经销商的经济利益。先进的仓储/物流管理体系覆盖全国的物流运输网络，供货快速便捷，满足订单追溯、物流发运单等单据的追溯。

5.3.2 区块链技术在产品追溯中的应用案例

1. 工业原材料管理系统

1）系统介绍（图5-60）

原材料管理系统的设计目标是基于区块链的应用，运用先进的条码技术、无线扫描技术，对工厂每一种原料从进入工厂到进入成品或废品的全流程管理与追溯，将关键节点和数据上链。使得工厂在生产过程中的原材料具有可追溯性，原材料供应及时保证生产需求，原材料的浪费控制在较低水平，原料仓库可高效操作、减少人工错误、账目清晰及时、材料流转信息一目了然。

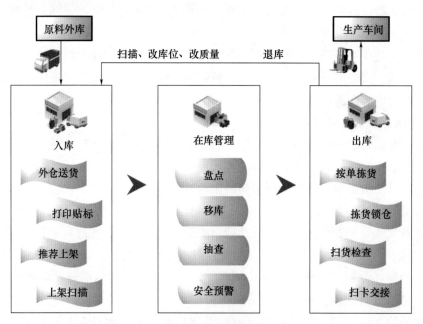

图5-60　原材料管理系统

工业原材料管理解决方案是建立在对每个单包装的原材料进行赋码上链的基础上，在车间生产领用、退回等具体的业务流程并集成无线扫描、条码打印等技术，达到管控与追溯各类原材料在工厂流转的数量合理性的预期目标，并为该系统向上延伸到原材料外仓管理，向下延伸到成品追溯相关数据接口及相关数据交换的接口打下良好基础。

2）系统功能介绍

①利用条码、无线扫描、订单流程控制对原材料在工厂的流转、领退进行系统化管理。

②在生产线附近建立生产领料订单平台，可人机互动进行订单下料，可查询订单状态，后台自动实现订单合并，支持仓库打印或导出订单文件进行外仓订货、补货。

③在仓库建立原料入库条码打印系统，并实现原材料的条码扫描枪便携与随身打印，无线上传原料与库位数据。

④生产车间收料扫描确认，支持离线记录、可选条件无线上传功能。

⑤原料仓库 WMS 支持特种原料的入库质检自动锁仓，质检确认后的自动解仓，特殊情况下的人工锁仓与人工解仓。

⑥支持余料的标签再打印及回收精准管理。

⑦收集废料的称重数据以便后续进行分析比对，以更加精益地组织生产。

⑧系统支持全面盘点表，支持扫描枪扫描产品条码核对库位内产品库存。

3）应用场景

（1）对原料进行质量跟踪

通过条码技术，赋予原料唯一编码，采用 PDA 扫描纳入系统管理，拥有唯一码应用，将唯一码进行数据上链，实现了仓库出入的唯一跟踪，进一步规范了原料管理。

（2）库位库存及精细化管理

仓库重新规划，对商品分品类存储，每件商品的库位库存信息都会在系统中维护。此外，还可设置拣货区的库存上下限，进行库存预警补货。日常上下架、移位、调拨等通过 PDA 扫描，及时获取作业任务，即时更新库位库存信息，确保即时性的账实一致。

（3）盘点准确性提升

通过 PDA 扫描盘点，不影响正常出入库业务，如盘点不对则会发出提醒，保证盘点准确率。盘点结束后，可即时查看盘点情况，并生成盘盈盘亏报表。

（4）各种报表与绩效管理

记录各个流程环节的操作数据，并通过多种报表，如库存类报表、日报类报表、绩效类报表、综合分析类报表等，统计员工的绩效数据，如工作量、工作效率等，帮助管理者更好地做好内部管理，激励团队。

综上所述，通过工业原材料管理系统的应用上线，支持对接企业 ERP 等上游系统，通过仓储规划、操作流程梳理，实现了基于库位库存和多种策略的精细化仓储管理，合并区块链防伪溯源云平台，实现了原材料身份标识数据上链，确保每一个原材料可追溯。

（5）区块链运用

建立原材料数字标识和赋码体系，将原材料数字标识通过条码扫描设备进行数据上链，对原材料到货、赋码、质检、入库、领用、投料全流程进行扫描监管，实时数据同步至云平台。

2. 工业生产管理系统

1）系统介绍（图5-61）

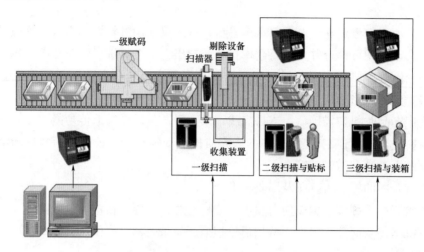

图5-61 工业生产线管理系统

工业生产线管理系统面向生产制造型企业，采用工业自动化、智能识别、多重信息加密及软硬件系统集成等技术，为每一件商品建立"一物一码"或"一物多码"，具有产品赋码、数据采集、建立包装关联关系等功能。

（1）支持多种类型生产模式

广泛适用于各种类型的生产线，支持全自动高速生产线赋码；支持离线模式和在线模式赋码；支持手工包装生产线赋码。

（2）支持多种条码打印技术

二维码支持QR、DM、PDF417码；支持GS1标准DM码和GS1 Code128码；支持Code128、ENA13、Code39；支持RFID标签打印。

（3）支持第三方的系统集成

支持ERP系统集成，实现生产任务订单、生产计划自动下达；支持WMS和WCS系统集成，提供产品入库必须的信息和数据；支持MES系统集成，为生产执行系统提供基础数据。

（4）支持多种关联关系模式

支持自动关联模式、扫描关联模式及多级关联模式，实现数据实时管理和系统整合。

2）系统功能介绍（图5-62）

通过自动化在线标识设备为每件产品赋予唯一身份码，实现一物一码，将唯一标识码进行数据上链，以及对产品进行各级包装赋码，真实、及时、准确、有效地记录生产经营过程中的信息。

（1）自动赋码

通过输送装置或喷头运动控制系统实现产品的自动定位赋码，配合视觉检测系统，自动采集数字标识并写入区块链。

（2）视觉检测

视觉检测系统可以实现内容有无的识别、OCR 字符内容识别、动态二维码识别等功能，扫描识别的同时上传至云平台，数据同步。

（3）不良剔除

在自动化产线上输送的产品，在识别不通过的情况下会传输信号给剔除机构，被剔除机构执行剔除，并记录、关联至系统。

（4）自动收放料

为了符合自动化工厂的发展趋势，可根据客户产品实际情况，进行非标自动化收放料机构的研发、设计，提升工作效率，降低人力成本。

（5）自动预警

喷码机标配数据通信串口，可以外接警报设备或者和其他智能设备联机，实现异常出现后自动报警，告知产线监管人员，降低异常损失，提升效率。

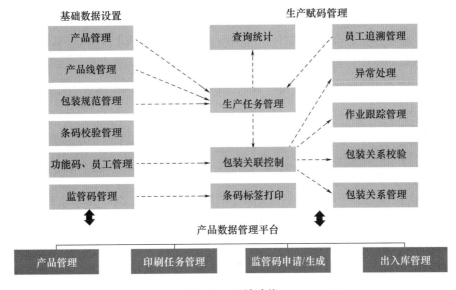

图 5-62　系统功能

3）应用场景介绍（图 5-63）

投料管理形成可视化计划排程，实时掌握生产进度和异常，移动端扫码投料，避免人工误操作，支持现场数据看板和远程监控以及生产投料节点的数据上链。

4）区块链运用

引入条码自动识别技术，整合条码打印机、扫描枪、称重设备进行数据采集，关联原材料数字标识，将关键节点信息保存到区块链，并对原辅料的生产计划分配、领料、称重、配料、投料进行全过程信息采集及监控。

原辅料赋码按批号管理库存，做到库存实时准确无误

生产任务一键定制，并自动按配方用量下发至各工位

集成称重设备，确保不漏称、不少称、不多称

生产数据收集形成报表，分析快速定位原辅料

实时录入或对接获取环境、设备运行参数信息

通过终端扫描二维码确保物料投入准确，并记录信息

图 5-63　应用场景

3. 工业仓库管理系统

1）系统介绍

工业仓库管理系统主要基于无线通信模式的在线式二维码采集器、服务器及相关的软件系统组成，记录每个仓库每单件产品的发货信息并将产品的数字标识记录到区块链中，同时将外箱/外膜二维码信息关联其他仓库代码或经销商代码，可方便进行并单与拆单，交叉混扫，单箱/包发货识别，提高了出入库自动化程度和仓储物流管理的效率和准确性。

工业仓库管理系统利用先进的条码技术和计算机网络技术，对仓库、流通部门进行商品的物流、库存的管理，主要功能包括入库管理、出库管理、库存管理、库存统计查询、报表查询等管理模块。

工厂生产数据通过确认后直接进入仓库库存，当成仓库入库数量。仓库之间的转仓或发给经销商都需要进行出库扫描，每一个扫描节点都记录至区块链，并且所有的发货和收货数据都上传至云平台，云平台可根据各个仓库的进出库数据，应用数据管理中心相应功能核算出各个仓库的库存和进出流量，并可查询到产品流向。

2）系统功能介绍（图 5-64）

工业仓库管理系统实现以下主要功能：查询统计各个仓库的库存；查询统计各个仓库的进出流量；根据流水号查询到产品出库信息（订单号、出发地、目的地、出库时间）；经销商销售产品统计查询；退货产品统计及查询。

在仓库管理子系统内可以统计出各个经销商的销售数量和报表，仓库操作流程如下：

①出库端工作人员使用仓库的出库扫描软件从数据库中心下载单据信息，核对后，通过 4G/Wi-Fi 将单据信息实时下载到扫描终端；

②库管人员使用移动条码数据采集器扫描外箱上二维码，扫描过程中核对产品名

称、经销商名称是否与出库单相符，即扫描终端校验数量、产品代码、经销商等信息；

③当扫描发生错误报警时扫描人员要确认错误原因，并找出正确出库产品进行出库扫描作业；

④扫描数据实时上传并核对，搬运工运货装车。

图 5-64　功能介绍

3）应用场景介绍

在制造企业内部，现代仓储配送往往与企业生产系统相关联，仓储系统作为生产系统的一部分，在生产管理中起着非常重要的作用。

智能仓储是物流过程的一个环节，它保证了货物仓库管理各个环节数据输入的速度和准确性，确保企业及时准确地掌握库存的真实数据，合理保持和控制企业库存，有利于提高仓库管理的工作效率。

以芜湖生产研发物流基地为例，它的仓储系统占地面积 $11393m^2$，高度 14 层，设计库位 21000 个，由立库货架、巷道堆垛机、穿梭车系统、自动出入库输送系统、自动控制系统、信息识别系统、计算机监控系统、计算机管理系统以及其他辅助设备组成（图 5-65）。其主要应用了智能仓库管理系统、工业无线路由器、模块化 PLC、人机界面、工业平板电脑、变频器、托盘输送设备等工业自动化产品。

该系统具备作业速度快、处理精确度高、节省劳动力、库房利用率高等特点，使工厂的自动化水平迈上一个新的台阶。

4）区块链运用

引入自动化设备自动识别产品唯一标识进行数据采集，并将仓储的节点信息保存到区块链，包括入库输送模块、出库输送模块、入库登记模块、出库登记模块等均嵌入区块链模块，所述模块均至少包含一个区块节点对仓库的货物进行登记，实现了有效的仓储监控管理。

(a)

(b)

图 5-65　物流基地

4. 工业物流管理系统

1）系统介绍（图 5-66）

工业物流管理系统是基于执行层面的系统，指导运营管理人员对路径进行优化、选择合理的路径进行配送，降低企业运输成本。工业物流管理整合区块链技术并结合了运输管理（TMS）、地理信息系统（GIS）全球卫星定位（GPS）三大系统，实行动态线路配送模式，具备高效整合区域优化、线路优化、车辆管理、车辆跟踪、绩效管理等一系列功能，节点数据记录至区块链，大幅提高数据准确性、数据安全性、配送效率，降低配送成本，实现全方位物流配送信息的互联互通、信息共享。

物流管理整体解决方案，为企业提供了配送区域划分决策的数据支持；优化每日配送线路的高效工具；实时监控物流车辆状态的途径；定期将系统所收集的每日物流信息进行统计计算；科学、有效、准确地反映企业物流运行状况，更好地提高物流配送的效率。

车辆管理流程包括车辆打卡管理、货台分配、装货时间、发车时间、到货时间。

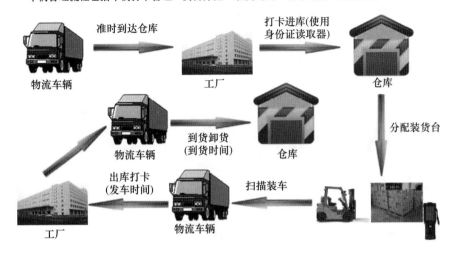

图 5-66　工业物流系统

2）系统功能介绍（图 5-67）

系统主要包括订单管理、调度分配、行车管理、GPS 车辆定位系统、车辆管理、人员管理、数据报表、基本信息维护、系统管理等模块。该系统对车辆、驾驶员、线路等进行全面详细的统计考核，能大大提高运作效率，降低运输成本，使企业在激烈的市场竞争中处于领先地位。

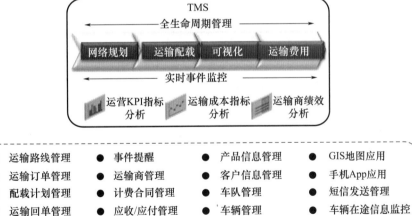

图 5-67　系统功能

工业物流管理系统，是基于区块链工业互联网平台，为运输企业、协作承运商、司机、货主、收货人等提供业务管理、上下游信息共享、协作方协同作业等服务的，信息化、智能化的服务平台。

本平台可连接智能手机、GPS车载设备、油箱传感器等智能化设备，动态获取车辆定位信息、运输轨迹信息、行驶里程、油耗信息等数据，并将相关节点数据上链，帮助运输企业做到精确、高效的管理，为客户提供真实、实时的信息。

3）应用场景介绍

（1）从发货到客户评价，配送全流程透明可视（图5-68）

利用移动与社交技术，通过提供移动系统或微信公众号全程连接货主、承运商、司机与客户，实现多方实时协同。

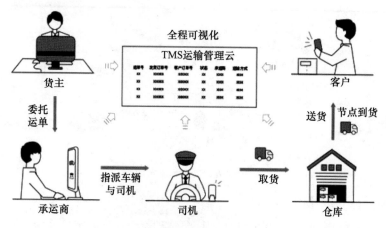

图 5-68　全程可视化

（2）自动化结费，提升结算效率90%

系统提供强大的计费引擎，满足企业复杂的计费需求，能为货主、客户、承运商一键生成同一本账单，节省大量人力物力。运用区块链技术，提升了计费的可信任度。

（3）智能计划调度，节省运输费用

基于预设规则与约束条件，结合路径优化引擎，自动匹配车源，计划运输路线，为企业节省物流运输费用。

4）区块链运用

对物流运输单据的唯一标识进行数据采集，并将物流运输的节点信息保存到区块链，解决目前物流结费由于多方对账导致的人力成本支出的问题，建立可信任的物流结费解决办法。物流运输的节点上链，提高了物流追溯的准确性，确保了工业领域产品全生命周期追溯的完整性。

5. 防伪追溯系统

1）系统介绍（图5-69）

一物一码，将原材料、产线、运输、经销渠道、防伪识别一一关联，彻底杜绝假冒伪劣、产品窜货等行为。同时让问题产品有据可依，直抓源头，让问题根源无处遁形。让企业所有产品变得可监控、可追溯。

全面性佳：利用大数据平台将产业链条的各个环节相关联，实现数据互通和共享。

兼容性高：产品信息追溯系统对于各个平台的系统兼容性高。

安全可信：基于区块链的一物一码追溯系统，运用区块链不可篡改的特性，建立安全可信任的防伪追溯体系。

图 5-69　仿伪追溯系统

2）系统功能介绍（图 5-70）

图 5-70　系统功能

（1）防伪

依据一物一码技术，实现使用智能设备扫码（如智能手机）、专用 PDA 设备、网站、电话等方式对产品真伪进行查询，从区块链中获取节点的溯源信息，确保产品溯源的唯一性，有助于保护企业及其品牌形象、增加消费者的信心。

（2）溯源

可实现总部、经销商、各店库存的实时透明化管理，实行全程通过区块链追溯，对质量问题追本溯源、快速反应和及时召回，对经销商启用窜货预警，产品信息追溯系统保护企业及各级经销商的利益具有主动性。

（3）防窜货

产品信息追溯系统将每一件产品的流通路径进行数据上链，当消费者扫码时产品信息追溯系统将自动通过互联网获取扫码所在地，与区块链中记录的产品归属区域进行比对，当出现异常时将发出窜货预警信号。

（4）临期监控

分析统计不同区域、渠道、时间段下的产品流通量和流通周期，对于产品的归属区域进行合理的分配，对于快到保质期的产品进行数量统计，推出相关特惠活动，消化临期产品，同时有助于增加消费者的黏性。

（5）大数据分析

通过平台的大数据分析功能，分析按时间和地区的销量和销售周期的销售数据，根据不同广告和促销活动获得的营销效果数据收集分析消费者群体的特征和消费习惯等消费者数据。

（6）互动营销

通过扫描产品信息追溯系统为产品赋予的二维码，可参加积分、抽奖、红包等活动，提高消费者的购买积极性，增加回购率。

3）应用场景介绍（图5-71）

产品信息追溯系统可用于工业领域的各类行业，包括医药、日化、纺织、汽车、建材等。

日化医药行业市场的规范，关乎百姓对消费市场的信任，切实规范市场是每一个企业的责任。对企业的品牌、产品负责，也是对消费者负责，更是对社会负责。

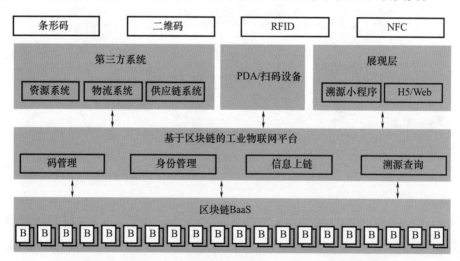

图5-71　应用场景

①区块链数据采用加密方式，企业对条码生成进行有效管理，实现对产品从生产、储运、销售到售后的全过程追踪。

②对企业售后服务进行有效管理，打击假冒伪劣，驱逐造假者，提高市场份额，保护消费者、企业合法利益；净化市场，引导、提高消费者主动参与防范、举报、打击假冒伪劣的积极性；规范市场销售渠道，稳定产品营销体系，提高经销商积极性。

③防伪及流向查询：刮开涂层，扫描隐藏的二维码，直接使用微信扫一扫或者其他手机扫描软件，等待扫描结果；页面显示此产品的真伪信息。

④在公众号中点击市场稽查，通过账号密码登录追溯平台，在追溯平台点击扫描，扫描二维码即可查询货品流向信息。

4）区块链运用

基于区块链的溯源系统，结合区块链技术特点，将溯源信息上链，完整、安全、永久地保存在去中心化的数据库中，在交易的过程中，使用一物一码一哈希值帮助企业快速构建良好的区块链溯源生态体系，包括工厂、经销商、门店三种角色的不同管理方式，实现各业务环节的O2O闭环，将产品的唯一标识与区块链信息绑定在一起，连接消费者与溯源产品，在线验证查询溯源，实现区块链防伪、线下验货、线上溯源的设想，同时溯源信息不可篡改，交易信息加密保存，保护用户隐私。

6. 海外溯源系统

1）系统介绍

海外可追溯系统（Traceability System）就是在产品全生命过程中对产品的各种相关信息进行记录存储的质量保障系统，其目的是在出现产品质量等问题时，能够快速有效地查询到出问题的原料或加工环节，必要时进行产品召回，实施有针对性的惩罚措施，由此来提高产品质量水平。在商品管理模块同时提供商品标识编码、商品归类管理功能。

商品关键属性接入工业互联网二级节点标识体系，记录商品标识编码，并通过工业互联网二级节点标识解析体系来实现国际溯源。用户可以通过商品标识编码在国家工业互联网标识体系中查询（图5-72）。

在海外溯源应用场景中，通过工业互联网二级节点标识体系进行标识编码与标识关联商品数据、合同内容、贸易单据等重要数据，由此可实现对供应链商品生命周期的管理与溯源管理。

2）系统功能介绍

以产品全生命周期为核心，通过统一工业互联网标识，将完整产品从原材料（配件）采购、生产、库存、销售、客服等环节，同时与生产经营系统、订单管理系统、仓储物流系统、客服系统等数据打通，更加真实、完整、实时呈现产品全生命周期；产品溯源应用中，通过识别终端对准产品上的芯片或者二维码进行标识解析，就可以获得商品展示、防伪验证、生产和流通过程，以及后期商品管理、营销推广、销量分析等衍生增值服务。

从供应商管理、原材料管理、生产管理、仓储管理、运输管理、销售管理等各个环节完善整个供应链，并通过工业互联网标识解析二级节点将一物一码贯穿整个供应链管理。同时也融合产品追溯系统、防伪系统、WMS系统、TMS系统、物流结算系统、原材料管理系统等，并可以通过手机端应用进行查询验真；所有关键数据上链过程全部采用符合国密标准的算法进行，加密后再上传区块链存储备用（图5-73）。

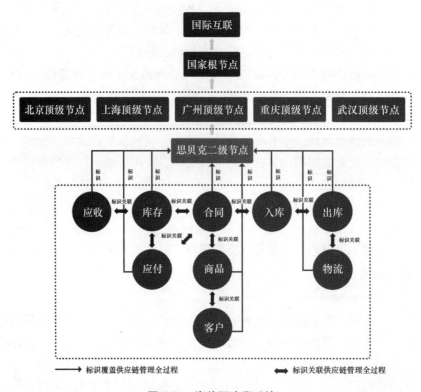

图 5-72　海外可追溯系统

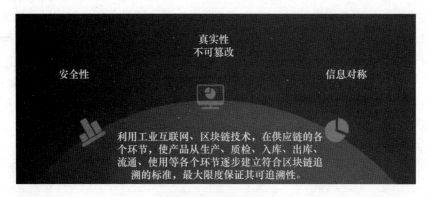

图 5-73　系统功能 I

在企业的生产、仓储、物流、分销等环节，对原有系统进行工业互联网标识体系改造，将原有 MES、WMS、TMS 等系统产品标识赋码模块与工业互联网二级节点标识进行改造对接，对每个产品、包装、进行唯一身份标识管理，通过顶级节点对接国际不同标准溯源体系，实现产品全流程追踪、管控和查询等功能；并通过工业互联网产品全过程管理平台中应用二维码、RFID 等赋码技术，对各环节的数据进行自动化的数据采集，保证进出数据输入的效率和准确性，确保企业及时准确地掌握产品相关的真实数据，为企业实现对产品全流程等方面提供有效管理及相关决策提供科学的依据，并将采集的数据上链，达到可追溯、不可篡改、自动验证等目标。

以产品全生命周期为核心，通过统一工业互联网标识，将完整产品从原材料（配件）采购、生产、库存、销售、客服等环节，同时与生产经营系统、订单管理系统、仓储物流系统、客服系统等数据打通，更加真实、完整、实时地呈现产品全生命周期；产品溯源应用中，通过识别终端对准产品上的芯片或者二维码进行标识解析，就可以获得商品展示、防伪验证、生产和流通过程记录，以及后期商品管理、营销推广、销量分析等衍生增值服务（图5-74）。

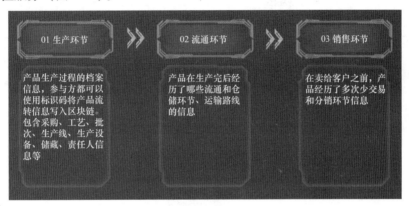

图 5-74 系统功能Ⅱ

3）应用场景介绍

下面介绍出口业务数据示例。

订单：675343（图5-75）。

北京东方雨虹防水技术股份有限公司

订单号：675343		订单日期：2020.02.19	交货时间：2020.02.19		凭证日期：2020.02.19
销售类型：国际贸易订单		合格证：一式（随3份）、返	运费承担方式：公司承担		
项目名称：PT. SINU CEPKA			销售部门：北方区-直属-海外事业部-海外管理中心		
客户：PT. SINU CEPKA					
收货单位：PT. SINU CEPKA					
送货地址：天津市天津区塘沽区天津新港具体地址另行通知					
收货人/电话：×××150××××××××					
备注：对方卸货					

序号	存货名称	规格	数量	单位	件数	单位	单价(RMB)	价税合计	工厂
1	RWB-S-4.5-17.5	17.5m²/卷	23	卷	23	卷	807.63	18,575.38	YH51
2	SPU361IA-20	20kg/桶	40	桶	40	桶	523.40	20,936.00	YH51
3	SPU361IB-20	20kg/桶	40	桶	40	桶	523.40	20,936.00	YH51
合计								60,447.38	
分管领导：	部门经理：		制单：SAPCIS		业务员××		财务：		
一联(白)存根 二联(粉)业务员 三联(黄)财务部								第1页/共1页	

图 5-75 订单

出库单：4904023600（出库 23 个产品）（图 5-76）。

北京东方雨虹防水技术股份有限公司
销售出库单

发货单号：	4904023600		发货日期：	2020.02.26	销售类型：	国际贸易订单	
订 单 号：	675343		合 格 证：	随3份；返1份；	销售办公室：	××150××××××××××	
交货单号：	0081838297		运费承担方式：	公司承担	收货人/电话：	绳建建15010469534；	
销售部门：	北方区-直属-海外事业部-海外管理中心				销售组织：	YH10	
送货地址：	天津市天津市塘沽区天津新港具体地址另行通知						
客 户：	PT. SINU CEPKA						
收货单位：	PT. SINU CEPKA						
项目名称：	PT. SINU CEPKA						
备 注：	/对方卸货/RMB/						

序号	物料编码	物料名称	规格	换算数量	换算单位	发货数量	单位	实收数量
1	RWB-S-4.5-17.5	RWB801卷材 S 4.5 17.5 TB/T 2965-2011	17.5㎡/卷	402.5	M2	23	卷	

备注	收货数量与发货数量是否相符： □是 □否 是否补货： □是 □否 物流服务反馈信息：是否及时到货 □是 □否 是否收到发货短信通知 □是 □否 是否有货物破损 □是 □否 是否对物流服务满意 □满意 □不满意，如不满意请说明情况： 温馨提示：您好，当您收到此批货物时请认真核实是否存在瑕疵产品，如有请在单据上注明，如未在单据上做相关注明， 视同您认可此批货物的签收。 　　　　　　　　　　　　　　　　　　　　　　　　　　　　　　　确认签字：

制单员：	保管员：	业务员：×××	送货人：	收货人：

一联(白)保管存根　二联(粉)装卸联　三联(蓝)财务结算(回执)　四联(红)对账联(业务留存)　五联(绿)客户留存　六联(黄)运输联

第1页/共1页

图 5-76 出库单

出库条码信息（图 5-77）。

条码	WMS单号	SAP单号	产品代码	生产日期	出发地1	出发地2	销售员	到货地址	客户名称	数量	创建
9151544762401010	C2002210052	0000675343	RWB-S-4.5-17.5	200220	yh51/	w000/	×××	天津市天津市塘沽区天津新港具体地址另行通知	PT. SINU CEPKA	1	2020/2/21
9151544759401355	C2002210052	0000675343	RWB-S-4.5-17.5	200220	yh51/	w000/	×××	天津市天津市塘沽区天津新港具体地址另行通知	PT. SINU CEPKA	1	2020/2/21
9151544702500027	C2002210052	0000675343	RWB-S-4.5-17.5	200220	yh51/	w000/	×××	天津市天津市塘沽区天津新港具体地址另行通知	PT. SINU CEPKA	1	2020/2/21
9151544551726092	C2002210052	0000675343	RWB-S-4.5-17.5	200220	yh51/	w000/	×××	天津市天津市塘沽区天津新港具体地址另行通知	PT. SINU CEPKA	1	2020/2/21
9151544256465956	C2002210052	0000675343	RWB-S-4.5-17.5	200220	yh51/	w000/	×××	天津市天津市塘沽区天津新港具体地址另行通知	PT. SINU CEPKA	1	2020/2/21
9151544215171319	C2002210052	0000675343	RWB-S-4.5-17.5	200220	yh51/	w000/	×××	天津市天津市塘沽区天津新港具体地址另行通知	PT. SINU CEPKA	1	2020/2/21
9151544005498211	C2002210052	0000675343	RWB-S-4.5-17.5	200220	yh51/	w000/	×××	天津市天津市塘沽区天津新港具体地址另行通知	PT. SINU CEPKA	1	2020/2/21
9151543933506546	C2002210052	0000675343	RWB-S-4.5-17.5	200220	yh51/	w000/	×××	天津市天津市塘沽区天津新港具体地址另行通知	PT. SINU CEPKA	1	2020/2/21
9151543901302936	C2002210052	0000675343	RWB-S-4.5-17.5	200220	yh51/	w000/	×××	天津市天津市塘沽区天津新港具体地址另行通知	PT. SINU CEPKA	1	2020/2/21
9151543794825293	C2002210052	0000675343	RWB-S-4.5-17.5	200220	yh51/	w000/	×××	天津市天津市塘沽区天津新港具体地址另行通知	PT. SINU CEPKA	1	2020/2/21
9151543710236264	C2002210052	0000675343	RWB-S-4.5-17.5	200220	yh51/	w000/	×××	天津市天津市塘沽区天津新港具体地址另行通知	PT. SINU CEPKA	1	2020/2/21
9151249269209792	C2002210052	0000675343	RWB-S-4.5-17.5	200220	yh51/	w000/	×××	天津市天津市塘沽区天津新港具体地址另行通知	PT. SINU CEPKA	1	2020/2/21
9151249226815310	C2002210052	0000675343	RWB-S-4.5-17.5	200220	yh51/	w000/	×××	天津市天津市塘沽区天津新港具体地址另行通知	PT. SINU CEPKA	1	2020/2/21
9151249151298251	C2002210052	0000675343	RWB-S-4.5-17.5	200220	yh51/	w000/	×××	天津市天津市塘沽区天津新港具体地址另行通知	PT. SINU CEPKA	1	2020/2/21
9151249548926459	C2002210052	0000675343	RWB-S-4.5-17.5	200220	yh51/	w000/	×××	天津市天津市塘沽区天津新港具体地址另行通知	PT. SINU CEPKA	1	2020/2/21
9151248837419868	C2002210052	0000675343	RWB-S-4.5-17.5	200220	yh51/	w000/	×××	天津市天津市塘沽区天津新港具体地址另行通知	PT. SINU CEPKA	1	2020/2/21

检索结果共23条，共1页，每页80条

首页　上一页 1 下一页　尾页

图 5-77 条码信息

产品二维码标签（其中一个条码 9151 5447 6240 1010）（图 5-78），图 5-78 二维码扫码结果为虹途系统扫码流向信息。

4）区块链运用

利用区块链技术以及大数据跟踪进出口商品全链路，汇集生产、运输、通关、报检、第三方检验等信息，给每个跨境商品打上唯一"数字标识"。利用区块链防止篡改的分布式记账系统，在分布式共识算法、智能合约、加密算法等的基础上，解决信任缺失场景下进行交易的问题。区块链的可追溯特点可解决海外溯源中征信、版权、证明等行业目前所存在的诸多痛点。将区块链技术应用于商品溯源中，可以提升商品整个流转过程中的透明度，对供应链形成更加全面有效的把控。

图 5-78　二维码标签

天鼎丰产品唯一身份全供应链管理协同系统实现了研发过程精准化，原材料采购质量可控化、生产过程精益化、产品检验准确化、销售过程高效化、施工过程标准化，通过产品的追溯管理，进一步增强公司对质量的管控能力。该系统在行业中率先推行，利用技术和应用的创新，带动行业其他成员学习和借鉴，形成推动行业工业化和信息化相得益彰的典范。

5.4　生产批次管控一体化在金丝楠膜车间的应用案例

5.4.1　行业现状及车间基本情况

南通金丝楠膜材料有限公司成立于 2020 年 9 月 16 日，公司专注于先进功能高分子薄膜的研发、生产和销售，拥有全国最大的 HDPE 超薄薄膜生产车间，Ⅰ期建设 12 条大幅宽高速生产线，年产达 20 亿平方米。

HDPE 超薄薄膜厚度为 $7 \sim 9\mu m$、幅宽为 $1040 \sim 2200mm$，是聚合物改性沥青防水卷材重要的隔离防护性功能薄膜。我国大多防水膜生产企业，生产过程中存在着规模小、幅宽窄、产品质量波动性大等问题，因此，生产过程中，如何精准控制薄膜的厚度、提高生产效率是规模性企业首先要解决的难题。

针对上述生产难题,在 2020 年初,金丝楠膜通过技术改造有效地整合生产流程,通过生产批次一体化管控,建成了一体化物料输送系统、自动质量/长度转化系统、红外测厚和自动调厚设施以及 lims 质量数据分析系统,精准实现了多机台位置与物料输送和薄膜厚度精准的控制,大幅提高了生产效率,降低了生产成本。同时,自动化设备能有效提升产品品质,提高产品质量的稳定性,从而不断提升公司的市场竞争力。

5.4.2 Batch 批次管控技术介绍

新建金丝楠膜产线,能够引入自动化、信息化等智能化的手段,改变以往传统的生产管理模式,实现减员增效、提质降本、安全可控的管理目标,同时也希望通过成都工厂智能化的建设为水性涂料其他新建工厂的建设提供标杆与借鉴。

在传统生产模式下,水性涂料工厂存在诸多生产管控痛点亟待解决:

①工艺分析:缺少对生产工艺执行情况的统计分析,以及工艺操作量化的数据对标分析。

②过程管理:配方、自动/人工投料、工艺操作的优化,如何根据不同的批次产品进行配方投料,尤其是人工投料部分管理难度大,生产风险异常多。

③质量管控:生产工序往往较多,中间过程检验控制严格,检验结果共享性差、信息传递效率低,影响后续生产执行效率。

④物料流转:难以对生产过程中不同形态的物料进行管控,物料流转效率低、管理太分散,出入库数据易偏差。

⑤批次追溯:生产按批次生产,对批次的追溯和分析以人工统计为主,批次分析的数据不完整,批次数据无法或者难以追溯。

本项目的技术方案采用的是浙江中控精细化工行业 VxMES + VxBatch + DCS 一体化应用解决方案,VxBatch 软件是中控结合先进的智能制造理念,融合控制、通信、信息化最新技术自主开发的批量控制产品,遵循 ISA88 标准,更关注用户的实际需求和期望,更贴近国内用户的操作习惯。VxMES 系统采用中控最新的 BAP 技术平台架构,其稳定性、高性能、易用性和美观性历经众多项目的考验。VxMES 系统还与水性涂料已有的 SAP 系统、OA 系统、视频监控系统等做了深度集成,实现了单点登录、无缝衔接。

5.4.3 生产批次管控一体化技术方案

金丝楠膜致力打造全国最大光伏膜及防水专用膜基地,旨在以自动化、信息化、智能化为核心的各功能系统的无缝连接与实践应用,实现企业的 ERP-MES-DCS 管控一体化、生产可视化、信息管理系统化,推动企业以生产、安全、设备、质量、能源等环节为重点的企业生产控制与经营管理无缝衔接和综合集成,为下层车间提供了优化操作、控制、防错和管理的综合策略,为公司上级的管理决策提供数据依据。

为了真正达成管控一体化，实现 ERP ⟷ MES ⟷ Batch ⟷ DCS 数据流的全面打通，金丝楠膜的解决方案整体架构如图 5-79 所示。

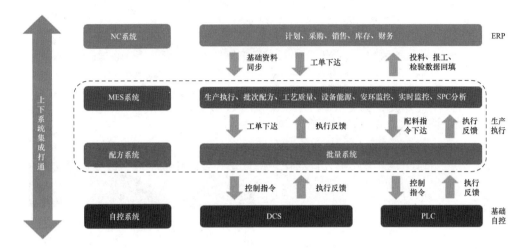

图 5-79 金丝楠膜解决方案整体架构

金丝楠膜 MES 系统包含生产信息实时监控、移动端监控、能源管理、设备管理、工单管理、配方管理、工艺分析、SPC 分析，项目中涉及 NC 系统、Batch 系统、电力综保系统、视频监控等多项异架构系统的集成，业务接口繁多，复杂程度极高。

1. 实时数据采集

通过 OPC 协议进行数据采集与防火墙隔离，实现既保证底层控制系统安全，同时又能在办公网对现场组态数据进行实时监控，实时数据通过 VxHistorian 中控大型实时数据库进行压缩储存，支持实时应用的秒级查询，可至少储存 10 年的典型工业级历史数据，并支持画面回放，单点趋势查看等功能，为公司构建重要的工业级数据库，实现生产过程数据的有效存储，为生产追溯等应用场景提供宝贵的数据来源（图 5-80）。

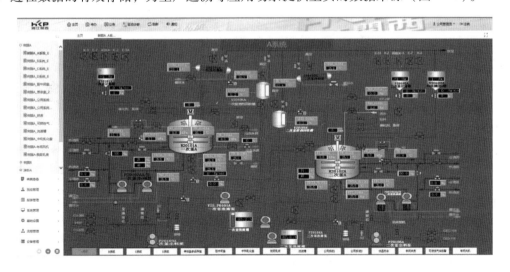

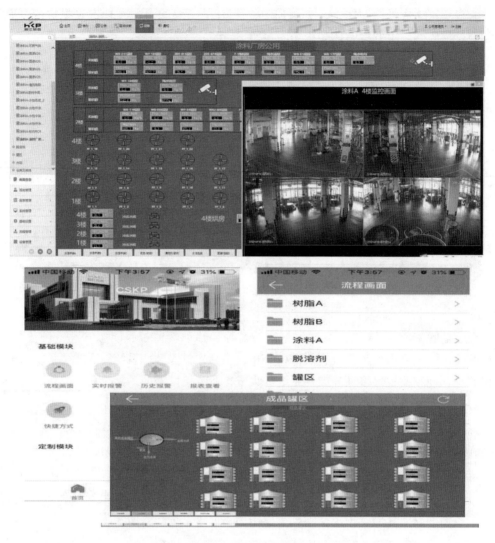

图 5-80　实时数据采集

2. 配方指导生产

系统成功打通 VxBatch 与 VxMES 异架构的屏障，实现工艺配方的统一结构化建模，补足批量控制系统人工部分管理短板，达成 MES 系统对生产全流程管理的目的，最终实现人工操作与罐区投料、温控等自动控制步骤的全管控目标（图 5-81）。

3. 生产过程管控（图 5-82、图 5-83）

①业务上下贯通：上下级系统间的业务接口打通，实现 NC 系统生产订单审核生效自动下达 VxMES 系统，VxMES 系统选择对应的生产线、设备即可同步下达至 VxBatch 系统实现生产全流程业务贯通，减少员工手动制单步骤，提高数据安全性与时效性。

②生产防错管理：生产业务全流程导入条码管理，基于工艺配方及生产工单产生的系统级指令驱动操作，最大程度减少人工投料中"多投""漏投""错投"的情况，降低产品的不良品率，使得产品品质更加可控。

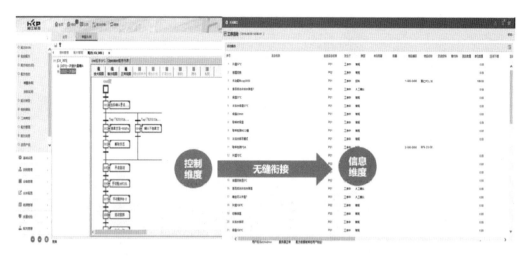

图 5-81 配方指导生产

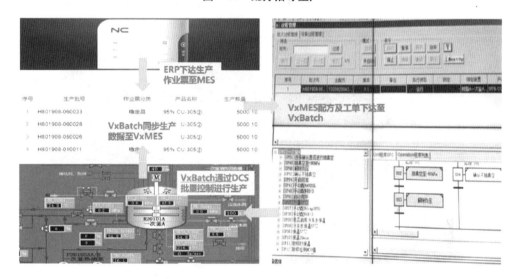

图 5-82 业务上下贯通

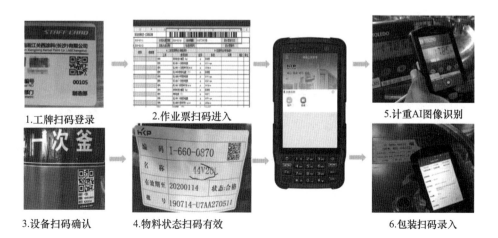

1.工牌扫码登录　　2.作业票扫码进入　　5.计重AI图像识别

3.设备扫码确认　　4.物料状态扫码有效　　6.包装扫码录入

图 5-83 生产防错管理

4. 生产统计分析（图5-84～图5-86）

①通过生产大屏报表、各车间看板报表实现对各车间作业执行情况实时跟踪，各车间计划产量、实际产量形成对比，公司年产量完成统计分析。

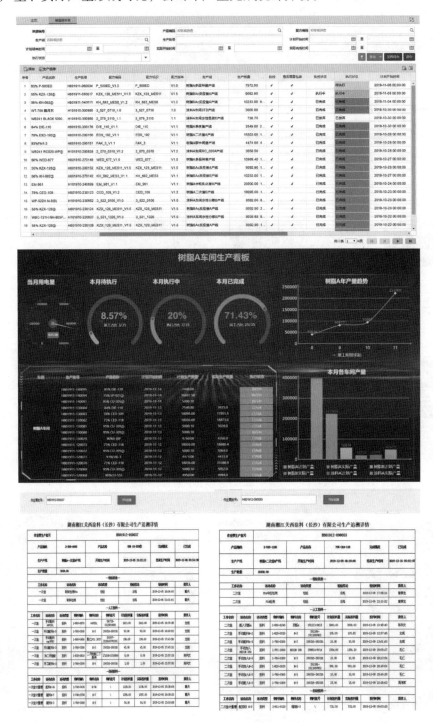

图5-84　生产统计分析 I

②通过工艺分析实现对大量宝贵的过程生产数据进行采集、挖掘，形成对工艺优化的有效支撑，对同一产品多批次进行纵向对比得出最优控制方案，改进工艺参数，优化工艺配方。

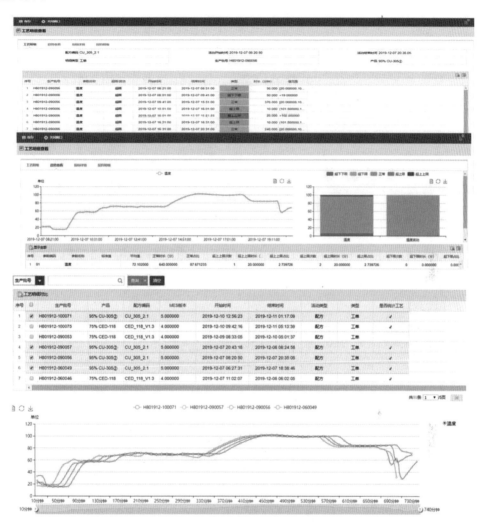

图 5-85　生产统计分析 II

③通过 SPC 分析得出过程检验数据的单值趋势、移动极差、CPK 分析、正态分布，可帮助质检部门完成过程检验数据分析与追踪，实现批次生产过程的全流程追溯，有效提升产品在市场中的竞争力。

5. 数据统计分析（图 5-87、图 5-88）

全面、精细、直观的可视化展示，为不同岗位人提供所需的价值信息，为设备的维修、能源的监管、业务的管控、管理的决策提供数据支撑。

图 5-86　生产统计分析Ⅲ

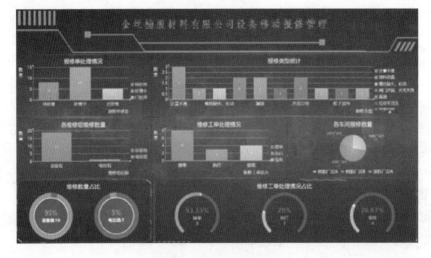

图 5-87　数据统计分析Ⅰ

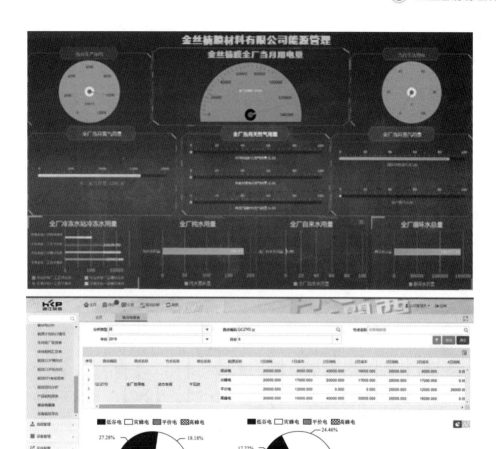

图 5-88　数据统计分析 II

5.4.4　项目示范作用及意义

本项目设计的智能制造解决方案（DCS＋Batch＋MES 的整体应用方案框架）全面实现管控一体化，大幅度地提升了金丝楠膜生产智能化业务管理的水平。数据流的全面打通，实现了批次生产过程的全流程追溯，过程全流程管控，人工投料有效监管，最大程度减少人工投料中"多投""漏投""错投"的情况，降低了产品的不良品率，使得产品品质更加可控，有效提升了产品在市场中的竞争力。实时数据库的建立、大量数据的积累，结合大数据分析技术，也为金丝楠膜决策和工艺优化提供了科学的数据支撑。

5.5　自动配料系统在水性防水涂料车间的应用案例

5.5.1　车间基本情况

水性防水涂料广泛应用于厨房、卫生间以及立墙面的防水。水性防水涂料分为水乳基防水涂料和水泥基防水涂料。水乳基防水涂料是以聚合物乳液为主要原料，以水为分散介质，加入颜填料和其他助剂组成的单组分防水涂料；水泥基防水涂料是以聚合物乳液和水泥为主要原料，加入颜料和其他助剂组成的防水涂料，包括液料-粉料组成的双组分涂料和干粉类涂料。水乳基防水涂料生产工艺以物理混合为主要手段，在原材料经过称重计量后，首先将水、聚合物乳液和部分助剂投放至搅拌设备，开启低速搅拌；其后加入填料和颜料同时开启高速搅拌；待颜填料分散均匀后降低速度，通过真空方式进行除泡；然后依次加入剩余助剂调整涂料黏度和状态；满足要求后经过研磨调整涂料细度，最终得到均匀细腻的成品。在加工生产过程中，按照一定的顺序将各组成原料投放至搅拌设备，经过搅拌设备的剪切、分散加工得到均匀的混合材料。根据不同防水涂料的要求以及穿插抽提、升温、降温等工艺流程，调节不同助剂加入后匀化速度，调节各种有机辅材的反应接枝，实现材料性能的达成。

水性涂料车间现状问题及核心改进点：

①配料工序：砂料袋装且人工投料，改集中装料和自动化配料。

②配料工序：液料有自动化装置，但计量管控不够，需改进。

③配料工序：配料添加时机自动提醒装置。

④灌装线：人工套袋改自动化。

⑤灌装线：人工打印张贴标签改自动化打印张贴标签。

⑥工艺标准化方面：工艺不够标准化，换型调试费时费力，建议建立工艺知识库，使用 SMED 建立换型标准和换型矩阵。

5.5.2　自动配料系统技术方案

配料问题是东方雨虹改进的难点，面对 1000 多种的配料要完全实现自动化是不现实的，分析后建议：

①对比较容易实现的配料自动化优先实施；

②对关键工序的配料自动化重点关注；

③对所有配料使用量进行排名，优先考虑排名靠前的 20% 的配料；

④可分步骤地进行自动化或以半自动的方式进行。

图 5-89 为一个油料自动配料的概念设计图，可供参考。

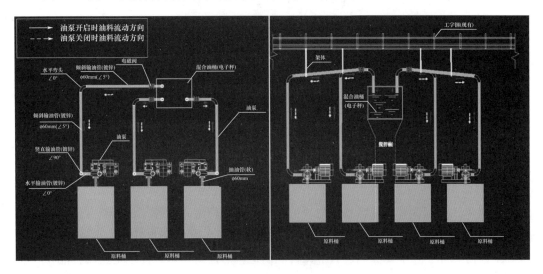

图 5-89　添加配料自动化

解决的问题：操作工通过 PDA 对人工活动进行操作，根据工艺流程指导操作工进行正确的操作。

应用情况：

①通过生产工单中的工艺路线对生产流程进行管控，可通过自动调度或者内操调度，给外操下达操作指令，工单中包含工艺路线的整体流程，当前执行中的生产设备，需要投料的物料信息；

②设备贴码，对设备进行操作前（检查、投料）需要对设备进行扫码校验；

③物料实现一物一码，从原料入库即生成对应的二维码并贴于物料上，投料时需对物料进行扫码操作。

5.5.3　项目示范作用及意义

项目示范作用及意义：

①通过工艺流程调度管理，实现仅当需要人工操作时才生成待办，操作工操作后才进行到下一步活动，防止误操作和漏操作；

②通过设备的二维码扫码校验，防止对错误的设备进行操作；

③通过物料的二维码扫码校验，防止物料及批次的误操作；

④通过投料计划数量和实际数量的对比和提示，防止物料的多投和少投。

6 防水行业智能制造展望

近几年，我国在智能智造战略与政策鼓励并引导传统企业数字化升级，使企业可以在全球市场大环境竞争中凸显优势，充分竞争的市场环境给企业带来越来越大的压力。世界上任何工业企业都无法回避数字化智能制造，然而近年来，传统企业的智能化转型遇到较多瓶颈。

对比电子产品生产、家电制造、汽车制造行业，防水材料制造行业的数字化智造转型整体落后。面对快速变化的市场需求响应速度较慢，传统研发方式周期长、效率低，生产线数字化程度不高、数据发掘利用不足、缺乏预测性维护能力，物流管理方式相对粗放，原有风险防控手段难以适应更严苛的安全环保要求，工人作业劳动强度较大等，这些问题极大制约着防水材料生产企业的发展。

防水材料传统生产企业生产线根据产品的不同主要分为改性沥青防水卷材生产线、防水涂料生产线等，各车间目前的自动化生产状况不尽相同。改性沥青防水卷材为目前市场占比最大的防水材料，但目前其产线的自动化程度相对不高。因此，以下将以改性沥青防水卷材生产车间为例，着重介绍其中一些工艺及生产的智能化现状。

1. 改性沥青配料

1）液料加料

以原料沥青加料为例，沥青的加料大多是通过沥青泵将沥青从储罐泵送入配料罐中。在某些防水材料生产企业中，该泵送流程还完全通过中控人员对沥青泵的手动启停来实现，难免存在质量偏差，乃至出现人员失误导致配料罐打冒的情况。目前相对先进的是采用自控系统实现定量供料，系统根据配方量自行对配料罐情况进行判定后操作相应泵阀自动完成整个送料过程，避免了人为操作失误可能引起的质量偏差或打冒等质量、安全问题，在安全性和人员的操作强度方面均有了大幅改善。

2）粉料加料

改性沥青配料粉料加料一般伴随着相对高的环境温度甚至粉尘，是人员操作环境较为恶劣的一个工艺过程。尤其在一些小规模防水材料生产企业，粉料投料基本全部为人工投料。这就需要工人打开配料罐加料口加入粉料，人员都要暴露在加热沥青罐前，受到高温的炙烤和烟气、粉尘的侵害，工作环境极其恶劣。目前，规模相对大的企业已有较为成熟的粉料加料方式，通过液下加料螺旋、粉料气力输送装置等方式进行粉料自动

称量、输送和投料等。

2. 改性沥青成型

目前，国内外多数上规模制造企业的改性沥青卷材成型过程基本已实现了自动化。成型时油池液位控制、生产线速度、温度的检测和驱动电机之间的速度匹配等均由 PLC 集中控制。但仍有较多的操作主要采用人工，如厚度微调、胎基拼接换卷、表面 PE 膜拼接换卷、砂料上料等。这些相关工艺操作，一般都是非标操作，实际生产中，产品的变化、表面缺陷、设备故障等相互组合，使可能面临的情况更加复杂，因此目前一般都需要人员根据情况进行判断再操作，尚没有实现完全自动化。假以时日，生产中积累了较丰富的数据库，相信智能化的实现也是可以期待的。大多数行业厂家在卷材成型之后，卷取、打胶带、称重、覆膜热封、码垛、缠膜等过程均已实现全面自动化。

3. 成品运输和储存

目前各防水材料制造企业一般都是通过天车、叉车、地牛等传统工具进行成品运输。一些较为先进的生产厂家引入了智能立体库技术，同时采用智能化系统统一调配，利用自动输送机、AGV 小车、RGV 小车等完成物料的运输和周转。

4. 防水材料生产行业智能化现状总结

通过前面的描述，可以看出国内防水材料生产行业的规模企业智能化现状有如下特征：

①车间生产设备的自动化程度已具备一定水准；

②大多数企业的物流还停留在常规水平；

③生产管理的各个方面正通过不同的管理系统进行管理，但各系统之间还存在孤岛现象，缺乏信息连接。

防水材料生产行业智能化需求点主要体现在生产线的智能化、仓储与物流的智能化、生产过程管控的智能化和生产数据采集的智能化四个方面。

6.1 防水行业智能制造推进过程中的风险与挑战

近年来，数字化转型已成为各行业的热议话题，但对其定义与内涵，各方理解往往大相径庭。数字化转型应该是以企业价值创新为核心目的，用数字技术驱动业务变革的企业发展战略。数字化转型作为企业发展战略，不是短期的信息化项目，而是一个长期过程。数字化转型的驱动力是数字技术，转型的对象是企业内外部业务，转型的本质是变革；数字化转型的目的是价值创新，即为企业创造新的价值。

要把改革和数字化转型区分开。改革通常由高层决策驱动，从组织变革入手，进而带动业务调整；数字化转型正好相反，是由数字技术驱动，进行业务转型，从而带动组织开展与业务相适应的调整。数字化转型的实质是改变生产力，进而带动生产关系的变革。数字化转型是企业战略，是一个长期的宏观目标，不可能一蹴而就。过分关注短期效益，忽略长期价值，评价体系失当，这就是当下很多人认为数字化转型成功率很低的原因。

并非所有的业务转型都是数字化转型。没有清晰的认识，就不会有准确的评价体系，就会造成思想和行动上的混乱，这种混乱足以毁掉数字化转型的前景。

防水行业各个企业的数字化水平不同，业务特点及相应的生产经营环境也有很大差异，数字化转型不可能有整齐划一的步调。要规避转型风险，实现转型价值最大化，就要遵循"试点先行、步步为营、循序渐进"的转型策略。

一是规划先行：数字化转型是经济发展的大潮流，要放眼长远、顺势而为，要有一套适合本行业特点、本企业现状的长远发展规划，久久为功，保证企业的可持续发展。

二是选择试点：选择条件比较成熟，人才、技术等各种关键要素比较齐备，见效快的领域作为先行先试的起点，快速见效、收获经验、树立信心。

三是试点效果评价：随时评价试点工作成效，不要高估短期效益，更不要低估长期价值。

四是复制放大，扩大范围：选择相近或相似的业务场景，复制并放大试点的成功经验。

五是运行优化，持续调整：在业务运行过程中，紧跟新技术快速发展的步伐，持续优化、快速迭代。适时评估转型的进展和成败得失，据此优化和调整企业转型发展路径。持续优化和快速迭代是数字经济的独特优势。

总之，概念清晰、认识统一、方向明确是数字化转型的首要条件；企业战略层的亲力推动和数字技术能力建设是数字化转型的根本保障；稳妥推进、步步为营，是取得转型成功的不二法门。

从防水材料生产企业经营发展环境来看，推进企业数字化转型需要特别关注以下五大风险。

一是政策法律风险。国家的相关法律和政策，如对于土地控制、能源消耗、环境保护、信贷税收等政策，对于企业拟介入转型业务领域的程度和方式的限定与可能的变数等，直接关乎企业转型的成败。熟悉中央政府和地方政府的政策、法规、条例，企业在什么地方、发展什么业务，都要做到合规合法。

二是转型模式选择的风险。转型业务有一个投入回收期的问题，转型的步伐小，无法达到转型的目标，在未来新的环境下，经营和竞争就会滞后；转型的摊子铺得过大，长期支撑转型负担过重，也难以为继。所以，转型必须把握一个"度"，选择合适的转型模式、合适的规模至关重要。以点及线再以线及面是推进企业转型的较好推进路线。

三是企业文化"不适"的风险。转型是战略层面的一种选择，带动自上而下全层级、全领域彻底变革，可能涉及每一个人、每一项业务、每一个流程，须培育和树立与企业数字化转型相适应的全新理念，普及先进的数字化文化。这些对转型战略的持续推进和不断优化影响巨大。

四是人才与组织架构适应性的风险。传统企业的人才结构和组织架构都面临变革压力。传统企业多数员工面临技术、观念、思维方式等方面的挑战。更重要的是组织层面，传统的金字塔式组织结构需要向适应平台化运行的模式转型，快速发展的新型数字化生产力对原来的生产关系提出调整要求。缓慢变化的组织架构会制约数字技术生产力的快速发展，成为数字化转型战略落地的重大风险。

五是技术储备不足的风险。企业数字技术能力建设至关重要。数字化转型的本质是让数据成为新的生产要素，核心手段就是让"业务数据化、数据价值化"，关键技术能力是数据中台建设和数据治理能力。要建设与自身业务相适应的工业互联网平台，打造强大的平台服务能力，形成良好的技术生态。同时构建企业级数据治理体系，梳理数据资源，形成数据资产，构建数据价值化能力。这两种能力缺一不可。

6.2 防水行业智能制造展望

防水企业如何在竞争激烈、快速变化的市场中谋求发展，是企业转型的根本动力。防水企业数字化转型的动力可以归结为以下四大类。

1. 数字化转型是大势所趋

2023 年 7 月 3 日，中国信息通信研究院发布《中国数字经济发展白皮书（2023年）》指出，2022 年，我国数字经济增加值规模达到 50.2 万亿元，占 GDP 比重为41.5%，占比同比提升 1.4 个百分点。按照可比口径计算，2022 年我国数字经济名义增长 10.3%，已连续 11 年显著高于同期 GDP 名义增速，数字经济在国民经济中的地位进一步凸显。

关于数字经济，世界各国举措频出。欧盟 2015 年启动《数字化单一市场战略》，通过一系列措施消除法律和监管障碍，着力将 28 个成员国打造成统一的数字市场；2016年 4 月出台《产业数字化新规划》，计划统筹欧盟各成员国的产业数字化转型，逐步形成《欧洲工业数字化战略》。2008—2018 年的 10 年间，全球市值前 10 名的公司排名发生了颠覆性变化，数字产品服务企业已占据绝对优势。

2. 市场竞争的需要

在市场竞争白热化的背景下，几乎所有的企业都是极具竞争性的，较量的是谁的成本更低、质量更优、市场响应更快。数字技术在提高劳动生产率、降本增效方面立竿见影。什么是企业降本增效的利器？麦肯锡公司对数字技术可能给企业带来的潜在价值进行了预测，有许多案例支持这些预测。东方雨虹在其芜湖生产基地进行智能化仓库建设，库管人员数量相较普通仓库大幅下降，但仓库周转效率却提升 1 倍不止。

2019 年，世界经济论坛发布的《第四次工业革命对供应链的影响》白皮书指出，数字化变革将使制造业企业成本降低 17.6%，营收增加 22.6%；使物流服务业成本降低 34.2%，营收增加 33.6%；使零售业成本降低 7.8%，营收增加 33.3%。

3. 来自客户端的倒逼机制

2023 年 8 月初，中国互联网络信息中心（CNNIC）发布的第 52 次《中国互联网络发展状况统计报告》披露，中国网民数超过 10.79 亿人。他们的生活方式、消费行为决定着企业的选择。随着数字化时代的到来，企业必须习惯消费行为的"量子态"：各不相同、随时变化、多态叠加。这给企业了解和掌握用户行为带来了巨大挑战，基于大数据的客户画像、精准营销、自动推送等数字技术大行其道，这也是一种倒逼。以客户为中心是数字经济的核心理念之一。第四次工业革命强调，工业界不仅要关注产品如何制造，更要关注客户如何用好产品，为客户提供最佳的使用体验。通过物联网技术实时获取产品使用数据，大数据技术深入分析挖掘用户的偏好、习惯和感受。数字化时代，提供给用户的不再是简单的产品与服务，而是一种有价值的体验。

4. 技术发展的引领作用

《科技想要什么》作者凯文·凯利在书中提出，人类已定义的生命形态包括植物、动物、原生生物、真菌、原细菌、真细菌六种，技术的演化与生命体的演化惊人相似，技术应该是生命的第七种存在方式。科技作为一种独立的甚至是颠覆性力量，在企业发展变革中发挥着巨大的引领作用。

19 世纪初，为了争夺欧洲的煤油灯市场，英国最大的煤油灯公司爱和灯具公司与德国苏梅油灯公司展开激烈竞争。两家公司都投入巨资，在煤油灯的设计、亮度、使用寿命上进行优化改良，爱和灯具公司甚至还曾动用国家力量，搞贸易保护禁止德国煤油灯登陆英国。然而，全新的科技产品爱迪生电灯诞生后，轻而易举地摧毁了煤油灯行业。同样的事情还发生在马车、胶片照相等行业。在重大历史变革期，企业最可怕的敌人可能不是商业对手，而是根本未意识到全新的科技产品会带来整个行业的颠覆。

根据前述数字转型的驱动力，我们就防水材料生产企业近期、中期和远期数字化转型分别进行展望。

第一阶段：基本实现设备和生产线的自动化、连续化生产，基本解放一线工人的体力劳动。第二阶段：实现供应链各相应管理层级之间、设备之间和人员与设备之间的信息共享，并辅助简单的生产和管理决策，解放生产管理层大部分重复性的脑力劳动。第三阶段：实现人员和设备间无差别的信息交互，或通过人工智能代替人完成较为复杂的决策工作，以全面解放人类或模糊人员和机器工作的界限，实现充分的人机协作。

这三个阶段，由近期至远期，智能化程度由简单到复杂，需要在不断的发展中逐步完善，每个阶段需要通过不同的手段来实现。

第一阶段生产的自动化和连续性，可通过如下手段实现：

①使用自动化程度高的生产设备；

②研制开发新工艺装备替代较为复杂的人工操作；

③使用满足生产需求的自动控制系统。

第二阶段要实现数据的收集、积累、交换和共享，最终使管理系统能做出简单的决策，部分解放人脑，可通过如下手段来实现：

①使用 MES、ERP 等管理系统管理设备、能源和产品；

②使用互联网技术将各种管理系统、管理软件、管理平台与设备可采集的信息相连接，将设备和设备、设备和有权限的人员之间的信息及时互联互通；

③使用带有各种智能传感器的各种元器件充实数据库。

第三阶段人机间的自然融合，及时远程掌握市场及供应链的全面信息，或直接由人工智能自主做出行动决策，可通过如下手段来实现：

①使用数据中台等技术手段对上传数据做进一步处理；

②建立基于实际应用场景的算法模型；

③在使用过程中不断对算法模型进行训练和优化。

这三个阶段的发展是防水材料行业智能化发展的三个必经阶段。目前国内大多数企业尚处在自动化、连续化生产的推广和信息共享、智能决策的起步阶段，人机融合和完全的自主决策仍属于概念阶段。

如前所述，防水材料生产行业的智能化发展目前仍处在较低水平，但科技的发展是阶梯式的，经过近些年各项智能化支撑技术的发展和积累，以及借鉴类似行业的智能化实践优秀经验，相信防水材料生产行业的智能化的跨越式发展并不遥远。

参考文献

[1] 吕惠芳. 智能制造：新技术、新商业、新管理颠覆产业发展 [M]. 北京：中国商业出版社，2020.

[2] 王军，王晓东. 智能制造之卓越设备管理与运维实践 [M]. 北京：机械工业出版社，2019.

[3] 王喜文. 智能制造：中国制造 2025 的主攻方向 [M]. 北京：机械工业出版社，2016.

[4] 吴为. 工业 4. 0 与中国制造 2025：从入门到精通 [M]. 北京：清华大学出版社，2015.

[5] 金跃跃，刘昌祺，刘康. 现代化智能物流装备与技术 [M]. 北京：化学工业出版社，2020.

[6] 彭振云，高毅，唐昭琳. MES 基础与应用 [M]. 北京：机械工业出版社，2019.

[7] 黄薇波. 博喷涂聚脲弹性体技术 [M]. 北京：化学工业出版社，2005.

[8] 刘尚东. 建筑防水材料试验室手册 [M]. 北京：中国建材工业出版社，2006.

[9] 杨胜，袁大伟，杨福中，等. 建筑防水材料 [M]. 北京：中国建筑工业出版社，2007.

[10] 杨永起. 新型地坪材料实用技术手册 [M]. 北京：中国计量出版社，2007.

[11] 沥青生产与应用技术手册编委会 沥青生产与应用技术手册 [M]. 北京：中国石化出版社，2010.

[12] 赵亚光 聚氨酯涂料生产实用技术问答 [M]. 北京：化学工业出版社，2004.

[13] 吴士玮，罗伟新，刘金景，等. 寒冷地区专用聚合物改性沥青防水卷材 [J]. 新型建筑材料，2018，45（08）：143-146.

[14] 苏长泳，吴士玮，刘金景，等. 改性沥青防水卷材厚度差异原因分析及其改进措施 [J]. 新型建筑材料，2018，45（07）：105-107，142.